普通高等教育“十一五”国家级规划教材

“十三五”江苏省高等学校重点教材

信息技术课程与教学

IT Curriculum and Pedagogy

（第2版）

李　艺　朱彩兰　主编

高等教育出版社·北京

内容提要

本书是普通高等教育“十一五”国家级规划教材，也是“十三五”江苏省高等学校重点教材（编号：2016-1-078）。本书共分5章，主要内容包括信息技术课程发展概况、我国信息技术课程建设现状、课堂教学方法、信息技术课程评价方法，以及信息技术教师发展。本书结合最新的高中信息技术课程标准编写，内容新，案例丰富，对于中小学信息技术课程教学具有较强的指导意义。

本书可作为高等学校教育技术学专业“信息技术课程与教学”课程教材，也可作为高等学校师范类专业“信息技术教学法”课程教材，还可作为中小学信息技术教师的培训用书。

图书在版编目（CIP）数据

信息技术课程与教学 / 李艺，朱彩兰主编. -- 2版. --北京：高等教育出版社，2018.9（2022.5重印）
ISBN 978-7-04-050679-2

Ⅰ. ①信… Ⅱ. ①李… ②朱… Ⅲ. ①电子计算机－高等学校－教材 Ⅳ. ①TP3

中国版本图书馆CIP数据核字（2018）第224418号

Xinxi Jishu Kecheng yu Jiaoxue

策划编辑 刘 艳　　责任编辑 刘 艳　　封面设计 于文燕　　版式设计 徐艳妮
插图绘制 于 博　　责任校对 刘娟娟　　责任印制 存 怡

出版发行	高等教育出版社	网　　址	http://www.hep.edu.cn
社　　址	北京市西城区德外大街4号		http://www.hep.com.cn
邮政编码	100120	网上订购	http://www.hepmall.com.cn
印　　刷	大厂益利印刷有限公司		http://www.hepmall.com
开　　本	850mm×1168mm 1/16		http://www.hepmall.cn
印　　张	19	版　　次	2010年9月第1版
字　　数	370千字		2018年9月第2版
购书热线	010-58581118	印　　次	2022年5月第6次印刷
咨询电话	400-810-0598	定　　价	38.00元

物 料 号　50679-00

信息技术课程与教学

（第2版）

李艺 朱彩兰 主编

1 通过计算机访问http://abook.hep.com.cn/18580957，或用手机扫描二维码，下载并安装Abook应用。

2 注册并登录，进入“我的课程”。

3 输入封底数字课程账号（20位密码，刮开涂层可见），或通过Abook应用扫描封底数字课程账号二维码，完成课程绑定。

4 单击“进入课程”按钮，开始本数字课程的学习。

课程绑定后一年为数字课程使用有效期。受硬件限制，部分内容无法在手机端显示，请按提示通过计算机访问学习。

如有使用问题，请发邮件至abook@hep.com.cn。

http://abook.hep.com.cn/18580957

第 2 版前言

2003 年《普通高中技术课程标准（实验）》（信息技术）发布，2004 年该课程标准开始在我国部分省份实施。作为高校“信息技术教学法”课程教材，本书第 1 版于 2010 年出版，书中收集了当时信息技术课程教学中涌现出的典型案例，至今仍具有启发意义。尽管本书第 1 版把握了信息技术课程教学中较为稳定的内容，体现了当时的信息技术课程教学实践与研究方向，但近年来课程教学理念发生了很大的变化。例如，当前核心素养已经成为深化基础教育课程改革、落实素质教育的关键，也成为最新一轮基础教育课程标准研制的着力点，信息技术课程也同样如此；与此同时，在信息技术教育领域，核心素养、计算思维等方面的研究日渐丰富，并开始引导信息技术课程教学的发展。2017 年发布的《普通高中信息技术课程标准（2017 年版）》（以下简称“新课程标准”）中对核心素养的关注，以及信息技术课程研究的新进展都推动了信息技术课程教学的变革。这些变革需要在高校“信息技术教学法”课程中得到体现，以确保学生在毕业之后能尽快适应信息技术课程教学工作的需要。

基于以上考虑，我们对教材进行了修订。本次修订在保持第 1 版教材框架的基础上，做了适当的更新与增删工作。

第 1 章，增加了对世界范围内信息技术教育最新发展的介绍，尤其介绍了一些国家信息技术教育中对计算思维、核心素养等的关注与体现；补充了学科核心素养、计算思维等方面的内容，以帮助学习者了解信息技术课程的发展与变化。

第 2 章，在课程标准研究部分，增加了对部分国家信息技术课程标准的介绍，并将我国的信息技术课程标准更新为新课程标准；在教材建设部分，增加了新课程标准强调的教材编写指导原则、内容选择建议，还补充介绍了富有特色的小学地方教材。

第 3 章，保持了第 1 版教材的课堂教学方法分类体系，突出体现了近年来信息技术课程教学方法的变化，并用具体的案例予以说明。选择案例时，在理念上，关注计算思维、管理思维、设计思维、合作思维等；在内容上，增加了对机器人、Python 语言、开源硬件等的介绍；在方法上，体现了基于项目的学习、任务驱动教学法、局部探究等方法。由于篇幅所限，本书中的案例都是以片段形式呈现的，完整的案例可以从本书配套的数字课程中获取。

第 4 章，增加了关于高中信息技术学业水平考试命题的建议，以及部分省份高中信息技术学业水平考试的相关规定。

第5章，对第1版教材的内容进行了压缩，增加了新课程标准给出的部分教案；同时围绕着备课、说课等增加了案例，以在格式上给学习者以指导。

本次修订由李艺、朱彩兰负责整体的修订思路，参与具体修订工作的有朱彩兰、王小玲、王辰阳、李茜、张雪等，朱彩兰负责全书统稿，李艺负责最后的审定。

在本书编写过程中，参阅的主要文献资料已在脚注或参考文献中列出，在此谨向有关作者表示深深的谢意！由于作者水平有限，不足之处在所难免，敬请读者批评指正。

编　者

2018年7月

第1版前言

本书是在“能力本位，知行并举”理念的导向下建设“知能课程”的一次尝试。本书在课程功能的定位上，注重“能力本位”，以职业适应能力培养为核心目标；在课程内容的构成上，要求“知行并举”，以思想性与行动性兼备为特征；在课程内容的组织上，以解决实际问题为主线，旨在使学生达到知识学习与能力发展的和谐统一。

在宏观的内容组织上，本书不再严格按照学科知识体系编排章节，而是围绕几个核心部分，将有关能力建构的关键问题按照顺序排列形成主轴，将知识体系以背景的方式镶嵌其中。这一点散见于书中各章节。

在课程发展历史及现状介绍部分，本书不再采用传统的静态陈述方式，而是从相关知识中提取几个典型问题，如课程目标及其演变、课程标准的国际比较、课程实施的现状调查等，让学生在看到问题、探究问题、解决问题的过程中逐步深入了解课程建设的历史和现状。

在课堂教学方法部分，本书不以逐个介绍经过归纳抽象而得到的各种教学方法为线索，而是从一线教学工作的实际出发，从实际工作中所面对的具体问题开始，根据内容属性的不同，将信息技术课程分为理论课、技能课、实验课、作品制作课四种课型，然后有针对性地探讨如何恰当地运用教学方法。

在对教师发展的阐述上，本书不以教师发展的相关方面为主线，不简单拘泥于教师发展的终极状态，而是根据一线教师成长发展的动态过程，生动地向学生展示未来其在走向工作岗位的过程中可能经历的几个阶段，如站稳讲台、魅力讲台、品牌讲台等，分别聚焦职业教师的工作，如备课、讲座、课题研究等的相关要求。

显然，本书的编写既需要对信息技术课程建设理论有足够的把握，还需要对当前信息技术课程发展状况有充分的了解，更需要身在其中、具体参与所获得的宝贵体验和经验。为了这个目的，本书的编写团队由高校教师、信息技术课程专家及中学一线教师组成。这个团队很好地完成了编写伊始所预期的任务，编者希望通过这个团队对“能力本位，知行并举”思想的理解和落实，给同行以有价值的启发。

本书由5章构成：第1章提炼了信息素养概念的产生与发展、信息技术课程发展过程、信息技术课程国内外对比等几个问题。第2章则关注课程标准、学生状况、教材建设等问题，以期对信息技术课程建设现状形成较为宏观的认识。第3章在简要描述常见的教学方法的基础上，从信息技术教学实践出发，提出理论课、技能课、实验课、作品制作课等课型，并借助案例对各种课型进行阐述。第4章根据教学过程中实际应用的顺序依次介绍了前置评价、过程性评价、总结性评价，并讨论了试题与试卷的相关问题。第5章按照教师发展的过程，围绕站稳讲台、魅力讲台、品牌讲台探讨各阶段教师的发展特点及相应的工作。

本书可作为高等学校教育技术学、计算机教育等专业教材，还可作为教育技术学教育硕士的教学参考书及中小学信息技术教师继续教育用书，也可作为信息技术教育研究人员的参考资料。

本书由李艺、朱彩兰撰写，南京市第一中学、南京师范大学附属中学的信息技术教师们参与了教材的编写，各章参编人员为：第1章，朱彩兰；第2章，张钰；第3章，杜娟娟、陈雅蓉；第4、5章，潘安娜（4.2节，5.1节）、王静（4.1节，4.4节，5.3节）、彭鹏（4.3节，5.2节）。朱彩兰负责统稿。南京师范大学教育技术学专业的硕士研究生王瑞杰、高丹、戴玉、谢华、宋广永、袁林敏协助完成了资料收集与翻译、格式审查等辅助工作。

在编写过程中参阅的主要文献资料已在脚注或参考文献中列出，在此谨向有关作者表示深深的谢意。本书只是“知能课程”的一种尝试，最终呈现的结果与编写初衷会有一定的距离，粗疏之处在所难免，敬请读者指正。

编　者

2010年4月

目　录

第 1 章

信息技术课程发展概况

1.1 信息素养概念的提出与发展

○ 问题提出

信息技术的广泛应用引发了社会层面的文化建设，同时也引发了对人的内在素养的某种结构性的追求，所以可以经常看到这样的描述，“信息素养是进入 21 世纪的通行证”“信息素养是信息社会公民的基本素养”“信息技术课程的目标是培养信息素养”……那么什么是信息素养呢?

○ 学习引导

关于信息素养的概念，学者们众说纷纭。对相关观点的整理既可以沿着某条线索进行。例如，依据时间顺序加以整理，从中发现人们对信息素养概念认识的变化；也可以从对比的视角来进行观察。又如，理论方面的探索与实践方面的尝试，国外的代表性观点及国内的典型认识，学者们的认识与一线教师的定位。

本节内容的组织综合运用了以上提及的几条线索，旨在梳理信息素养的概念，并在梳理的过程中去理解它。

信息素养的概念最早来自西方，即 information literacy，它强调的是对人的内在素养的描述。由于这一概念是从国外引入的，因此有必要正本清源，以便于形成对它的正确认识。

1.1.1 国外对信息素养的认识

信息素养的概念最早是从图书检索技能演变发展而来的。1974 年，美国信息产业协会主席保罗·泽考斯基（Paul Zurkowski）首次提出这一概念，并把它定义为“人们在解决问题时利用信息的技术和技能”。与现在的信息素养理论相比，这个定义只是一个雏形。

1989 年，美国图书馆协会（American Library Association，ALA）下设的信息素养总统委员会在其研究的总结报告中给信息素养下了这样一个定义：“要成为一个有信息素养的人，就必须能够确定何时需要信息，并具有检索、评价和有效使用信息的能力。”随着信息技术的发展，这一概念迅速从图书情报界扩展到教育界乃至社会各界，逐渐成为信息时代每个公民必须具备的基本素养。

由于信息素养是一个对信息社会中人的信息行为能力和思维方式进行整体描述的概念，所以国外许多学者都避开对信息素养定义的争论，重视对具有信息素养的人的特征的描述，从而提供了理解信息素养的广阔视角，这种描述在以后更加盛行。1992 年多尔（Doyle）在《信息素养全美论坛的终结报告》中给信息素养下的定义是：一个具有信息素养的人，他能够：认识到精确的和完整的信息是做出合理决策的基础；确定对信息的需求；形成基于信息需求的问题；确定潜在的信息源；确定成功的检索方案；从基于计算机的信息源和其他信息源中获取信息；评价信息；组织和实际应用信息；将新信息与原有的知识体系进行融合；在批判性思考和问题解决的过程中使用信息。这个定义将 1989 年信息素养定义全面展开，因而更加详尽，使信息素养的内涵更加具体化。

随着教育领域对信息素养的重视，各国的研究机构和学校经过研究制定了一系列有关信息素养的评价标准，用于指导信息素养的培养工作。美国图书馆协会和教育传播与技术协会在 1998 年出版的《信息能力：创建学习的伙伴》中，给出了学生学习的九大信息素养标准，这一标准包含了信息技能、独立学习和社会责任三方面的内容。随着信息技术在社会各个领域的渗透，信息道德等社会责任问题引起了人们的重视。这一标准明确提出了社会责任问题，这是对信息素养理论建构的一个突出贡献，从而进一步丰富与深化了信息素养的内涵与外延。

对信息素养的研究不仅限于理论层面，许多研究者还开展了试验研究。最著名、影响最大的当数“Big6 技能”。1990 年美国的 Mike Eisenberg 博士和 Bob Berkowitz 博士共同创立了一个旨在培养学生信息素养、基于批判性思维的信息问题解决系统方案，由于它为有效的信息问题解决提供了必需的六个主要技能领域，因而该系统方案又称为“Big6 技能”，其具体内容如表 1–1–1 所示。

表 1–1–1 Big6 技能

技能领域	信息素养
确定任务	1.1 确定信息问题 1.2 确定解决问题所需的信息
信息搜寻策略	2.1 确定信息来源和范围 2.2 选择最合适的信息来源
检索获取	3.1 检索信息来源 3.2 在信息来源中查找信息
信息的使用	4.1 在信息来源中通过各种方式感受信息 4.2 筛选出有关的信息
集成	5.1 把来自多种信息来源的信息组织起来 5.2 把组织好的信息展示和表达出来
评价	6.1 评判学习过程（效率） 6.2 评判学习成果（有效性）

同时，Mike Eisenberg 博士指出要将各种孤立的信息技能有效地整合在一起，来解决信息问题，必须满足两个条件：① 信息技能必须直接与课程内容和课程作业相关；② 技能本身必须与逻辑的和系统的信息过程联系在一起。

针对“Big6 技能”，研究人员设计了专门的技能训练课程，开展了长期的实践研究。“Big6 技能”不仅被数以千计的中小学校应用，应用领域还延伸至高等教育、成人教育。鉴于“Big6 技能”的贡献，2002 年“21 世纪素养高级会议”白皮书将“Big6 技能”誉为“教育最佳实践范例”。

1.1.2 我国对信息素养的认识

国内比较有代表性的对信息素养的认识有以下几种。

（1）认识一

李克东提出信息素养应当包括三个基本的要点：[1]

① 信息技术的应用技能。这是指利用信息技术进行信息获取、加工处理、呈现交流的技能。这些技能需要通过对学生进行信息技术操作技能与应用实践训练来培养。

---

[1] 李克东. 信息技术与课程整合的目标和方法［J］. 中小学信息技术教育，2002（4）：22–28.

② 对信息内容的批判与理解能力。在信息收集、处理和利用的所有阶段，批判性地处理信息是信息素养的重要特征。这些能力不仅要通过对学生进行信息技术技能训练来培养，还要通过对学生进行科学分析能力的训练来培养。

③ 能够运用信息并具有融入信息社会的态度和能力。这是指信息使用者要具有强烈的社会责任心，具有良好的与他人合作共事的精神，使信息技术的应用能推动社会进步。这些素养需要通过加强思想情操教育来培养。

本观点在对信息素养各方面的含义进行综合之后，从技能、批判思维、社会责任等方面进行递进阐述，并将信息素养的最高境界提升为推动社会进步。

（2）认识二

桑新民从三个层次、六个方面描述了信息素养的内在结构与目标体系。[1]

第一层次：

① 高效获取信息的能力。

② 熟练、批判性地评价、选择信息的能力。

③ 有序化地归纳、存储、快速提取信息的能力。

④ 运用多媒体形式表达信息、创造性使用信息的能力。

第二层次：

⑤ 将以上一整套驾驭信息的能力转化为自主、高效学习与交流的能力。

第三层次：

⑥ 学习、培养和提高信息时代公民的道德、情感，以及法律意识与社会责任。

这三个层次从操作技能和评价能力、问题解决能力、情感态度价值观等方面对信息素养进行细化，与第八次基础教育改革所倡导的将目标体系分为知识与技能、过程与方法、情感态度与价值观三个层次的基本精神相一致，恰当地体现了信息素养的基本内涵和重要外延，使信息素养的界定在当前时期趋向完善，有利于指导信息素养培养工作的具体实施。

在学者们对信息素养进行理论探究的同时，广大一线教师经过长期的授课实践，总结了切身经验，逐渐形成了一些关于信息素养的不同见解。

关于中学生的信息素养，有人建议应当包括以下四个方面[2]：具有较好的信息伦理道德修养、使用信息技术的积极态度、较好地掌握信息技术知识、具有较好的应用信息技术的能力。也有教师认为可以将信息素养分成以下几个方面[3]：信息意识、创新精神、

---

[1] 桑新民. 探索信息时代人类文化与教育发展的新规律［J］. 人民教育，2001（1）：10-11.

[2] 谢琪. 教师的计算机素质［J］. 教育探索，2001（3）：61.

[3] 孟凡伦，董海燕. 浅议中小学生信息素养的培养［J］. 中国电化教育，2001（9）：104-106.

主体意识、评价能力、实践能力、合作精神、信息伦理、保健意识等。

2003年发布的《普通高中技术课程标准（实验）》（信息技术）（以下简称2003年普通高中信息技术课程标准）认为，学生的信息素养表现在：对信息进行获取、加工、管理、表达与交流的能力；对信息及信息活动的过程、方法、结果进行评价的能力；发表观点、交流思想、开展合作与解决学习和生活中实际问题的能力；遵守相关的伦理道德与法律法规，形成与信息社会相适应的价值观和责任感。此外，从知识与技能、过程与方法、情感态度与价值观三个方面给出了多达11条较为详细的描述。由此，我国信息技术课程中所强调的信息素养与最早的定义相比，其内涵和外延都发生了较大的改变。

在2017年发布的《普通高中信息技术课程标准（2017年版）》中，信息素养是用学科核心素养来解释的。该课程标准指出，学科核心素养是学科育人价值的集中体现，是学生通过学科学习而逐步形成的正确价值观念、必备品格和关键能力。高中信息技术学科核心素养由信息意识、计算思维、数字化学习与创新、信息社会责任四个核心要素组成。它们是高中学生在接受信息技术教育的过程中逐步形成的信息技术知识与技能、过程与方法、情感态度与价值观的综合表现。四个核心要素互相支持，互相渗透，共同促进学生信息素养的提升，具体内涵表述如下。[1]

（1）信息意识

信息意识是指个体对信息的敏感度和对信息价值的判断力。具备信息意识的学生能够根据解决问题的需要，自觉、主动地寻求恰当的方式获取与处理信息；能够敏锐地感觉到信息的变化，分析数据中所承载的信息，采用有效策略对信息来源的可靠性、内容的准确性、指向的目的性做出合理判断，对信息可能产生的影响进行预期分析，为解决问题提供参考；在合作解决问题的过程中，愿意与团队成员共享信息，从而实现信息的更大价值。

（2）计算思维

计算思维是指个体运用计算机科学领域的思想方法，在形成问题解决方案的过程中产生的一系列思维活动。具备计算思维的学生，在信息活动中能够采用计算机可以处理的方式界定问题，抽象特征，建立结构模型，合理组织数据；通过判断、分析与综合各种信息资源，运用合理的算法形成解决问题的方案；总结利用计算机解决问题的过程与方法，并将其迁移到与之相关的其他问题的解决中。

（3）数字化学习与创新

数字化学习与创新是指个体通过评估并选用常见的数字化资源与工具，有效地管理

---

[1] 中华人民共和国教育部．普通高中信息技术课程标准（2017年版）[M]．北京：人民教育出版社．2017：5-6.

学习过程与学习资源，创造性地解决问题，从而完成学习任务，形成创新作品的能力。具备数字化学习与创新能力的学生，能够认识到数字化学习环境的优势和局限性，适应数字化学习环境，养成数字化学习与创新的习惯；能够掌握数字化学习系统、学习资源与学习工具的操作技能，并将其用于开展自主学习、协同工作、知识分享与创新创造，以提高终身学习能力。

（4）信息社会责任

信息社会责任是指信息社会中的个体在文化修养、道德规范和行为自律等方面应尽的责任。具备信息社会责任的学生，具有一定的信息安全意识与能力，能够遵守信息法律法规，信守信息社会的道德与伦理准则，在现实空间和虚拟空间中遵守公共规范，既能有效地维护信息活动中个人的合法权益，又能积极维护他人的合法权益和公共信息安全；关注信息技术革命所带来的环境问题与人文问题；对于信息技术创新所产生的新观念和新事物，具有积极的学习态度、理性判断和负责行动的能力。

拓展阅读

材料一 核心素养

2016 年 9 月，《中国学生发展核心素养》正式发布。学生发展核心素养，主要是指学生应具备的能够适应终身发展和社会发展需要的必备品格和关键能力。学生发展核心素养，以“全面发展的人”为核心，分为文化基础、自主发展、社会参与三个方面，综合表现为人文底蕴、科学精神、学会学习、健康生活、责任担当、实践创新六大素养。其总体框架如图 1-1-1 所示。[1]

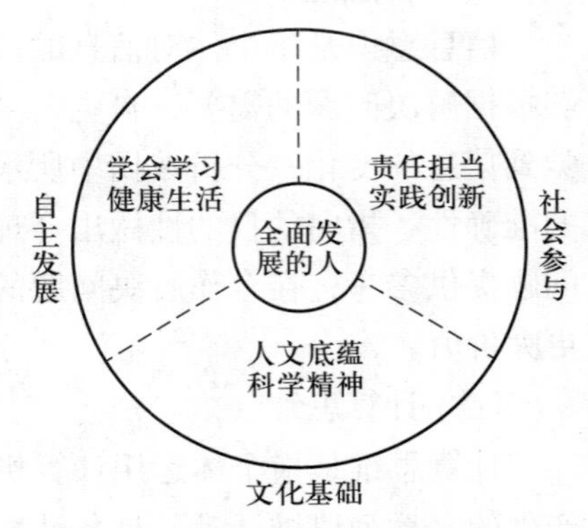

图 1-1-1 学生发展核心素养总体框架

1. 文化基础

文化是人存在的根和魂。文化基础，重在强调能够习得人文、科学等各领域的知识和技能，掌握和运用人类优秀智慧成果，涵养内在精神，追求真善美的统一，发展成为有深厚文化基础、有更高精神追求的人。

人文底蕴主要是学生在学习、理解、运用人文领域知识和技能等方面所形成的基本

[1] 核心素养研究课题组．中国学生发展核心素养［J］．中国教育学刊，2016（10）：1-3.

能力、情感态度和价值取向，具体包括人文积淀、人文情怀和审美情趣等基本要点。

科学精神主要是学生在学习、理解、运用科学知识和技能等方面所形成的价值标准、思维方式和行为表现，具体包括理性思维、批判质疑、勇于探究等基本要点。

2．自主发展

自主性是人作为主体的根本属性。自主发展，重在强调能够有效地管理自己的学习和生活，认识和发现自我价值，发掘自身潜力，应对复杂多变的环境，成就精彩人生，使自己发展成为有明确人生方向、有生活品质的人。

学会学习主要是学生在学习意识形成、学习方式与方法选择、学习进程评估调控等方面的综合表现，具体包括乐学善学、勤于反思、信息意识等基本要点。

健康生活主要是学生在认识自我、发展身心、规划人生等方面的综合表现，具体包括珍爱生命、健全人格、自我管理等基本要点。

3．社会参与

社会性是人的本质属性。社会参与，重在强调能够处理好自我与社会的关系，养成现代公民所必须遵守和履行的道德准则和行为规范，增强社会责任感，提升创新精神和实践能力，促进个人价值的实现，推动社会发展进步，使自己发展成为有理想信念、敢于担当的人。

责任担当主要是学生在处理与社会、国家、国际等关系方面所形成的情感态度、价值取向和行为方式，具体包括社会责任、国家认同、国际理解等基本要点。

实践创新主要是学生在日常活动、问题解决、适应挑战等方面所形成的实践能力、创新意识和行为表现，具体包括劳动意识、问题解决、技术应用等基本要点。

材料二　谈〝核心素养〞

从基础教育的核心要义——培养人的教育切入，可以认为学科核心素养由三个层面构成：最底层的“‘双基’指向”（称为“双基”层，在后期研究中，将“双基”层改为学科知识层），以基础知识和基本技能为核心；中间层的“问题解决指向”（称为“问题解决层”），以解决问题过程中所获得的基本方法为核心；最上层的“学科思维指向”（称为“学科思维层”），指在系统的学科学习中通过体验、认识及内化等过程逐步形成的相对稳定的思考问题、解决问题的思维方法和价值观，实质上是初步得到学科特定的认识世界和改造世界的世界观和方法论，如图 1-1-2 所示。[1]

图 1-1-2　核心素养的三层架构图

三层架构作为一个完整系统，有内在的联系。其中，“双基”层最为基础，学科思维层最为高级，而问题解决层发挥着承上启下的作用。从上到下或从下到上，三个层面遵循“向下层层包含，向上逐层归因”的规则，相互依托，又相互归属。三层架构可以解读为，问题解决以“双基”为基础，学科思维以“双基”和问题解决为基础；学科思维是学科课程的灵魂，也是学科课程与“人的内在品质”相应的本质之所在，它作为人的内在品质的基本背景，唤醒并照耀着问题解决层和“双基”层，使之一并产生价值和意义。

材料三　从科学取向教学论看学生的“核心素养”及其体系构建

从科学取向教学论中的“学习分类理论”视角思考“核心素养”的心理实质。[2]

首先，依据加涅学习结果分类理论来理解“核心素养”的含义。加涅将学习结果分为五大类：言语信息、智慧技能、认知策略、动作技能和态度。加涅明确指出，一方面，在中小学教育中，必须以智慧技能为核心内容。其理由是，认知策略不能单独学与教，必须渗透在言语信息和智慧技能中对其进行学与教。另一方面，在基础教育阶段，学生习得的、作为陈述性知识的言语信息，绝大多数都要转化为智慧技能。

其次，从布卢姆认知教育目标分类学来看“核心”的含义。在布卢姆认知教育目标分类学中，知识被分为事实性知识、概念性知识、程序性知识、元认知性知识。在四类知识中，概念性知识的教学可以带动其他类知识的教学，因此作为教育目标的“核心素养”中的“核心”，是布卢姆认知教育目标分类中达到运用以上水平的概念性知识。

最后，从学习的迁移来看“核心”的含义。学校的教学是否有助于学生适应现在与将来的社会以及其终身发展的需要，从学习理论来看，这是一个学习迁移的问题。从教学来看，思维能力虽然是核心能力，但不能单独作为教学目标，思维加上知识才能成为目标或学习结果，因此“核心”是概念性知识。

[1] 李艺，钟柏昌. 谈“核心素养”[J]. 教育研究，2015（9）：17-23.
[2] 陈刚，皮连生. 从科学取向教学论看学生的“核心素养”及其体系构建[J]. 湖南师范大学教育科学学报，2016（9）：20-27.

材料四　面向核心素养的信息技术课程设计与开发

信息技术学科核心素养的界定采用概念映射法，结果如图 1-1-3 所示。[1]

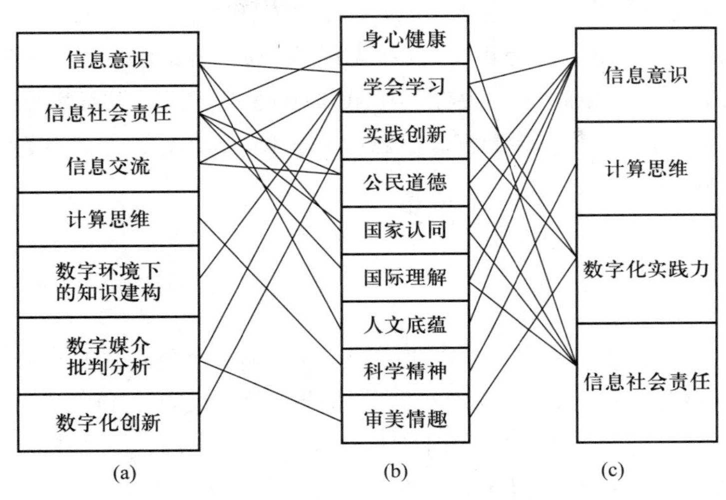

图 1-1-3　信息技术学科核心素养的界定

信息技术学科核心素养要素聚合遵循的原则是：

（1）在“一对多”的关系中，保持图 1-1-3（a）中“一”的独立性，将其作为学科核心素养要素之一。例如，信息意识、信息社会责任、数字化创新。

（2）在“多对一”的关系中，依据图 1-1-3（b）中“一”的特征，将图 1-1-3（a）中的多个项适当聚合，在保持信息技术学科特点的同时，突出图 1-1-3（b）中“一”的特色。例如，图 1-1-3（a）中的信息意识、信息交流、数字环境下的知识建构等要点均指向图 1-1-3（b）中的学会学习，整合图 1-1-3（a）中数字化环境特征，将该素养要素界定为“数字化学习”。

（3）在“一对一”的关系，综合两个“一”名称的特征，形成既具有学科特点，又能体现出学生发展核心素养的名称。例如，计算思维。

按照上述对应关系和聚合原则，对萃取出的素养要素做进一步整合（例如，将数字化创新和实践创新整合为数字化实践力），信息技术学科的核心素养可以界定为信息意识、计算思维、数字化实践力、信息社会责任。其结构如图 1-1-3（c）所示。

[1] 任友群，李锋，王吉庆. 面向核心素养的信息技术课程设计与开发［J］. 课程・教材・教法，2016（7）：56-61.

○ 学生活动

1. 对信息素养的认识见仁见智。请利用文献，查找更多关于信息素养概念的界定，列举其中一两种，尝试参照教材中的做法对它们进行分析。分析时可以考虑这样几个方面：作者是从什么角度来界定或阐述概念的？为什么要选择这种描述方式？这种描述的优点或特点是什么？（一般而言，作者在界定概念时会进行相关的说明，可以依据这些说明对自己找到的概念进行分析，从而更好地理解作者的意图）

2. 关于核心素养，拓展阅读中仅提到了部分观点，试获取更多学者关于“核心素养”的认识，并比较这些观点之间的异同。

○ 参考文献

[1] 李艺. 信息技术课程：设计与建设 [M]. 北京：高等教育出版社，2003.
[2] 李艺. 信息技术课程与教学 [M]. 北京：高等教育出版社，2005.
[3] 李艺，钟柏昌. 谈“核心素养”[J]. 教育研究，2015 (9)：17-23.
[4] 陈刚，皮连生. 从科学取向教学论看学生的“核心素养”及其体系构建 [J]. 湖南师范大学教育科学学报，2016 (9)：20-27.
[5] 任友群，李锋，王吉庆. 面向核心素养的信息技术课程设计与开发 [J]. 课程·教材·教法，2016 (7)：56-61.

1.2 信息技术课程的发展历史

○ 问题提出

借第八次基础教育课程改革的东风，信息技术课程确立了自己的独立地位。追根溯源，我国的信息技术课程早在 20 世纪 70 年代就已有雏形。从早期的课外活动到目前的独立课程，信息技术课程经历了怎样的发展过程？

○ 学习引导

关于信息技术课程的发展过程，有多种不同的阶段划分方式。观察的视角不同，对课程发展过程的阶段划分也不同：按照发展的规模，可以将信息技术课程的发展过程划分为三个阶段，即起步阶段、逐步发展阶段和全面发展阶段；从技术角度出发，可以将信息技术课程的发展过程划分为单机和网络两个阶段；根据信息技术向基础教育渗透的广度与深度，可以将信息技术课程的发展过程分为信息技术仅作为学习对象、信息技术不仅作为学习对象还作为各科学习的工具，以及信息技术全面影响教育理念并导致教育体制、教育模式、教育思想、课程设置、教育方法、教育评估等全方位改革三个阶段。[①] 根据信息技术课程观念的变化，可以将信息技术课程的发展过程分为四个阶段，即“计算机文化论”“计算机工具论”“文化论再升温”“信息素养”。[②] 本节主要以信息技术课程观念的变化为线索，[③] 对信息技术课程的发展进行梳理，旨在说明信息技术课程发展过程中课程目标、课程内容等方面的变化，以促进对信息技术课程的认识。

信息技术课程产生的原始动因是信息技术的发展，所以要准确认识课程发展过程中的阶段性变化，首先需要了解信息技术的发展背景，然后关注在此背景下，世界范围内对信息技术（计算机）教育的认识。这些都影响着我国信息技术教育的实践，影响着我国历次信息技术课程纲要中对课程目标和课程内容的规定。据此，本节的梳理工作将主要涉及以下几个方面：技术发展背景、国内外计算机教育的发展、我国信息技术课程纲要中关于课程目标和课程内容的规定、存在的问题与相关研究、阶段分析等，并根据需要有所侧重，以期客观地发掘信息技术课程观念的发展脉络。

1.2.1 计算机文化论

这一阶段的时间跨度是从 20 世纪 70 年代末到 20 世纪 80 年代初。

1. 技术[④]发展背景

1946 年，世界上第一台电子计算机 ENIAC 在美国问世，它的占地面积为 170 m^2，重量达 30 t，体积为 80 m^3。与现在的个人计算机相比，它绝对是一个庞然大物。早期的

---

① 编者曾就信息技术课程发展历史的梳理问题请教信息技术教育专家郭善渡，郭老师在回复的邮件中表达了文中所述的看法。

② 王吉庆. 中小学计算机课程的沿革与反思［J］. 课程・教材・教法，2000（1）：58-61；另外，王吉庆在《信息素养论》（上海教育出版社，2001 年）一书中对信息素养的流派进行了梳理，将信息素养分为“计算机文化论”“计算机工具论”“信息与微电子教育”“多媒体文化、超媒体文化与网络文化”“信息素养”五个流派，可以认为这种流派的划分与文中的四个阶段大致相似。

③ 对于最后一个阶段的名称，本文用“信息文化观”代替“信息素养”。因为“信息素养”倾向于对人的内在品性的描述，与“计算机文化论”“计算机工具论”等的指向不同。

④ 本部分关于技术的讨论主要是指计算机技术，限于篇幅及本节讨论的重点，对信息技术的其余部分暂不予以关注。

大型计算机多与其类似，体积庞大，且对工作环境（如温度等）的要求较高。因此，大型机最初主要是在科学研究领域发挥作用。20 世纪 70 年代，计算机开始向小型化、微型化方向飞速发展，1974 年第一代微型计算机问世。20 世纪 70 年代中期以后，计算机技术的发展进入大规模集成电路阶段，微型计算机的研制和发展使计算机的体积越来越小，功能日益提高，价格日益降低，个人计算机开始大批进入市场，但还没有占据主流地位。

在计算机的操作上，最初的计算机是根据 0 和 1 的不同进行纸带穿孔，以表达特定的含义，此种方式只有极少数专家能够掌握，对其他人来说无异于天书。1981 年，IBM 公司请求微软公司为其个人计算机开发操作系统，新的操作系统称为磁盘操作系统，即 DOS，也就是人们通常所说的字符操作系统。使用字符操作系统意味着需要在字符界面下通过键盘输入字符命令来指挥计算机工作，而且只有在一条命令执行完毕后才能输入另一条命令（即单线程、单任务）。大多数操作需要在程序的支持下工作，而且程序一般都比较复杂和庞大，因此程序的编制需要由具备专业计算机知识的人来进行。当时是否能够编写程序，是否能够对程序进行查错、测试与修改，就成为能否使用计算机的关键。正如美国学者阿瑟·列尔曼（Arthur Luehrmann）所说，“程序设计形成了计算机文化的脊椎骨”。[1]

2. 国内外计算机教育的发展

计算机应用于教育领域开始于 20 世纪 60 年代，但在最初的时间里进展较为缓慢。在计算机微型化发展的过程中，随着教育教学中计算机应用的增多，人们开始关注计算机教育。譬如，1975 年，在国际信息处理联合会（IFIP）召开的国际会议上，南斯拉夫学者提出了《中学生对于计算机应该知道什么》的试验报告，他们对在中学引进计算机课程的目标、大纲、学时数等方面进行了试验，结论是应该逐步地把“计算机引论”课作为中学的必修科目。[2]

1981 年，尹尔肖夫（Ershov）在第三届世界计算机教育应用大会（WCCE）的报告《程序设计是第二文化》中，把阅读和写作能力看作第一文化，把阅读和编写计算机程序的能力看作第二文化。他指出，随着计算机的发展和普及，人类只有第一文化就不够了，必须掌握阅读和编写计算机程序的能力，并预言在不远的将来，通常的程序设计将被每一个人所掌握。“计算机文化论”由此形成，程序设计也得以确立其在计算机教育中的重要地位。

---

[1] 王吉庆. 信息素养论［M］. 上海：上海教育出版社，2001：132.
[2] 陈琦. 中学计算机教育文选［M］. 北京：光明日报出版社，1987：20–21.

自1978年始，我国的中学计算机教育从无到有得到了迅速的发展。1978年到1981年期间主要是各学校自发探索，计算机教育采取的主要形式是校内课外兴趣小组及校外学习小组，教育内容主要为基本的BASIC语言及简单的编程。最早开展这些活动的组织包括上海儿童活动中心及青少年科技活动站、北京景山学校等。

1982年，根据世界中小学计算机教育的发展需求和趋势，我国教育部决定在清华大学、北京大学、北京师范大学、复旦大学和华东师范大学五所大学的附中试点开设BASIC语言选修课。自此，计算机课程正式进入中小学，成为我国中小学计算机课程和计算机教育的开端。

1982年至1983年，我国中学计算机选修课的主要内容包括BASIC语言及简单的编程，另外还涉及少量的计算机发展史及其在现代社会中的作用、计算机的基本原理等硬件方面的知识。此时计算机教学使用的教材是各地教师根据1982年的计算机选修课教学大纲自己编写的，而且多数自编教材的内容是从大学BASIC语言教材中直接移植过来的。

3．我国信息技术课程纲要中关于课程教学目标和课程内容的规定

1984年发布的《中学电子计算机选修课教学纲要（试行）》中规定，计算机选修课的目标是:“初步了解计算机的基本工作原理和它对人类社会的影响；掌握基本的BASIC语言并初步具备读、写程序和上机调试的能力；逐步培养逻辑思维和分析问题、解决问题的能力。”

从目标描述中不难看出，受“计算机文化论”的影响，课程目标中充分体现了对程序设计语言学习及与之相关的“逻辑思维”能力培养的重视。

《中学电子计算机选修课教学纲要（试行）》中规定，计算机选修课的主要内容是学习程序设计语言（以BASIC语言为主）。BASIC语言是当时的必然选择，原因是多方面的：其一是由于国际上包括我国对程序设计的重视；其二是在我国中小学计算机教育发展初期，所配备的机器不能运行应用软件，只能用于教授BASIC语言；其三，由于计算机教师队伍处于建设的初级阶段，一时之间难以有足够的计算机专业人员参与这项教育活动。据统计，到1982年年底，全国从事计算机教育的教师仅有20人，所以许多学校都要从相近学科中转移部分教师力量，而这些教师的知识背景也成为决定教学内容的一个重要因素。因为教师很少有机会接受培训以更新知识结构，只适合教授BASIC这种程序设计语言。

4．存在的问题与相关研究

“计算机文化论”阶段对于我国早期的计算机教育起到了一定的促进作用。然而，由于计算机教育理论建设尚处于初期阶段，缺乏实践经验，所以有相当一部分人将计算机教育等同于学习程序设计，甚至在实际教学中将其异化为对BASIC语言的学习。

当时的计算机教育研究者也开始认识到这一问题。例如，郭善渡指出应当正确认识和处理计算机语言教学中的“语言 – 思维”“语言 – 程序”的关系。[1] 针对多数计算机课程的教材都是以语言为线索来组织内容的状况，他指出教材编写时应当“以程序设计为主线，以语言为承载”，[2] 并根据这一思想编写了教材。

5．阶段分析 ①

在这一阶段，信息技术处于发展初期，尚属于精英技术。建立在精英技术之上的信息文化也只能属于精英文化，势单力薄，影响范围较小。这就意味着“程序设计是第二文化”的倡导并非是信息文化发展到一定程度对教育或课程的必然要求，更多的是一种基于对计算机技术影响的敏感以及对计算机未来发展的设想进行的“号召”抑或提前“准备”，对未来的预料及估计的准确程度会不可避免地影响对技术和文化的认识，从而影响对课程的认识及定位。由于“准备”是围绕着人脑与计算机工作原理的相通性展开的，所以当时的计算机课程目标被定位在了解计算机基本工作原理以及培养逻辑思维能力上，能够实现该目标的课程内容自然被圈定在程序设计的范围之内，在我国由于受师资、设施等条件的限制，教学的主要内容只能是 BASIC 语言。

按照尹尔肖夫的倡导，这一时期对人的内在品质的要求是计算机素养 ②，其核心是程序设计能力，强调逻辑思维能力，以及利用算法解决问题的能力。理想的结果应当是学生通过对程序设计的学习，学会利用算法来解决生活中的实际问题，这一点至今仍然具有借鉴意义，而且人们对算法的认识也在逐步加深与拓宽。但此时的课程似乎是定位在“计算机文化”上，具体来说是定位在程序设计上，在实践中其焦点又逐步被异化为程序设计语言。应当承认，“计算机文化论”是基于对当时计算机的相对狭隘的文化意义的较为准确的认识与理解，历史性地促进了计算机教育的发展，但限于当时的技术发展水平，这个认识具有很大的局限性，不足以用来指导今天的信息技术教育实践。

1.2.2 计算机工具论

这一阶段的时间跨度是从 20 世纪 80 年代中后期到 20 世纪 90 年代初。

---

① 此部分及后面几个阶段的“阶段分析”都源自：朱彩兰，李艺. 信息技术课程技能化倾向的原因分析与对策研究 [J]. 教育探索，2005 (3)：20–22.

② 计算机素养是指能够使用计算机及其软件来解决实际问题 (computer literacy: the ability to use a computer and its software to accomplish practical tasks)。

[1] 郭善渡. 正确认识和处理计算机学科教学中的十个关系 [J]. 课程 · 教材 · 教法，1995 (8)：45–48.

[2] 郭善渡. 关于计算机与基础教育相结合的几点思考 [J]. 课程 · 教材 · 教法，1991 (1)：32–36.

1. 技术发展背景

（1）计算机的普及化发展

计算机的小型化促进了它的普及化发展，因为计算机不再需要高度控制的环境，可以离开“玻璃房”随意地放到任何合适的地方。到20世纪80年代初期，微型计算机开始了大规模应用时代，它走出研究人员的试验室，逐渐进入工厂、商店、公司、医院等。在发达国家，社会生活越来越计算机化，计算机已经为个人所拥有和使用。到1982年年底，英国6%的家庭有了个人计算机，按人均计算比美国多一倍，计算机普及率居世界第一位。到20世纪80年代后期，大型机的时代结束，其地位被个人计算机取代。

（2）计算机的应用发展

此时的计算机不再仅应用于科学计算，而是向着成为各行各业的基本信息处理工具的方向发展，如用于办公自动化。在日常生活中，人们也逐步开始应用信息技术来进行信息处理。专门化的计算机应用软件日益增多，人们无须懂得程序设计即可使用计算机。例如，电子表格软件和字处理软件提升了桌面型计算机的有形价值。这一阶段，计算机在其传统应用领域——科学研究和设计工作中，也有了长足的发展，计算机辅助设计、计算机辅助制造普遍应用于工程技术领域。

（3）计算机操作系统的发展

基于图形用户界面（graphical user interface，GUI）的操作系统伴随着计算机技术的发展而产生，如常见的Windows操作系统、Mac OS操作系统。图形用户界面操作系统借助鼠标、菜单、窗口以及滚动条给用户呈现了一个形象直观、易于操作、交互性强的图形化界面。而且，其用户界面风格统一，所有的软件系统拥有相同或相似的外观。例如，它们都包括窗口、菜单、工具条等。用户只要学会使用一个软件系统，就基本上可以掌握其他软件的操作，从而降低了学习的难度。虽然在这一阶段，这种技术还只是刚刚发展起来，不过人们已经不难想象出这种技术未来的发展趋势。

2. 国内外计算机教育的发展

随着信息技术的发展，越来越多的人认识到，使用计算机和程序设计并不是一个范畴的概念。信息社会中计算机的应用将渗透到人们生活的各个方面，因此人们必须学会使用计算机，但不一定要学会程序设计，因为现有的应用软件可以满足人们在各个方面应用计算机的需求。而且，可以通过一些制作工具，而不必通过编程制作教学软件。这种观念的变化，促使许多学者提出计算机文化应该从以程序设计语言为主转向将计算机作为一种工具，也就是以应用计算机为主。对于多数人来说，把计算机作为一种资源、作为一种工具来掌握就足够了。

在 1985 年召开的第四届世界计算机教育大会上，英国专家明确提出应当把计算机作为一种工具来应用，这一观点得到普遍的认同。本次会议还明确了计算机教育的研究重点已明显地由高等教育转向普通教育。计算机教育与基础教育的结合已经是一种历史的必然。

在本次大会上，美国约翰·霍普金斯大学（The John Hopkins University）的亨利·贝克（H. Becker）报告了计算机在学校教学中使用情况的第二次全美国范围的调查。调查表明，自 1983 年第一次全美国范围的调查以来，计算机在中小学的拥有量迅速发展，计算机的使用包括辅助教学、程序设计、发现学习、文字处理等[1]。无论是中学还是小学，认为计算机在学校中应该作为工具的计算机教师的比例，由 1983 年的 10% 上升到 30%。“作为工具”并不意味着单纯地将计算机用于辅助教学，而是包括把计算机作为改进教学的基本手段、把计算机作为学习计算机知识的资源、把计算机作为学生完成学业任务的工具等。总的来说，就是强调计算机的应用。

1990 年 7 月第五届世界计算机教育大会在悉尼召开，部分发达国家提出了信息技术教育。不少学者指出，计算机是信息技术的一部分，应该对青少年进行信息技术的基础教育，内容应包括通信、信息处理、模块化设计、测量与控制、信息技术的社会影响五个方面。美国计算机教育家艾肯（Aiken）认为，计算机和信息技术在迅速发展，大学计算机教育的内容正在更新，人工智能的基本原理和方法应下放到中学的课程中去。

这一阶段，我国的计算机教育经过几年的发展情况逐渐好转。邓小平的“计算机的普及要从娃娃做起”，对计算机教育起到了巨大的推动作用，在全国范围内掀起了中小学推广计算机教育的高潮。据粗略估计，到 1985 年年底，全国中小学拥有微型机 3 万余台，各省市 80% 的重点中学都具有 10 台左右的微型机供学生使用，经短期培训已有专职及兼职计算机教师近万名。1986 年，开设计算机课的中学共 3 319 所，占学校总数的 3.62%。到 1989 年，开展计算机教育的学校已经达到 7 081 所，所占比例也升至 7.74%。这些数据都反映了我国计算机教育的迅速发展。

3．我国信息技术课程纲要中关于课程目标和课程内容的规定

1987 年发布的《普通中学电子计算机选修课教学大纲（试行）》规定计算机课程的目标与要求是：

使学生初步了解电子计算机在现代社会中的地位和作用，锻炼学生应用电子计算机处理信息的能力，提高学生的逻辑思维能力及创造性思维能力。通过电子计算机选修课的教学，要求学生初步了解电子计算机的基本工作原理及系统构成；会用一种程序设计

[1] 陈琦．中学计算机教育文选［M］．北京：光明日报出版社，1987：231.

语言编写简单程序；初步掌握电子计算机的操作并了解一种应用软件的使用方法。

由这个大纲的要求可知，计算机课程的目标依然强调逻辑思维能力，但已经开始关注计算机使用能力、语言使用能力等。

该大纲对课程内容的规定是：

（1）电子计算机概述：电子计算机简介、电子计算机基本原理和系统构成。

（2）程序设计语言（以 BASIC 语言为主）。

（3）电子计算机操作与应用：电子计算机操作、应用软件介绍（数据库、电子表格、字处理，任选一种）

就内容来看，1987 年的《普通中学电子计算机选修课教学大纲（试行）》在 1984 年的《中学电子计算机选修课教学纲要（试行）》的基础上，借鉴和吸收了国内外计算机教学方面的有益经验，根据我国普通中学的实际情况对原纲要进行了必要的调整，保留了原纲要中的基本内容，适当地降低了对程序设计技巧部分的要求，增加了计算机应用方面的内容。实际上，这一时期计算机教学已经开始强调应用。但限于当时硬件设备、应用软件、师资力量等具体条件，其在教学内容的规定上仍然以 BASIC 语言为主，不过增加了应用软件。

1994 年发布的《中小学计算机课程指导纲要（试行）》分别对中学与小学计算机课程的目标进行了规定，其中中学计算机课程的目标为：

认识计算机在现代社会中的地位、作用以及对人类社会的影响。了解计算机是一种应用十分广泛的信息处理工具，培养学生学习和使用计算机的兴趣；初步掌握计算机的基础知识和基本操作技能；培养学生逐步学会使用现代化的工具和方法去处理信息；培养学生分析问题、解决问题的能力，发展学生的思维能力；培养学生实事求是的科学态度和刻苦学习克服困难的良好意志品质，进行使用计算机时的道德品质教育。

在“工具观”的影响下，课程目标中明确了计算机的工具性定位，强调计算机操作技能以及态度、道德等相关内容。

该纲要规定，计算机课程的内容共包含五个模块：

① 计算机的基础知识。

② 计算机的基本操作与使用。

③ 几个常用的计算机软件的介绍，包括字处理软件、数据库管理系统软件、电子表格软件、教学软件与益智性游戏软件的介绍。

④ 程序设计语言，包括 BASIC 语言程序设计基础和 LOGO 语言等。

⑤ 计算机在现代社会中的应用以及对人类社会的影响。

早在 1986 年，我国就在小学、初中初步开展 LOGO 语言教学的试验（地方性的试验开始得更早，如南京市拉萨路小学的计算机教育始于 1985 年，其内容主要是计算机基础知识、BASIC语言和LOGO语言)。在此基础上，该纲要在程序设计部分增加了LOGO语言的教学内容。

4．存在的问题与相关研究

这一阶段出现的问题是，过于注重计算机的工具性，但对计算机工具性的认识却不够全面和深入。因此，计算机课程的教材逐渐演变为“用户手册”，而教学活动则逐渐显示出“培训班”的特征。

在相关研究中，部分学者对“工具论”持谨慎态度。譬如，郭善渡认为，“基础教育有别于职业教育。基础教育中的课程设置和课程内容不能片面地和机械地执行‘学以致用’的原则，而是必须具有文化的和素质养成的意义。正是由于计算机不仅是工具，还具有明显的文化特征和意义，所以它才有可能和有必要成为中小学生的学习对象，并逐步发展成为中小学的一门基础课程。”[1] 他呼吁大家正确认识和处理“文化—工具”“基础—实用”的关系。应当说，在“工具论”盛行的情况下，能够清醒、理智地看待计算机教育，认识到其必须具有符合基础教育意义的价值，尤其是对计算机所具有的文化特征和意义的关注，对于正确理解“工具论”，把握计算机教育的发展走向，乃至今天关于信息技术教育的研究，都有着重要的指导意义和借鉴价值。

另外，也有学者认为“文化论”相当于“知识论”，“工具论”相当于“应用论”[2]，并指出掌握基础知识与培养使用技能、发展应用能力之间既有区别又有联系，不可片面地强调其中一方，而应辩证地看待双方，进而提出了“以知识为基础，以应用为目的”的“知识应用相辅相成论”。关于“文化论”“工具论”的类比是否准确这里暂不做评价，需要肯定的是该观点对“文化论”与“工具论”所持的辩证态度。

5．阶段分析

在这一阶段，随着信息技术的快速发展及日益大众化，信息文化的影响范围逐渐扩大，市场上专门化的计算机应用软件越来越多，这一切都让人们深切地感受到计算机应用的普遍性，于是开始重新审视计算机的定位及计算机课程的教学内容。这一阶段明显的变化是课程目标中明确了计算机的工具性定位，强调了计算机应用；课程内容也相应地转向了关于计算机基本知识与基本操作以及常用应用软件的学习。按照相关文件中对课程目标的规定，这一阶段对人的内在品质的要求涉及以计算机为工具进行信息处理的意识、能力与态度，不妨称之为计算机工具素养，其核心是工具应用能力。

---

[1] 郭善渡．正确认识和处理计算机学科教学中的十个关系［J］．课程·教材·教法，1995（8）：45-48.
[2] 全国中小学计算机教育研究中心．全国中小学计算机教育资料汇编［M］．北京：电子工业出版社，1991：318.

继“计算机文化论”之后，“计算机工具论”是对课程意义认识的一次升华，它对学以致用的倡导在推动计算机课程发展方面起到了积极的作用，是课程发展和促进对课程认识的一个重要阶段。由于当时信息文化辐射所形成的张力不足，人们对计算机课程的认识比较偏狭，将其定位到工具上也在所难免。

1.2.3 文化论再升温

这一阶段的时间跨度为从20世纪90年代初开始到20世纪末。

1. 技术发展背景

就计算机操作系统而言，1985年5月微软公司的Windows 1.0版就问世了，但当时用户还不适应这种操作系统。1987年Windows 2.0版面市后，情况也没有多大的改观。直到1990年5月22日，微软公司正式推出了Windows 3.0版本，并耗费巨资为其宣传，人们才开始接受这种比较成熟的操作系统。至此，图形用户界面被大多数操作系统以及应用软件所采用，再加上“所见即所得”的编辑方式，使人－机交互越来越接近人们的自然经验。更多的人开始习惯并能够熟练使用字处理软件、电子表格软件、图形图像处理软件等工具软件。这些变化加快了计算机应用的普及。计算机技术不仅越来越接近人们的自然经验，甚至还在重新创造着人类的自然经验。

飞速发展的信息技术已经形成了诸多强大的大众化技术分支，而且这些技术分支开始深入人们的日常生活，使信息文化呈现出主流之势。随着计算机应用的不断深入，人们的生活也在发生着变化。例如，多媒体技术借助其图、文、声、像并茂的特点，为人们提供了更丰富的表现手段、更友好的界面、更广阔的使用空间和更大的自主性，给人们以多方位的感受；网络技术的问世，更是向人们展示了多彩的外部世界，通过浏览器浏览网页成为许多人每日必做的事情。在这一阶段，信息技术开始走向大众化，并日益彰显其文化建构的价值。

2. 国内外计算机教育的发展

随着多媒体技术、网络技术的发展与广泛应用，“计算机文化”被旧话重提，不过此时的“计算机文化”并不等同于尹尔肖夫所倡导的计算机文化。例如，相继出现的“多媒体文化”“网络文化”等概念就是新文化论发展过程中的阶段性产物。

丹麦皇家教育研究院高级讲师安德森（B. B. Andresen）在其论文《有超媒体文化才是有文化：读写算与多媒体文化是基本的技能》中提出，在信息时代文化包括六个方面的内容：阅读文字消息的能力、书写文字的能力、理解数字与进行计算的能力（定量能力)、(不以英语为母语的人能够)以英语进行沟通与会话的能力、媒体文化(破译与理解那些由电视、电影以及录像等电子媒体传播的消息所需要的知识与技能)、计算机文化(利用计算机技术手段进行沟通与会话以及解决问题的能力)等。此外,他引用希格顿(Higdon)的话——“超媒体文化可以定义为使用超媒体光盘以及网络服务作为解决问题与互相沟通的工具的能力”。费尔莫(Fillmore)在其论文《因特网:文化的最后与最好的希望》中指出:超媒体文化使得学习者超越了只是信息的接收器与处理器的情况,而成为多媒体内容制作过程的参与者。学生不再需要对自己的体验与看法保持沉默。利用新媒体,学生能够制作文本、声音、视频、图像等,并且参加不同的论坛,给出他们的进一步解释。[1] 从这些观点可以看出,“计算机文化”的观念逐渐向着信息技术的使用能力转变。

在我国,计算机教育也逐步得到重视,这一点可以从国家层面的举措上得到印证。例如,1992 年国家教委决定将“全国中学计算机教育试验中心”改为“全国中小学计算机教育研究中心”,并明确将该中心作为国家教委基础教育司领导下的计算机教育研究机构。又如,1994 年国家教委首次对计算机教育先进工作者和先进集体进行了表彰。再如,1994 年 10 月发布的《中小学计算机课程指导纲要(试行)》中,首次提出了计算机课程将逐步成为中小学的一门独立的知识性与技能性相结合的基础性学科的观点……所有这些都表明,计算机教育正在或已经得到认可和重视。毋庸置疑,这些举措都切实地推动了计算机教育的发展。

3. 我国信息技术课程纲要中关于课程目标和课程内容的规定

1997 年发布的《中小学计算机课程指导纲要(修订稿)》中进一步对初中与高中计算机课程的目标进行了区分,其中高中阶段的目标为:

使学生了解计算机在现代社会中的地位、作用以及对人类社会的影响,培养学生学习和使用计算机的兴趣以及利用现代化的工具与方法处理信息的意识;使学生掌握计算机的基础知识,具备比较熟练的计算机基本操作技能;培养学生利用计算机获取信息、分析信息和处理信息的能力;培养学生实事求是的科学态度、良好的计算机使用道德以及与人共事的协作精神等。

随着对计算机认识的加深,课程目标趋向重视信息意识,强调信息能力及合作精神,这些都充分说明了人们在理论认识上的提升。另外,该纲要去掉了逻辑思维能力、创造性思维能力的提法。因为当时国外学者的相关研究分为两派:西摩尔·帕伯特及其支持者从理论和实验方面论证了程序设计课程对培养学生思维技能、解决问题能力的作用;

[1] 王吉庆. 信息素养论[M]. 上海:上海教育出版社,2001:139-140.

还有一部分心理学家虽然承认程序设计对培养学生解决问题的能力有所裨益，但认为这些能力未必是一般能力，也未必能够迁移到对其他领域的学习中，甚至有人认为，强调程序设计对一般的解决问题能力的迁移犹如官能心理学的翻版，只是一种空想，不可能实现。1984 年前后，我国北京师范大学陈琦等人开展了“关于计算机教育与认知能力的关系”的基础性研究，[1] 测试的结果及收集的数据表明，程序设计的学习与数学学习之间有着显著的正相关，但对两者之间的因果关系需要进一步探索；另外，程序设计能力与学生的空间能力和逻辑推理能力也有显著的正相关。由于国际上对该问题的认识尚未统一，所以该纲要对相关内容进行了修改，以避免计算机教育对学生认知能力与持续发展能力有无积极影响的学术争论出现在正式文件中。

1997 年发布的《中小学计算机课程指导纲要（修订稿）》中，将中学计算机课程的教学内容分为基本模块、基本选学模块和选学模块三个层次，共十个具体模块。

基本模块

模块一：计算机基础知识与基本操作

模块二：微机操作系统（包括 DOS 和 Windows）的操作与使用

模块三：汉字输入及中西文文字处理

基本选学模块

模块四：数据处理与数据库管理系统

模块五：电子表格

模块六：LOGO 绘图

模块七：多媒体基础知识及多媒体软件应用

模块八：Internet 基础知识与基本操作

选学模块

模块九：常用工具软件的应用

模块十：程序设计初步

根据信息技术的发展，该纲要中增加了部分内容，如 Windows 操作系统、网络、多媒体、常用工具软件等；另外，对程序设计的内容等也做了相应的调整。

与前面的“计算机文化论”“计算机工具论”相比，这一阶段不属于一个独立的阶段，而属于一个短暂的、认识上处于爆发状态的过渡时期，更准确地说，应当是下一个阶段的前奏或序曲。在这一阶段，对人的内在品质的要求已经开始向信息能力的方向发展，逐步向信息素养靠近。

---

[1] 陈琦. 中学计算机教育文选［M］. 北京：光明日报出版社，1987：159.

1.2.4 信息文化观

这一阶段的时间跨度为从20世纪末至今。

1. 技术发展背景

在这一阶段，信息技术高速发展，人们逐渐意识到信息技术不再是简单的技术问题，而逐渐成为一种文化、一种基于信息技术的文化、一种走向大众的文化。信息技术在人们的工作、学习、生活等各方面的渗透和影响就是最好的说明。

在工作方式上，随着计算机与办公自动化软件的日益普及，无纸化办公成为主流。计算机网络与笔记本电脑的普及，进一步改变了人们的工作理念，越来越多的人加入SOHO[①]一族，居家办公、弹性工作成为信息时代的一种时尚。此外，随着网络视频会议、电视电话会议等形式的出现，人们开会也无须集中在同一个场所，从而使办公方式由集中式向分布式转变。

在学习方式上，信息技术的发展使得工作和学习融为一个整体，并会贯穿于人的一生，这促进了网络教育的发展。网络教育扩大了教育的普及面，提高了大众受教育的公平性，是实现教育机会均等的有效途径，它为实现高等教育跨越式发展创造了很好的条件，是促进高等教育大众化的重要手段，是教育适应信息社会、培养高素质人才的必然选择。

在交往方式上，人们的交往方式也因网络的存在而发生了改变。通过微信、QQ、电子邮件（E-mail）可以方便地进行同步或异步交流。随着人们在网上交流的增多，还产生了专门的网络礼节以及网络用语。这种交往方式当然也存在一些弊端，如人们关注的利用“网上交友”犯罪的问题。

在娱乐方式上，网络游戏、在线影视和在线音乐等娱乐项目使人们的娱乐方式发生了改变。随着网络对社会生活的渗透，游戏已经不再是一种单纯的娱乐活动，教育游戏逐渐引起更多的关注和研究。

2. 我国对计算机教育的认识

随着信息技术的飞速发展，“信息素养”一词逐渐走进人们的视野，在计算机教育领域，以及基础教育、终身教育等领域受到了较多的关注。在此过程中，计算机教育开始向信息技术教育转型，培养信息素养也逐渐成为信息技术教育的目标。

1999年，在国家的相关文件中，开始出现“信息技术课程（教育）”的字样。例

---

① SOHO，即small office / home office，是小型办公、在家办公的意思，即网络时代的自由职业者。

如，1999 年 6 月 13 日，中共中央、国务院在《关于深化教育改革，全面推进素质教育的决定》中要求“在高中阶段的学校和有条件的初中、小学普及计算机操作和信息技术教育”（第 15 条）；又如，1999 年 11 月 26 日，教育部基础教育司发布《关于征求对〈关于加快中小学信息技术课程建设的指导意见（草案）〉修改意见的通知》；2000 年发布的《中小学信息技术课程指导纲要（试行）》中将“计算机课程”改为“信息技术课程”，名称的改变，意味着计算机课程向信息技术课程的转变。正是在这个意义上，2000 年被看作是信息技术课程的“元年”。

3．我国信息技术课程纲要中关于课程目标和课程内容的规定

2000 年发布的《中小学信息技术课程指导纲要（试行）》中提出的高中阶段信息技术课程的目标是：

使学生具有较强的信息意识，较深入地了解信息技术的发展变化及其对工作、社会的影响；了解计算机基本工作原理及网络的基本知识。能够熟练地使用网上信息资源，学会获取、传输、处理、应用信息的基本方法；掌握运用信息技术学习其他课程的方法；培养学生选择和使用信息技术工具进行自主学习、探讨的能力，以及在实际生活中应用的能力；了解程序设计的基本思想，培养逻辑思维能力；通过与他人协作，熟练运用信息技术编辑、综合、制作和传播信息及创造性地制作多媒体作品；能够判断电子信息资源的真实性、准确性和相关性；树立正确的科学态度，自觉地按照法律和道德行为使用信息技术，进行与信息有关的活动。

上述课程目标中关于信息意识、信息处理、信息活动等的提法，彰显了信息技术课程的特点，也体现了培养学生信息素养的目标。由于当时信息技术教育领域刚刚形成信息素养的观念，对信息素养的理解尚不成熟，所以上述目标尽管与之前的课程目标相比发生了明显的变化，并相对接近 2003 年普通高中信息技术课程标准，但是由于认识不够深入，更多地停留于理论层面，没有在课程内容和课程实施中得到较好的体现。

该纲要规定，高中信息技术课程的内容如下。

模块一：信息技术基础

模块二：操作系统简介

模块三：文字处理的基本方法

模块四：网络基础及其应用

模块五：数据库初步（选修）

模块六：程序设计方法

模块七：用计算机制作多媒体作品（选修）

模块八：计算机硬件结构及软件系统

与课程目标相比，课程内容的规定仍然体现了许多计算机教育时代的思想。虽然课程名称改变了，但内容上除了用“信息技术基础”代替了“计算机基础”，其他部分与计算机教育时代的课程内容基本相同，不过是随着技术和时代的发展又增加了网络等方面的知识。在教学实践中，一线教师们也普遍反映课程内容相对重视信息加工，对信息获取与应用等内容关注不够。

2003 年普通高中信息技术课程标准中明确提出，普通高中信息技术课程的总目标是提升学生的信息素养，具体表现在四个方面，详见 1.1 节。

从我国信息技术课程历次指导纲要及课程标准中，可以看到这样的趋势：信息技术课程目标逐渐趋向强调信息意识、信息能力、合作与协商，以及伦理道德问题等；高中信息技术课程标准中更是超越唯技术领域，着眼于技术背后的文化内涵，定位于信息素养的培养与提升。这些调整显然是根据人们对信息技术教育认识的加深以及当时的社会信息技术状况而进行的。

2003 年普通高中信息技术课程标准建议，信息技术课程包括必修与选修两个部分，必修部分只有一个模块，即“信息技术基础”，选修部分包括“选修 1：算法与程序设计”“选修 2：多媒体技术应用”“选修 3：网络技术应用”“选修 4：数据管理技术”和“选修 5：人工智能初步”五个模块。

在该课程标准中，“信息技术基础”模块的内容建议由“信息获取”“信息加工与表达”“信息资源管理”“信息技术与社会”四个主题组成，既暗示了内容组织的线索，又体现了信息技术教育的内容特点。

2017 年发布的《普通高中信息技术课程标准（2017 年版）》指出，高中信息技术课程旨在全面提升学生的信息素养，具体包含四个方面：信息意识、计算思维、数字化学习与创新、信息社会责任。课程通过提供技术多样、资源丰富的数字化环境，帮助学生掌握数据、算法、信息系统、信息社会等学科概念；了解信息系统的基本原理，认识信息系统在人类生产与生活中的重要价值；学会运用计算思维识别与分析问题，抽象、建模与设计系统性解决方案；理解信息社会的特征，自觉遵守信息社会规范，在数字化学习与创新过程中形成对人与世界的多元理解力，负责、有效地参与到社会共同体中，成为数字化时代的合格中国公民。[1]

《普通高中信息技术课程标准（2017 年版）》建议，信息技术课程包括必修、选择性必修和选修三类课程。必修课程包括“数据与计算”“信息系统与社会”两个模块，选择性必修课程包括六个模块，即“数据与数据结构”“网络基础”“数据管理与分析”“人工智能初步”“三维设计与创意”和“开源硬件项目设计”，选修课程包括“算法初步”和

---

[1] 中华人民共和国教育部. 普通高中信息技术课程标准（2017 年版）[M]. 北京：人民教育出版社，2017：7.

“移动应用设计”两个模块。

4．存在的问题与相关研究

信息技术教育取代计算机教育已经在国家层面得到了认可，然而在计算机教育基础上形成的信息技术教育应该是什么样的，其实质是什么，在《高中信息技术课程标准（2017年版）》制定之前，这些问题并没有得到很好的解决，至少在实践中信息技术教育与计算机教育之间的区别体现得不是十分明显，因而所谓的转型在某种程度上只是停留于表面。2000年的《中小学信息技术课程指导纲要（试行）》另一个屡遭质疑的地方在于，各个学段都默认是零起点，所以教学过程中教师经常会感觉到内容的重复。这样既不利于调动学生的积极性，更无益于学段之间的连贯一致与相互承接。尽管人们都承认零起点选择在当时是迫不得已的，具有可取之处，但这种选择随着时代的发展已经越来越不适合教学实际。

2003年普通高中信息技术课程标准出台以后，2004年9月开始在广东、海南、山东、宁夏四个实验区实施新课程标准，在此过程中，一些问题暴露出来。例如，对“课程标准”理念的把握、对新教材的理解与应用、对教学方法的探索等。与此同时，一些学者开始探索信息技术教育的实质。有学者认为，“要重视对信息技术教育的文化渊源的观察，重视对信息文化的发生、发展过程的观察和分析，充分认识到信息技术教育背后的信息文化教育实质；在文化教育的层面上操作信息技术教育，要清醒地看到技术是形，文化是神。”[1]

《普通高中信息技术课程标准（2017年版）》出台，课程目标直指学科核心素养的培养，但这些目标在教学中如何落实，是困扰一线教学的现实问题。

5．阶段分析

可以认为，在信息技术发展的驱动下，信息文化已经呈现出稳定和繁荣的状态，足以让人们认识到其对社会生产和生活的作用。人们也在体验信息技术的过程中逐步理解信息文化。第八次基础教育课程改革之后，信息技术课程的目标被确定为培养信息素养。作为对人的内在品质的要求，信息素养是信息文化发展至成熟期的产物，其核心是信息能力。对于信息素养，不同时期认识各不相同，即便在同一时期也是人言人殊。关于信息素养的各种理解或描述中基本相同的一点是，把信息能力看作是信息素养的重要组成部分。

至此，信息技术课程的发展经历了“计算机文化论”“计算机工具论”“文化论再升温”“信息文化观”等阶段，如果将“文化论再升温”阶段看作是一个过渡阶段，那么与

---

[1] 李艺．中小学信息文化教育与信息技术教育问题观察报告：下［J］．中国电化教育，2002（5）：15-18.

其他三个阶段相对应，对人的内在品质的要求则经历了计算机素养（以程序设计能力为核心）、计算机工具素养（以应用工具能力为核心）、信息素养（以信息能力为核心）等几个时期。实际上，2017 年版普通高中信息技术课程标准出台以后，尽管课程目标依然被定位于信息素养，但在具体指向上已经变为学科核心素养（以计算思维为核心）。

拓展阅读

材料一　信息技术课程思想树的结构及思维品质讨论

该研究采用“投射型”方法，将上游学科的智慧积累投射到信息技术课程上，并关注其对学生内在品质的塑造，即思想性，也就是课程思想，以此说明信息技术课程的价值。[1] 经过此方法，得到五棵信息技术课程思想树，并对每一棵思想树所指向的思维品质进行了分析，具体如下。

1．程序设计树

其指向的思维品质是基于抽象指令或语句的计算思维。

2．文件管理树

其指向的思维品质是管理思维，最为核心的是系统管理思维。

3．数据管理树

数据管理既可以认为是文件管理思想和方法的延续，又因其在结构化思维和方法方面有效且成熟而独树一帜。其指向的思维品质是基于关系现象发掘的结构化思维。

4．编辑制作树

其指向的思维品质是基于“所见即所得”技术的设计思维。从技术角度观察，各种媒体的制作都体现了“所见即所得”的编辑思想；从观察制作过程可以发现，无论何种作品的创作都要经历规划—设计—制作—评价的过程，在这一过程中，设计是核心。

5．通信与交流树

其指向的思维品质是基于规则的合作思维。

---

[1] 朱彩兰，李艺．信息技术课程思想树的结构及思维品质讨论［J］．电化教育研究，2014（5）：76–81.

上述思想是个体在信息社会借助信息技术生存、生活和工作的前提与基础，是信息技术内在价值的提升。信息技术课程的内在价值是其他学科所不具备的。

材料二 计算思维的科学含义与社会价值解析

从主体与世界的交互关系类型来看，可以认为计算思维有三组关联的思维结构[1]：对象化思维和过程思维，它们兼具认识世界和改造世界的功能，分别指向世界的空间维度和时间维度；抽象思维和可视化思维，它们主要体现在认识世界的活动当中，分别指向世界的内在本质和外在形态；工程思维和自动化思维，它们主要表现为改造世界的能力，分别指向改造世界的必然性和自由性。这三组思维结构共同构成了“计算思维”的思维世界。概念作为思维的基本单位，要比较准确地把握计算思维这一新生而又复杂的概念，需要提炼出每一组思维结构所包含的核心概念。

1．对象化思维和过程思维

对象化思维和过程思维分别指向认识与改造世界的空间维度和时间维度。顾名思义，“对象”与“过程”是这两种思维中可以提取出的一组较为上层的概念。在“对象”与“过程”之下，还有哪些核心概念可以作为这两种思维的支撑？至少还有四组概念：聚类和封装、关系与网络、程序与算法、迭代与优化。

2．抽象思维和可视化思维

内容与形式是反映事物内在本质和外部形态间关系的哲学范畴，抽象思维和可视化思维是理解它的重要工具。抽象、建模、可视化和仿真是抽象思维和可视化思维所包含的核心概念。

3．工程思维和自动化思维

在计算思维中，工程思维和自动化思维是实现必然与自由相互联系、相互转化的重要手段，两者均有若干核心概念支撑。

工程思维包括“共相”思维基础上的“殊相”思维：设计思维和复用思维、统筹思维和折中思维。自动化思维包括自动执行和自动控制两个核心概念。

[1] 钟柏昌，李艺．计算思维的科学涵义与社会价值解析［J］．江汉学术，2016（2）：88-97.

材料三 国外计算思维教育研究进展

2006 年周以真正式提出计算思维后，研究者从不同的角度对计算思维进行了解读，这些解读大致可以归纳为两种视角：一种是“思维技能”说，主张计算思维是一项思维技能；另一种是“过程要素”说，认为计算思维是思考过程，可以分为不同的阶段。[1]

1.“思维技能”说

“思维技能”说认为，计算思维是使用计算原理解决问题的一系列心智技能的集合，是多种思维的组合。任何一种单一的思维技能可以应用于解决问题的某个阶段，多种思维技能综合应用构成计算思维。

2.“过程要素”说

“过程要素”说强调计算思维是一个思考过程，这个过程可以分为不同的阶段，它们构成计算思维的过程要素。2011 年周以真阐明，计算思维是“一个明确问题和制定问题解决方案的思维过程，由此这些解决方案可以表示为能够被信息处理代理有效执行的形式。”

综上所述，计算思维是人们在应用计算原理、思想和方法解决问题的过程中所形成的一系列思维技能或模式的综合，是一种动态、普适的思维技能，即在不同场景和学科背景下，其应用表现为不同的实践形式或阶段，而并非是固定、机械的过程。计算思维与其他思维技能的不同在于突出计算原理、思想和方法的应用，计算思维能力培养的关键是抽象能力。

材料四 数字土著何以可能？
——也谈计算思维进入中小学信息技术教育的必要性和可能性

计算思维是一种独特的解决问题的过程，反映了计算机科学的基本思想和方法。通过计算思维人们可以更好地理解和分析复杂问题，形成具有形式化、模块化、自动化、系统化等计算特征的问题解决方案。它主要包括以下特征：[2]

① 采用抽象和分解的方法形式化复杂问题，建立结构模型，形成更加高效、可执行

---

[1] 刘敏娜，张倩苇．国外计算思维教育研究进展［J］．开放教育研究，2018（1）：41-53.

[2] 任友群，隋丰蔚，李锋．数字土著何以可能：也谈计算思维进入中小学信息技术教育的必要性和可能性［J］．中国电化教育，2016（1）：1-8.

的解决方案。

② 运用计算机科学的基本概念及工具与方法判断、分析、综合各种信息资源，强调个体与信息系统的交互思考过程。

③ 是一种独特的问题解决能力组合，它融合了设计、算法、批判、分析等多种思维工具，综合运用这些思维工具可以形成系统化的问题解决方案。

计算思维教育更注重引导学生接触计算机科学，理解技术背后的知识和原理，培养学生应用信息技术解决实际问题的能力。由于不同年龄段学生的认知能力不同，信息技术教育的能力培养方式和内容标准也应有所不同。小学阶段适合培养学生的数字化工具应用能力，让他们尝试体验由程序控制的自动化技术工具，学习简单的信息技术知识，培养信息意识；初中阶段在使学生掌握基本信息技术技能的同时，注重与生活情境相联系，引导他们接触一些计算机科学概念，将培养方式由形象化、具体化逐步转向抽象化、概念化；高中阶段则应培养学生发现问题，创造性地思考问题，以及清晰地表达解决方案的能力。从小学阶段到高中阶段，学生认知水平和思维能力不断提高，在适当降低信息技术教育中数字化工具应用能力培养所占比重的同时，可以适当提高计算思维能力培养所占的比重。

○ 学生活动

1. 认真阅读教材，画出信息技术课程发展阶段的脑图或概念图。

2. 在阅读教材的基础上，进一步查找和阅读相关文献，比较信息技术课程历次指导纲要或课程标准在内容上的变化，并分析造成变化的原因。

3. 分组讨论目前的信息技术课程与早期的计算机课程的区别，并填写表 1-2-1。每个小组可以仅围绕表中所列的一个方面（如课程目标），对计算机课程与信息技术课程进行比较。

表 1-2-1 计算机课程与信息技术课程的比较

项目	计算机课程	信息技术课程
课程目标		
课程内容		
课程教学		
教学评价		
课程资源		

4. 目前，围绕信息技术课程已经有很多研究项目、研究组织、研究成果（书籍或者有重大影响的论文）、学术期刊和网络资源（专门的网站、论坛），请从其中选择一种（如研究组织）展开调查，并以目录的方式呈现调查的结果。

○ 参考文献

[1] 朱彩兰. 文化教育视野下的信息技术课程建构 [D]. 南京：南京师范大学，2005.
[2] 陈琦. 中学计算机教育文选 [M]. 北京：光明日报出版社，1987.
[3] 朱彩兰，李艺. 信息技术课程思想树的结构及思维品质讨论 [J]. 电化教育研究，2014 (5)：76-81.
[4] 钟柏昌，李艺. 计算思维的科学涵义与社会价值解析 [J]. 江汉学术，2016 (2)：88-97.
[5] 刘敏娜，张倩苇. 国外计算思维教育研究进展 [J]. 开放教育研究，2018 (1)：41-53.

1.3 信息技术课程的国际比较

○ 问题提出

研究信息技术课程的建设，不能仅限于了解我国的信息技术课程发展状况，还必须具备国际视野，考察国外一些国家的信息技术课程建设状况。例如，在这些国家，信息技术课程经历了怎样的发展历程？对课程目标与课程内容有什么规定？在政策、经费、硬件或软件方面有什么保障措施？这些内容对我国的信息技术课程建设具有一定的借鉴意义。

○ 学习引导

20 世纪 50 年代以来，国外各类教育改革有一个共同的趋势，就是加强信息技术教育。而且自 20 世纪 90 年代以来，无论是发达国家还是发展中国家，都加快了教育改革的进程，人们普遍认识到，以计算机和网络为核心的现代信息技术，是学习、工作及生活中必不可少的工具。为此，世界各国都高度重视信息技术教育的普及工作，竞相推出一系列重大举措，并初步形成了各自的发展特色。目前，世界范围内的信息技术课程内容已经处于相对稳定的状态，这是课程成熟的表现，也是学习借鉴的有利时机。

上一节“信息技术课程的发展历史”侧重从纵向的角度梳理我国信息技术课程发展的历程，本节则注重从横向的角度进行观察，旨在让学生知道几个主要国家的信息技术课程建设状况，了解世界范围内信息技术课程的共性问题。

1.3.1 世界范围内的信息技术教育

本部分将列举几个国家的信息技术教育的发展情况，对这几个国家信息技术课程的介绍将包括课程发展过程、课程目标与内容、课程相关支持（政策支持、经费保障、硬软件建设等）等方面，具体到每个国家时可能侧重点有所不同。

1. 美国

（1）课程发展过程

美国是世界上信息技术教育起步最早的国家，从 20 世纪 60 年代中期开始，麻省理工学院就以幼儿园儿童为实验对象，进行 LOGO 语言的教学实验。进入 20 世纪 90 年代后，随着信息技术的飞速发展，信息技术教育受到了更多的重视和关注。

2015 年美国总统奥巴马签署《每个学生都成功法案》（Every Student Succeeds Act，ESSA），自此一场自上而下的计算机科学教育运动在美国拉开了序幕。根据不同阶段学生的发展需求，围绕着计算思维的培养，美国中小学的计算机科学课程呈现出了地方性多元化的特征。[1] 例如，89.4% 的高中开设了计算机科学课程，63.4% 的学校将计算机科学作为必修课；计算机科学课程的学分分属不同学科，如商科、技术、数学、科学等。78.7% 的高中开设大学先修课程（advanced placement，AP）考试，包括“计算机科学 A”与“计算机科学原理”。[2]

（2）课程目标与内容 [3]

2017 年，美国计算机科学教师协会（CSTA）公布了最新版本的《CST AK-12 计算机科学标准》，此标准涉及小学（1~6 年级）、初中（6~9 年级）、高中阶段（9~12 年级）三个不同水平阶段，总体目标为：学生应了解计算机科学的本质及其在现代世界中的地位；学生应理解计算机科学的概念并掌握相关技能；学生能运用计算机科学技能（尤

[1] 任友群，黄荣怀. 普通高中信息技术课程标准（2017 年版）解读［M］. 北京：高等教育出版社，2018：2.
[2] 任友群，黄荣怀. 普通高中信息技术课程标准（2017 年版）解读［M］. 北京：高等教育出版社，2018：4.
[3] 钱松岭，董玉琦. 美国中小学计算机科学课程发展新动向及启示［J］. 中国电化教育，2016（10）：83-89.

其是计算思维）解决问题；计算机科学标准可以作为当前学校中信息技术课程和大学先修课程的补充。

计算机科学课程内容包括“计算思维”“合作”“计算实践与编程”“计算机与通信设备”“社区、全球与伦理的影响”五个方面。

计算思维：计算思维包含的问题解决、系统设计、知识创新等可以应用在大多数学科中。培养计算思维可以让学生选择恰当的应用工具分析、解决现实世界中的复杂问题，使学生理解现代世界中计算的优势和局限。

合作：计算机科学是强调合作的学科。一个项目只有依靠很多计算机专业人员协作进行设计、编码、测试、排除错误、描述并维护程序才能完成。编程方法中的结对编程就是强调共同工作的重要性。

计算实践与编程：包括创建与组织网页的能力、编程解决问题的能力、为解决特殊计算问题选择恰当的文件、数据库格式的能力，以及使用合适的应用程序接口、软件工具和图书馆等解决算法与计算问题的能力。

计算机与通信设备：学生应该了解计算机和通信网络的基本组成，理解互联网是如何促进全球范围内的交流的，如何做一个合格的数字公民。在交流关于技术的问题时，能够使用合适的、准确的专业术语。

社区、全球与伦理的影响：学生应该学习互联网的道德规范，学习个人隐私、网络安全、软件使用许可和版权的基本原则，成为负责任的公民；应该了解私有或开源等软件类型，理解使用协议与许可的重要性；能够评估互联网上信息的准确性与可靠性；应该了解什么是恰当的网络行为，理解计算机对人际交流的重要意义。

（3）课程相关支持[1]

2015 年美国总统奥巴马签署的《每个学生都成功法案》中，关于计算机科学的描述包含在有关 STEM（科学、技术、工程、数学）教育的规定中。此法案将计算机科学明确为与阅读、写作一样重要的中小学基础学科，强调计算机科学与其他课程的联系，以及尽早开展计算机科学教育将会给美国社会、经济、劳动力等方面带来极大的利益。更为重要的是，《每个学生都成功法案》为计算机科学教师的培训与专业发展提供了有力的支持。例如，有专项资金支持 STEM 教师的专业发展。

2016 年 1 月，奥巴马总统宣布了一项名为“为了全体学生的计算机科学”（Computer Science For All）的计划，旨在使美国学生掌握所需要的计算机科学技能，在数字经济的社会中更具竞争力。此项计划主要涉及对 K-12 计算机科学教育进行资金支持，以用于教师培训、学习资源提供及区域合作。

[1] 钱松岭，董玉琦. 美国中小学计算机科学课程发展新动向及启示［J］. 中国电化教育，2016（10）：83-89.

2016年4月，奥巴马在白宫宣布了一系列计划，旨在深入开展STEM教育，强调要让每一个学生都能接受可以亲自动手实践的STEM教育，这样才能使他们有可能获得成功并使美国保持在21世纪的竞争力。

这些政策为美国计算机科学课程的发展指明了方向，并且在课程设置和实施方面给出了指导和建议，在国家层面上为发展计算机科学教育提供了支持。

2．英国

（1）课程发展过程

英国是欧洲最早开展信息技术教育的国家。早在1978年，英国教育与科学部就制定了第一个促进在学校教育中运用计算机等微电子技术的计划。1981年开始实施“微电子教育计划”，在各中小学普及计算机教育。同年，英国学校委员会（school council）在其发给英格兰、威尔士地区所有学校的《实际课程》文件中，第一次明确地提出了较为具体的信息技术教育目标体系。1985年，英国皇家督导团发表了文件《5~6岁课程》。该文件建议初等学校必须为儿童提供九大方面的经验领域，其中“技术”方面就包含了信息技术。1988年颁布的教育改革法案（Education Reform Act）提出了国家课程标准，强调学校教学方法的改革和信息技术的应用，要求在中小学的技术课程教学中积极引导学生应用计算机和录音、录像等现代媒体技术来支持学习。

英国于1990年公布的新的技术课程目标有了一系列明显的变化：将“技术”课程更名为“设计与技术”，原来有关“计算机和媒体技术”的内容被综合概括为“信息技术”，并被放在重要的地位。

1995年信息技术被更进一步地强调：信息技术从“设计与技术”课程中分离出来成为单列课程。国家颁布了单列的信息技术课程标准，对信息技术课程的目标与内容提出了更加系统、全面的要求，同时首次提出“信息技术与课程整合”的概念，要求学校将信息技术的应用贯穿于国家各门必修课程的教学之中。

1998年，信息技术课程由原来的选修课改为必修课，目标是培养学生的“信息技术能力”。

2000年，英国推出第3版《国家课程标准》，明确把以前的“信息技术”（Information Technology，IT）课程改为“信息与通信技术”（Information and Communication Technology，ICT）课程。此时，英国的3.2万所中小学全部连上因特网，45万名中小学教师和900万名学生都有机会接触和利用最先进的信息技术。

2013年将原来的“信息与通信技术”课程调整为“计算”（computing）课程。[1]

---

[1] 任友群，黄荣怀. 普通高中信息技术课程标准（2017年版）解读［M］. 北京：高等教育出版社，2018：3.

“信息与通信技术”课程转向“计算”课程，实际上是加强了对计算机科学的学习，以强调信息处理过程中的科学基础。[1]

（2）课程目标与内容

英国的“信息技术”课程从“信息技术”课程、“信息与通信技术”课程，再到“计算”课程，教育理念也在随着时代和国家的发展而发生变化。

“计算”课程的目标是让学生理解和应用计算机科学的基本原理和概念，包括抽象、逻辑、算法、数据表示；能够使用计算术语来分析问题，并具备为解决这些问题而不断编写计算机程序的实践经验；能够评价和使用信息技术，包括新兴的或不熟悉的技术，分析性地解决问题；成为有责任心、有能力、自信的、有创造力的信息与通信技术使用者。[2]

在 2013 年 9 月公布的英国《国家标准》中，“计算”课程包括三个领域：数字素养、信息技术和计算机科学，其课程内容不断丰富，向 STS，即信息科学（information science）、信息技术（information technology）和信息社会（information society）方向发展的趋势愈发明显，进入了全面发展学生信息素养的阶段。

“计算”课程标准与之前的“信息与通信技术”课程标准的征求意见稿，都将学生学习分为 4 个阶段：关键阶段 1（5~7 岁，1~2 年级）、关键阶段 2（7~11 岁，3~6 年级）、关键阶段 3（11~14 岁，7~9 年级）、关键阶段 4（14~16 岁，10~11 年级）。[3]

（3）课程相关支持[4]

由英国计算机学会（British Computer Society，BCS）、微软公司、谷歌公司以及英特尔公司等联合组成的研究团体 CAS（Computing at School Working Group），是致力于提升信息技术教师教授新课程，尤其是计算机科学课程能力的组织。从 2012 年 10 月开始，CAS 和英国计算机学会在英国教育部以及微软公司、谷歌公司的支持下启动了计算机科学教学能力培训计划，他们招募一些教师并对其进行培训，使其成为 CAS 高级教师。这些教师再对其所属地区的其他教师进行培训。截至 2015 年 1 月，已经有 14 000 多名教师受到了培训。同时，为了激励教师成长，英国教育部设立了教师奖学金。

社会各界也对计算学习计划提供了支持。EnSoft 公司捐助了 40 000 英镑，用于支持 CAS 的信息与通信技术变革事业，希望鼓励年轻人选择计算机和技术类的职业，帮助他

---

[1] 钱松岭，董玉琦. 英国中小学信息社会学课程与教学述评［J］. 中国电化教育，2013（9）：5-9.

[2] 牛杰，刘向永. 从 ICT 到 Computing：英国信息技术课程变革解析及启示［J］. 电化教育研究，2013（12）：108-113.

[3] 钱松岭，董玉琦. 英国中小学信息社会学课程与教学述评［J］. 中国电化教育，2013（9）：5-9.

[4] 雷诗捷，刘向永. 英国中小学信息技术课程发展最新动态［J］. 中国信息技术教育，2015（7）：9-11.

们为创造繁荣的未来数字化世界做好准备。[1]

3．日本

（1）课程发展过程[2]

日本政府关注信息技术教育是从20世纪80年代开始的。最初是日本社会教育审议会广播教育分会于1984年发布了《微型计算机教育应用进修课程标准》，1985年日本文部省又发布了《关于微型计算机在教育中的应用》，并将其作为普通学校计算机教育的基本方针。

1986年4月，日本临时教育审议会在第二次审议报告中提出要把"信息运用能力"摆到与"读、写、算"同等重要的位置上，并在学校教育活动中加以培养。之后，日本临时教育审议会在其向政府提交的第四次审议报告中，一再强调教育要适应信息化社会，提出教育要培养学生的"创造性、思维能力和表达能力"，教育应当承担的任务在于"积极、认真地培养学生应用信息的能力"。

1988年，为了进一步明确培养信息运用能力的重要性，日本文部省修改了物理教学大纲，在初中、高中教学中增加了有关计算机学习的内容。1989年3月，日本文部省修改了教学大纲，要求从小学起就实行信息技术教育。同年4月，文部省又在《现行学习指导要领》（相当于我国的教学大纲）中明确规定要以计算机有关内容为中心展开信息教育，并要求在初中阶段"技术・家庭"科中开设"信息基础"选修课。

1991年7月，日本文部省公布了《信息教育指南》文件。该文件指出，"信息运用能力"应包括四个方面的内容。

① 信息的判断、选择、整理、处理的能力和信息的创造、传递能力。

② 对信息社会特性和信息化对社会及人类影响的理解。

③ 对信息重要性的认识和对信息的责任感。

④ 掌握信息科学基础和信息手段（特别是计算机）的特性及基本操作。

1996年，日本中央教育审议会在题为"展望21世纪我国教育"的咨询报告中强调了系统实施信息教育、通过使用信息设备和通信网络改善学校教育质量的必要性，并重新定义了"信息运用能力"，认为"信息运用能力"主要是指能够主动地选择、运用信息和信息设备，并积极地创新信息体系的基本素质。

1997年11月，日本中央教育审议会公布了面向21世纪的《关于改善教育课程基准

[1] 雷诗捷，刘向永. 英国中小学信息技术课程发展最新动态［J］. 中国信息技术教育，2015（7）：9–11.

[2] 董玉琦，钱松岭，黄松爱，等. 日本中小学信息教育课程最新动态与发展趋势［J］. 中国电化教育，2014（1）：10–14.

的基本方向》的文件，指出从小学到高中都应该开设信息技术课程。当然，各级学校在培养信息应用能力方面有着不同的课程设置和要求：小学开设“综合学习时间”课程，并把它作为学校正式的教育课程之一；初中把现行的“信息基础”选修课修改为必修课；高中开设“信息”课程。该课程设有三个科目：信息A、信息B和信息C。1998年，日本在高中阶段普及信息教育的基础上，确定在初中阶段增设“信息技术”必修课，并要求小学、初中、高中各个阶段都要积极利用计算机等信息手段进行教学。

2008年12月日本文部科学省①公布了新的《学习指导要领》，将高中信息学科必修科目“信息A”“信息B”“信息C”改为“社会与信息”与“信息科学”，学生在其中选一个科目进行学习。

2013年4月日本开始实施的高中“信息”课程包括“社会与信息”和“信息科学”两个科目。

（2）课程目标与内容[1]

根据2013年4月的日本《学习指导要领》，信息学科的目标如下：要让学生通过对高中“信息”课程的学习具备将信息及信息手段运用于实践的知识与技能，对信息要持有科学的观点与见解，能够理解信息及信息技术对社会的作用与影响，培养学生积极应对社会信息化发展的能力与态度。其目的在于使学生具备扎实的信息运用能力，因为这是信息化社会成员的基本素养。

高中“信息”课程的总目标：习得运用信息及信息技术的知识与技能，形成有关信息的科学观点与思考方式，理解信息与信息技术在社会中所起的作用和影响，具备积极应对社会信息化发展的能力和态度。

①“社会与信息”科目。其目标和内容如下。

目标：使学生理解信息的特征与信息化对社会的影响，培养其运用信息机器和信息通信网络等收集、处理和表示信息及有效进行交流的能力，培养其积极参与信息社会的态度。

内容：包括四个部分，即“信息的运用和表现”“信息通信网络与传播”“信息社会的课题与信息伦理道德”“构建理想的信息社会”。

②“信息科学”科目。其目标和内容如下。

目标：让学生理解信息技术对信息社会的支撑作用和影响；习得将信息和信息技术有效用于发现和解决问题时的科学观点；培养学生积极地投身于信息社会发展的能力与

---

① 2001年，原日本文部省与原科学技术厅合并为新的文部科学省。

[1] 董玉琦，钱松岭，黄松爱，等．日本中小学信息教育课程最新动态与发展趋势［J］．中国电化教育，2014（1）：10–14.

态度。

内容：包括四个部分，即“计算机与信息通信网络”“解决问题与运用计算机”“信息的管理与问题解决”“信息技术发展与信息伦理”。

（3）课程相关支持[1]

20 世纪 80 年代，日本政府制定的教育信息化重大战略比较少，主要关注的是学生对不同学习阶段相关信息课程的学习情况。进入 21 世纪，日本政府相继提出“e-Japan”“u-Japan”和“i-Japan”三大信息化发展战略，使得日本教育信息化的发展有了质的飞跃。

2010 年，日本政府启动“未来校园”项目，同时发布了两份有关教育信息化发展的指导性文件，即《教育信息化展望大纲》和《教育信息化指南》，把日本教育信息化发展推到一个新的高度。

2012 年 7 月 3 日，日本总务省信息与通信技术（ICT）基本战略委员会发布了《面向 2020 的 ICT 综合战略（草案）》，提出实现“活跃在 ICT 领域的日本”的目标，设置了五个重点领域，并制定了相应的战略和具体措施。

2013 年 1 月，日本总务省公布了 2013 年度预算草案，10 条措施中有 4 条涉及信息化建设，相关预算总额达 1 243.4 亿日元。

4．印度

（1）课程发展状况

1984 年，印度电子部和人力资源开发部联合发起一项名为“学校计算机扫盲与学习”（Computer Literacy and Studies in Schools，CLASS）的试点项目，旨在通过传递经验的方式使学生熟悉计算机及其应用，其内容包括三个部分，即计算机基本知识和应用的普及、计算机辅助学习和基于计算机的学习。这一项目最初主要在 11 年级和 12 年级中开展，后来由各邦政府自行决定是否推广至其他年级。

进入 20 世纪 90 年代，印度的中小学先后开设了计算机课，尽管在教学方式、教学内容上还存在随意、混乱的情况，但学生们已经感受到了信息高速公路的快捷、方便。

2000 年，印度政府决定将信息技术教育引入全国性课程框架，发布了《国家学校教育课程框架》和《学校信息技术课程指南和大纲》，结束了中小学信息技术教育混乱和随意的状况，为学校信息技术教育顺利、有效地开展提供了指导。这同样标志着印度中小学信息技术教育进入一个新的发展阶段。

2005 年，印度教育研究与培训全国理事会（NCERT）颁布了《2005 年国家课程框架》（NCF2005）。NCF2005 中提到将计算机科学作为数学领域的一个内容，并建议将计

---

[1] 魏先龙，王运武．日本教育信息化发展战略概览及其启示［J］．中国电化教育，2013（9）：28-34.

算机科学（CS）单独作为学校的一门课程。此外，该课程框架中与技术相关的部分还提到了“明智地使用技术”和“技术创新”。为了贯彻NCF2005中的相关理念，印度教育研究与培训全国理事会的计算机教育与技术援助部（DCETA）制定了名为“计算机与通信技术”（CCT）的高中选修课程。[1]

2010年，为了进一步发展信息与通信技术教育，印度人力资源开发部学校教育与扫盲司颁布《学校中的信息与通信技术教育》，并于2012年对这个政策进行了修改，将《学校中的信息与通信技术教育》规定为国家政策，体现了印度政府对信息技术教育的高度重视。

2013年，印度教育研究与培训全国理事会和教育技术中心联合颁布中学《信息与通信技术课程纲要》。依据这一纲要在全国的中学中重新调整课程设置，开设信息与通信技术教育课程。[2]

（2）课程目标与内容

信息与通信技术教育以《国家学校教育课程框架》和《学校中的信息与通信技术教育》为总目标，在宏观层面上希望培养积极参与建立知识型社会的人才，从而使社会经济能够持续健康发展，以适应不断加剧的全球竞争；在微观层面上希望学生不仅是技术的“消费者”，也应该成为技术“积极的生产者”。新的信息与通信技术教育不仅要求学生学会使用信息与通信技术，还要求学生能够在已有信息与通信技术的基础上开发新的技术。

考虑到学生的年龄、特点、需求，以及为未来做准备的学习目的，信息与通信技术课程的学习范畴包括四个方面：① 学会利用互联网实现与世界的联系；② 学会利用信息与通信的工具与他人进行沟通交流；③ 学会利用信息与通信技术控制信息；④ 学习信息与通信技术相关知识。[3]

（3）课程相关支持[4]

1972年，印度开始实施教育技术计划，向中小学提供一些资金和设备等，以改善学校的技术设施；1984~1985年，印度开展了课程项目；教育技术计划和课程项目形成了新的方案。2004年，印度启动ICT@Schools计划，由政府提供资金建设基础设施，如计算机等配套工具与设备，旨在消除数字鸿沟，确保学生能够享受到基础教育信息化带来的便利，同时通过专门的政府部门开发电子化内容。2009年，该计划开始开展互联网连

---

[1] 张晓卉，解月光，董玉琦. 印度中小学信息技术课程新世纪发展：以IITB的“学校计算机科学课程模型”为例［J］. 中国电化教育，2013（10）：24-29.

[2] 刘明珍. 印度中学信息通信技术新课程探析［J］. 世界教育信息，2015（2）：46-50.

[3] 刘明珍. 印度中学信息通信技术新课程探析［J］. 世界教育信息，2015（2）：46-50.

[4] 卡罗琳. 印度基础教育信息化［J］. 世界教育信息，2013（20）：11-12.

接及教师培训方面的工作。

2012 年，印度开始在中小学实施基础教育信息化国家政策，旨在为所有学生和教师创造一个有益的环境，提供一个通用、公平、开放和自由的通道，并通过适当利用信息与通信技术，促进社会各界的广泛参与。目前，为了促进信息与通信技术的广泛使用，印度所有的邦都在依据国家政策，研制教育信息化发展规划。

1.3.2 国际上信息技术教育发展的特征

考察其他国家和地区的信息技术教育状况，可以看出国际上在开展信息技术教育方面有一些共同特征，下面分别从课程外围支持层面和课程层面进行阐述。

1. 课程外围支持层面

（1）出台相关政策支持信息技术教育的发展

不少国家都制定了教育信息化乃至国家信息化发展的相关规划，这些规划在保证教育信息化发展的同时也为信息技术教育的发展提供了政策层面的保障。

韩国教育改革委员会于 1997 年年末提出了《中小学教育信息化综合计划》，该计划提出韩国将分三个阶段实施教育信息化的综合计划。2000 年韩国完成了第一阶段教育信息化的目标，2005 年基本完成第二阶段教育信息化目标，从 2006 年开始制定和实施第三阶段教育信息化的目标。为了加快完成第二阶段、第三阶段的教育信息化目标，韩国从 2004 年到 2006 年每年都制定《促进教育信息化实施计划》。2006 年，韩国发布了 u-Korea（2006—2015 年）战略规划，提出创建在任何时间任何地点都可以进行学习的教育环境。为了实现无处不在的学习，韩国进一步普及了学习终端的应用，加强数字教材的开发，增强对教师信息技术的能力培训。2007 年 3 月，韩国教育部推进百所学校电子课本研究项目，截至 2011 年，共开发了 25 门课程的电子课本。2011 年，韩国教育部发布“智慧教育战略”，该战略与第四阶段的教育信息化规划 Master Plan IV（2010—2014 年）同步进行。2014 年，韩国发布第五阶段教育信息化规划 Master Plan V（2014—2018 年），愿景是通过信息技术与教育的深度融合培养学生的创造性思维，创建以学生为中心的数字教育生态系统。

早在 1996 年，新加坡教育部就制定了第一个教育信息化发展规划（Master Plan 1：1997—2002 年）；2003 年，启动第二个教育信息化发展规划（Master Plan 2：2003—2007 年）；2008 年 8 月，又制定了第三个教育信息化发展规划（Master Plan 3：2009—2014 年）；2015 年，制定了第四个教育信息化发展规划——Master Plan 4（简称 MP4）。

MP4建立在前三个发展规划已经取得的成就之上，拓宽了整个课程关注的焦点。[1]

（2）强调信息技术在其他学科教学中的应用

日本提出中小学所有学科都要积极利用信息工具进行教学。

英国的信息技术课程从“信息技术”“信息与通信技术”课程，再到“计算”课程，强调计算机科学对于科学和工程的基础性，以及对驱动创新和促进国民经济发展的意义。[2]

美国、加拿大广泛开展以计算机网络为依托的远程教育（网上学校），并把计算机应用到教学中，计算机已经成为中小学校学生进行学习的不可缺少的工具。[3]2003年，美国大约有3/4的学生在家使用计算机来完成学校的作业；在初中，有91%的学生使用因特网来完成学校的作业；在小学也有64%的学生使用因特网来完成学校的作业。

韩国于2006年2月提出了《中小学信息通信技术教育运营指针说明书》，改革的内容之一就是：提供与学科教学过程紧密联系的信息技术在学科教学中应用的模式与实例，在各学科中提供多种信息技术素养教育与学科应用教育相联系的实例。

（3）重视信息技术教育环境的改善

除了上述几个国家之外，其他各国也非常重视信息教育环境的改善，投入资金促进教育信息基础设施的建设。这一点可以在各国学校的生机比、因特网接续率等指标上得到体现。

在韩国，截至2009年12月，每位教师的视听设备的配备水平达到2.2，小学、中学、高中以及其他各类学校的生机比分别为5.1∶1、5.4∶1、3.8∶1、1∶1。为了使国家超级计算设备面向所有研究机构开放，从2010年开始，韩国政府加大投资，提升云计算能力。2011年3月，70%的学校的网络带宽已经达到了100 Mbps，甚至更高。[4]

（4）加强教师信息技术应用能力的培训

教师，尤其是非信息技术教师的信息技术应用能力的高低，将对学生信息技术应用能力的培养和提升产生很大影响，因此教师的信息技术应用能力是信息技术教育实施的关键。

美国十分重视教师的信息技术培训。2000年6月美国国际教育技术协会制定了面向教师的《美国国家教育技术标准》。此外，还有一些教师培训项目。例如，1999年，美国教育部制定“培养明天教师使用教育技术”（Preparing Tomorrow’s Teachers to Use Technology，PT3）教师培训计划，要求国会拨款1.5亿美元，到2004年培训100万名新教师。从美

---

[1] 吕春祥. 新加坡基础教育信息化发展战略及其启示［J］. 世界教育信息，2016（13）：10-15.
[2] 钱松岭，董玉琦. 英国中小学信息社会学课程与教学述评［J］. 中国电化教育，2013（9）：5-9.
[3] 钱松岭，解月光，孙艳. 美国基础教育信息化最新进展述评［J］. 中国电化教育，2006（9）：84-88.
[4] 吁佩. 韩国教育信息化发展的经验及启示［J］. 科教文汇：中旬刊，2017（8）：59-61.

国全国范围的培训情况看，2003 年，82% 的有因特网接入的公立学校或者学区为教师提供了培训。与此同时，为农村 80%的接入因特网的学校教师提供了专业发展的机会。[1]

韩国在教师信息化培训上注重信息与通信技术应用教育方面的内容，这方面内容所占的比例从 2001 年的 10.8% 到 2003 年的 30%，再到 2005 年的 50%，上升趋势明显。韩国政府认为，教育不仅要能够在学校中开展，也要能够在家庭、社会中开展。因此，韩国教育部还对学生家长进行基本的信息素养培训，从 2001 年开始，每年对 900 所学校的 4.5 万名学生家长进行培训。2006 年，韩国政府制定了教师进修管理制度，韩国各级部门开始组织教师进行在线学习。从 2011 年开始，韩国推出“智慧教育”（smart education）战略，希望加强教师的智慧教育实践能力，促进信息技术与教学的有效融合，大力开发信息技术培训课程。[2]

2．课程层面的特征

（1）课程开设形式的多样性

在课程的开设形式上，各个国家并不统一，呈现多彩纷呈的局面。例如，美国没有统一的课程设置要求；日本设有统一的课程，但根据学段分为必修、选修两种形式；英国则是根据学段分级要求；在印度，不同区域、不同学校在课程的开设形式上也有差异。

日本中小学信息技术教育主要有四种途径：一种是独立学科，高中设置独立的“信息”课程；一种是合科，在初中“技术・家庭”科的“技术领域”中开设“信息基础”（2008 年改为“信息技术”）课程；一种是融入，小学的“综合学习时间”等课程中也涉及信息技术教育的内容；还有一种是作为工具在各个学科教学中应用。[3]

韩国信息技术课程的开设形式有三种：独立开设信息技术科目、一些科目中有些单元包含与信息技术相关的内容、信息技术整合于其他学科之中。小学、初中、高中各阶段在实施方式上各不相同。

（2）课程设置的贯一性

尽管课程的开设形式多样，但各国比较关注各学段课程间的连贯性，尽量保证各学段在培养与提升信息素养方面具有一致性，以促进学生的持续发展。

在日本，根据高中“信息”课程的目标与内容方面的变化，对初中阶段、小学阶段的信息教育课程内容都进行了调整，体现了自上而下的系统顶层设计思路。为了与高中“信息”课程的内容相关联，在新的初中学习指导要领中，对“技术・家庭”科的信息

[1] 钱松岭，解月光，孙艳．美国基础教育信息化最新进展述评［J］．中国电化教育，2006（9）：84-88.
[2] 吁佩．韩国教育信息化发展的经验及启示［J］．科教文汇：中旬刊，2017（8）：59-61.
[3] 任友群，黄荣怀．普通高中信息技术课程标准（2017 年版）解读［M］．北京：高等教育出版社，2018：5.

技术部分进行了调整，将其重新命名为“信息技术”，并添加了计算机信息处理原理、网络工作原理等内容。[1]

一般来说，小学阶段没有独立开设信息技术相关课程，但多数国家都会在其他课程中设有相关的内容模块，或者在活动项目中涉及相关的内容。而初中阶段、高中阶段则会开设信息技术必修课程或选修课程，从而确保小学、初中、高中三个阶段的连续性。

（3）课程目标关注的全面性

从课程目标的角度观察，除了知识传授与技能训练之外，各国对能力的培养越来越重视，对情感领域的目标也更加关注。高中信息技术课程的目标通常指向培养满足信息社会发展需要的人才，以及促进学生在信息社会中有个性地发展。如果说以前各国高中信息技术课程目标无不体现着综合性的、全面的信息素养的培养，那么现在各国信息技术课程目标则指向综合、全面的学科核心素养的培养。当然，不同的国家在课程名称上可能不同，如计算思维、核心能力（key competence）、学科核心素养等，但课程目标是一致的。

（4）课程内容的稳定性

各国的信息技术课程内容，在课程建设初期变化得较为频繁，这是课程发展过程中的一种必然的经历。经过多年的积累与沉淀，各国已经明确了信息技术课程的定位，因此课程内容处于相对稳定的状态，这是长期探索与实践的结果，也是课程发展较为成熟的反映与体现。

目前各国信息技术课程很少有针对整个基础教育阶段的变动，变化多发生于某个学段。例如，日本的课程改革只是针对高中阶段，英国的课程改革则是面向关键阶段 3。

不管是在课程外围支持层面还是在课程层面，我国的信息技术课程都具有与前面所述的内容相似的特征。例如：

中共中央办公厅、国务院办公厅印发的《2006—2020 年国家信息化发展战略》中提出，在全国中小学普及信息技术教育，建立完善的信息技术基础课程体系；2016 年 7 月 27 日中共中央办公厅、国务院办公厅又印发了《国家信息化发展战略纲要》；2016 年教育部印发的《教育信息化“十三五”规划》对未来一段时间我国教育信息化发展做出全面部署。[2]

高中信息技术课程的目标依然定位于培养信息素养，但从学科核心素养的角度做出

[1] 董玉琦，钱松岭，黄松爱，等．日本中小学信息教育课程最新动态与发展趋势［J］．中国电化教育，2014（1）：10-14.

[2] 任友群，黄荣怀．普通高中信息技术课程标准（2017 年版）解读［M］．北京：高等教育出版社，2018：33.

解释。

我国《普通高等学校本科专业目录（2012 年）》中，涉及信息类的专业包括理学、工学、管理学三个学科门类的 15 个专业，这就需要基础教育系统为高校输送大量基础好的高素质生源。[1]

拓展阅读

材料 信息社会学课程内容的选择[2]

在信息技术课程的框架内，如何选择培养数字公民的内容？这个问题必须从信息流通的角度来考虑。从信息论的角度，信源通过信道到达信宿是信息流的基本过程。同理，在信息社会中，信息生产要通过社会信息系统完成信息消费。如果把社会信息系统理解为信道，在此过程中，信息流动需要依据一定规则，则可以把信息伦理与信息法律法规理解为信息政策，即信息流通的规则；信息安全确保信宿能安全、可靠地接收信息。信息伦理、信息法律法规、信息安全体现的都是社会信息系统的控制功能。同时，了解信息科技发展的历史，理解信息科技如何促进信息社会的形成，也是信息社会学课程的主要内容之一。因此，可以将信息社会学课程的内容分为信息伦理、信息法律法规、信息安全、社会信息系统，以及信息科技发展史五个领域。

通过对信息社会学课程的内容进行国际比较研究，并结合我国国情，可以确定信息社会学课程内容的基本主题，如表 1–3–1 所示。

表 1–3–1 信息社会学课程内容的基本主题

领域	信息伦理	信息安全	信息法律法规	社会信息系统	信息科技发展史
主题	自我责任 网络礼仪 隐私权 知识产权 网络欺侮 社会参与	个人信息安全 计算机安全	隐私权相关法律 法规公约 知识产权相关法律 网络人际相关法律	信息设备与健康 合作与交流 信息系统	信息通信发明 信息科技思想 经典著作

[1] 任友群，黄荣怀. 普通高中信息技术课程标准（2017 年版）解读［M］. 北京：高等教育出版社，2018：33.
[2] 钱松岭，董玉琦. 信息社会学课程内容的选择与组织［J］. 电化教育研究，2016（10）：116–121.

○ 学生活动

1. 通过查阅文献对我国的信息技术课程相关支持（政策支持、经费保障、硬软件建设等）做详细介绍。

2. 以协作学习小组的形式搜索相关网站和查阅相关书刊，了解我国香港、台湾地区的信息技术课程开设状况，并填写表 1-3-2。

表 1-3-2 我国香港、台湾地区信息技术课程开设状况

项目	香港	台湾
开课年级		
课程名称		
课程目标		
内容简介		

○ 参考文献

[1] 任友群，黄荣怀．普通高中信息技术课程标准（2017 年版）解读 [M]．北京：高等教育出版社，2018.

[2] 钱松岭，董玉琦．美国中小学计算机科学课程发展新动向及启示 [J]．中国电化教育，2016（10）：83–89.

[3] 钱松岭，董玉琦．英国中小学信息社会学课程与教学述评 [J]．中国电化教育，2013（9）：5–9.

[4] 董玉琦，刘向永，钱松岭．国际中小学信息技术课程最新发展动态及其启示 [J]．中国电化教育，2014（2）：23–26.

[5] 牛杰，刘向永．从 ICT 到 Computing：英国信息技术课程变革解析及启示 [J]．电化教育研究，2013（12）：108–113.

[6] 雷诗捷，刘向永．英国中小学信息技术课程发展最新动态 [J]．中国信息技术教育，2015（7）：9–11.

[7] 董玉琦，钱松岭，黄松爱，等．日本中小学信息教育课程最新动态与发展趋势 [J]．中国电化教育，2014（1）：10–14.

[8] 魏先龙，王运武．日本教育信息化发展战略概览及其启示 [J]．中国电化教育，2013（9）：28–34.

[9] 吕春祥. 新加坡基础教育信息化发展战略及其启示 [J]. 世界教育信息，2016 (13)：10-15.

[10] 吁佩. 韩国教育信息化发展的经验及启示 [J]. 科教文汇：中旬刊，2017 (8)：59-61.

[11] 钱松岭，解月光，孙艳. 美国基础教育信息化最新进展述评 [J]. 中国电化教育，2006 (9)：84-88.

第 2 章

我国信息技术课程建设现状

2.1 课程标准研究

○ 问题提出

《基础教育课程改革纲要（试行）》指出：国家课程标准是教材编写、教学、评估和考试命题的依据，是国家管理和评价课程的基础，应体现国家对不同阶段的学生在知识与技能、过程与方法、情感态度与价值观等方面的基本要求，规定各门课程的性质、目标、内容框架，提出教学建议和评价建议。继 2003 年普通高中信息技术课程标准发布之后，2017 年发布的《普通高中信息技术课程标准（2017 年版）》对高中信息技术课程的课程性质、基本理念、学科核心素养、课程目标、课程结构、课程内容、学业质量和实施建议进行了详细的说明。本节将介绍信息技术课程标准的具体内容。

○ 学习引导

随着社会信息化的发展，信息技术教育已经超越了单纯的计算机技术训练阶段，成为与社会需求相适应的培养信息素养的教育。很多国家和地区在中小学课程设置中都有信息技术方面的教育内容，并且制定了相应的课程标准。了解这些国家和地区的课程标准有助于我们把握信息技术课程的国际发展趋势。

我国的信息技术课程开设时间较短，在很多方面还不成熟，而且义务教育阶段的信息技术没有作为独立的课程开设。就是在这样的背景下，2003 年我国推出了普通高中信息技术课程标准。该标准对高中信息技术课程的目标、结构、内容进行了全面的诠释。2017 年又根据我国学生发展核心素养的要求，研制了新的普通高中信息技术课程标准。与之相对应，部分省市出台了地方性的信息技术课程标准。

2.1.1　其他国家的信息技术课程标准

1. 美国

2016年，美国计算机科学教师协会发布了新版本的《CSTA K–12计算机科学标准》。该标准将K–12阶段计算机科学学习分为三个等级（level），针对高中学生未来的发展，高中级别（level 3）又分为A、B两种不同的水平：level 3A（9~12年级）的课程是全体学生在毕业时要达到的基本要求，level 3B（11~12年级）的课程是为那些对计算机科学表现出兴趣并打算继续深入学习的学生提供的。[1]

在此标准下，学生未来应拥有以下能力：① 批判性地参与关于计算机科学主题的讨论；② 发展成为计算机科学知识与产品的学习者、使用者和创造者；③ 更好地了解计算在周围世界中的作用；④ 在其他科目与兴趣领域中学习、表现和表达自己。

课程内容包括五个方面：计算思维，合作，计算实践与编程，计算机与通信设备，社区、全球与伦理的影响。[2]

2. 英国

2013年，英国将原来的“信息与通信技术”（ICT）课程调整为“计算”课程。

高质量的计算教育能够培养学生的计算思维和创造力，使其能够理解和改变世界。计算与数学、科学、设计、技术等深度关联，从而为学生提供了一个理解自然系统和人工系统的视角。计算的核心是计算机科学，通过这门学科，学生能够学习计算科学的基本原理、数字系统的工作原理，以及如何应用这些知识去编程。计算教育也能确保学生具备数字素养，使他们能够通过信息与通信技术表达自己的想法，并能够胜任未来的工作，成为数字社会的积极参与者。在1.3.1小节中介绍过，“计算”课程包括三个领域：数字素养、信息技术和计算机科学。其中，数字素养要求学生能够自信、安全、有效地使用计算机；信息技术要求学生能够为满足特定的需求而选取软件，配置数字化设备；计算机科学包括算法、数据结构、程序、系统架构、设计等原理性的内容。[3]

“计算”课程包括4个关键阶段，其中关键阶段4（14~16岁，10~11年级）的学科内容为：在计算机科学方面，培养计算机科学、数字媒体和信息技术的知识、能力和创造力；在信息技术方面，培养计算思维，提高学生应用信息技术解决问题的能力；在数

---

[1] 任友群，黄荣怀. 普通高中信息技术课程标准（2017年版）解读［M］. 北京：高等教育出版社，2018：4–5.
[2] 任友群，黄荣怀. 普通高中信息技术课程标准（2017年版）解读［M］. 北京：高等教育出版社，2018：8–9.
[3] 任友群，黄荣怀. 普通高中信息技术课程标准（2017年版）解读［M］. 北京：高等教育出版社，2018：3–11.

字素养方面，理解技术是如何影响安全的，包括保护个人网络隐私和身份的新方式，以及如何确立和报告相关问题。[1]

2.1.2 我国的信息技术课程标准

1. 课程标准的制定背景

2003 年普通高中信息技术课程标准出台，宣告了高中信息技术课程的独立，推动了信息技术课程的稳步发展。与此同时，信息技术课程由于学生发展需求、社会发展需求的变化而发生了很大的变化。

（1）学生发展需求

高中信息技术课程标准修订是学生发展的迫切需要。社会的信息化发展已进入到一个以移动互联网、智能设备、云计算和大数据为特征的全新阶段，信息技术课程作为教育领域的中坚力量，面临着前所未有的挑战和机遇。在信息化环境中成长起来的学生，从小就有机会接触各种信息技术设备，思维方式和学习方式发生了很大的变化。

（2）社会发展需求

高中信息技术课程标准修订是社会发展的需求。信息技术课程是落实国家信息化发展战略的基础保障，是落实国家教育规划的重要依托，是培养合格数字公民的基本途径。

为了研制新的信息技术课程标准，研制团队围绕着高中信息技术课程标准的实施情况展开调查，发现存在以下问题。

① 现行信息技术课程标准的定位和价值取向已不能满足新一代学生的需求。

② 信息技术课程目标与考核体系不一致。

③ 课时及学分结构不合理，影响了信息技术课程的开设。

④ 对信息技术学科核心内容和课程范围的理解没有达成共识。

⑤ 高中必修模块与初中课程及选修模块衔接不当。

⑥ 选修模块的学科内容欠佳，各模块选修率极不平衡。[2]

此外，2016 年 9 月，中国学生发展核心素养[3]研究成果发布会在北京师范大学举行，会上公布了中国学生发展核心素养总体框架及基本内涵。

正是在这样的背景下，2017 年发布了《普通高中信息技术课程标准（2017 年版）》

---

[1] 雷诗捷，刘向永. 英国中小学信息技术课程发展最新动态［J］. 中国信息技术教育，2015（7）：9-11.

[2] 任友群，黄荣怀. 普通高中信息技术课程标准（2017 年版）解读［M］. 北京：高等教育出版社，2018：19-34.

[3] 核心素养研究课题组. 中国学生发展核心素养［J］. 中国教育学刊，2016（10）：1-3.

（以下简称“新课程标准”）。

2．课程标准的具体内容

（1）高中

高中信息技术课程作为一门独立的课程，与通用技术同属于技术领域。新课程标准对高中信息技术课程的课程性质、基本理念、学科核心素养、课程目标、课程结构、课程内容、学业质量和实施建议进行了详细的说明。

① 课程性质和基本理念。课程的性质为：普通高中信息技术课程是一门旨在全面提升学生信息素养，帮助学生掌握信息技术基础知识与技能、增强信息意识、发展计算思维、提高数字化学习与创新能力、树立正确的信息社会价值观和培养责任感的基础课程。

课程的基本理念是：坚持立德树人的课程价值观，培养具备信息素养的中国公民；设置满足学生多元化需求的课程结构，促进学生个性化发展；选择体现时代性和基础性的课程内容，支撑学生信息素养的发展；培养以学习为中心的教与学关系，在问题解决过程中提升学生的信息素养；构建基于学科核心素养的评价体系，推动数字化时代的学习创新。

② 学科核心素养及课程目标。学科核心素养是学科育人价值的集中体现，是学生通过学科学习而逐步形成的正确价值观念、必备品格和关键能力。高中信息技术学科核心素养由信息意识、计算思维、数字化学习与创新、信息社会责任四个核心要素组成。

高中信息技术课程标准的课程目标旨在全面提升全体高中学生的信息素养。

③ 课程结构和课程内容。1.2.4 小节中介绍过，在课程结构上，新课程标准规定高中信息技术课程由必修、选择性必修和选修三类课程组成。其中必修课程 3 学分（每学分 18 学时），学生学完必修课程后，可以参加高中信息技术学业水平合格性考试。此外，学生可以根据兴趣爱好学习选择性必修课程和选修课程。每个模块 2 学分（每学分 18 课时）。高中信息技术课程结构如表 2–1–1 所示。

表 2–1–1 高中信息技术课程结构

类别	模块设计
必修课程	模块 1：数据与计算 模块 2：信息系统与社会
选择性必修课程	模块 1：数据与数据结构 模块 2：网络基础 模块 3：数据管理与分析 模块 4：人工智能初步 模块 5：三维设计与创意 模块 6：开源硬件项目设计

续表

类别	模块设计
选修课程	模块1：算法初步 模块2：移动应用设计

在课程内容上，详细介绍必修课程的内容。其中，“数据与计算”模块包括“数据与信息”“数据处理与应用”“算法与程序实现”三部分内容；“信息系统与社会”模块包括“信息社会特征”“信息系统组成与应用”和“信息安全与信息社会责任”三部分内容。

④ 学业质量。学业质量是学生在完成本学科课程学习后的学业成就表现。学业质量标准以本学科核心素养及其表现水平为主要维度。高中信息技术学业质量水平是根据问题情境的复杂程度、相关知识和技能的结构化程度、思维方式、探究模式或价值观念的综合程度等来划分的。

⑤ 实施建议。在教学建议中，新课程标准指出要紧紧围绕学科核心素养，凸显“学主教从、以学定教、先学后教”的专业路径，把项目整合于课堂教学中，重构教学组织方式，创设有利于学生开展项目学习的数字化环境、资源和条件，引导学生在数字化学习的过程中领悟数字环境对个人发展的影响，养成终身学习的习惯。

在评价建议中，新课程标准提出了评价是信息技术教学的有机组成部分，应基于信息技术学科核心素养展开。教师可以综合运用多种评价手段，在教学中起到有效导向的作用。通过评价的合理实施，不断提高信息技术教师的教学水平，激发学生学习、应用信息技术的兴趣，帮助学生提升信息素养。[1]

（2）义务教育阶段

在新一轮课程改革中，基础教育课程分为国家课程、地方课程和校本课程三级，义务教育阶段的信息技术课程隶属综合实践活动课程，教育部目前没有统一的义务教育阶段的信息技术课程标准。本部分仅选择江苏省和上海市义务教育阶段信息技术课程标准予以介绍。

① 江苏省指导纲要。继新课程标准发布之后，江苏省发布了2017年《江苏省义务教育信息技术课程指导纲要（试行）》，对义务教育阶段信息技术课程的课程性质、基本理念、学科核心素养、课程目标、课程结构、课程内容和实施建议进行了详细的说明。

课程性质与基本理念。义务教育阶段信息技术课程性质可以概括为基础性、工具性、实践性和发展性。课程基本理念立足于学生信息素养的养成，坚持立德树人的课程价值观；构建合理的课程结构，满足学生个性化发展需求；选择合适的课程内容，支撑学生

[1] 中华人民共和国教育部. 普通高中信息技术课程标准（2017年版）[M]. 北京：人民教育出版社. 2017：39.

信息素养的发展；创设良好的课程实施情境，促进学生信息素养的提升；重设课程的评价体系，提升学生的数字化学习与创新能力。

学科核心素养与课程目标。义务教育阶段信息技术学科核心素养包括信息意识、计算思维、数字化学习与创新、信息社会责任等方面。它们是学生在接受信息技术教育过程中逐步形成的信息技术知识与技能、过程与方法、情感态度与价值观等方面的综合表现。课程总目标与高中信息技术课程总目标一样，定位于培养学生的信息素养。

课程结构。小学和初中阶段的信息技术课程都包括“信息技术基础”“算法与程序设计”“人工智能初步”“机器人技术”“物联网技术”五个模块，如表 2-1-2 所示。

表 2-1-2 信息技术课程模块构成

学段	学时				
	信息技术基础	算法与程序设计	人工智能初步	机器人技术	物联网技术
小学	72	18	18	18	18
初中	54	18	12	12	12

课程内容。“信息技术基础”模块分为四部分内容：信息的识别与获取、信息的存储与管理、信息的加工与表达、信息的发布与交流。各部分内容在纵向上互相衔接，在横向上相互沟通。“算法与程序设计”模块包括算法与问题解决、程序结构与设计；“人工智能初步”模块包括人工智能基础、人工智能应用与问题解决、人工智能技术发展；“机器人技术”模块主要包括组件与功能、算法与程序、设计与制作；“物联网技术”模块包括信息感知、信息传输、智能应用。

实施建议。实施建议包括课程开设的时间与形式、教材编写、教学资源与平台以及教学与评价等方面的建议。建议信息技术必修课程设置起始年级为小学 3 年级，一些有条件的地区与学校可以提前到 1~2 年级开设信息技术课程；教材的编写在依据该纲要的同时要体现地方特色，建设好信息技术软硬件环境；鼓励教师采用多样化的教学方式，注重培养学生个性；在教学评价上以促进学生发展为根本目的，过程性评价和总结性评价并重。

② 上海市课程标准。2004 年上海市发布了《上海市中小学信息科技课程标准（试行稿）》，对中小学信息科技课程的课程理念、课程目标、课程设置、课程内容和实施意见进行了详细的说明。

课程理念。信息科技是上海市十二年一贯普通中小学课程体系中的一门基础型课程。课程的理念是以学生信息素养的形成和提高为主要目标，通过灵活多样的课程内容和形式实现课程目标，为学生在信息化学习平台上进行学习创造条件，创设以学生为中心的学习环境，建设能真正促进学生发展的评价体系。

课程目标。信息科技课程以信息素养的形成为主线，以全面提高所有学生的信息素养为根本目标。该课程标准分别对义务教育阶段 1 年级至 5 年级（小学）和 6 年级至 9 年级（初中）提出了阶段目标，阶段目标又分别从必要的信息科技知识、技能和能力，使用信息技术解决问题的能力，以及重要的德育因素这三个方面提出了要求。

课程设置与课程内容。信息科技课程分为基础型、拓展型、探究型三类课程，课程结构关系如图 2–1–1 所示。

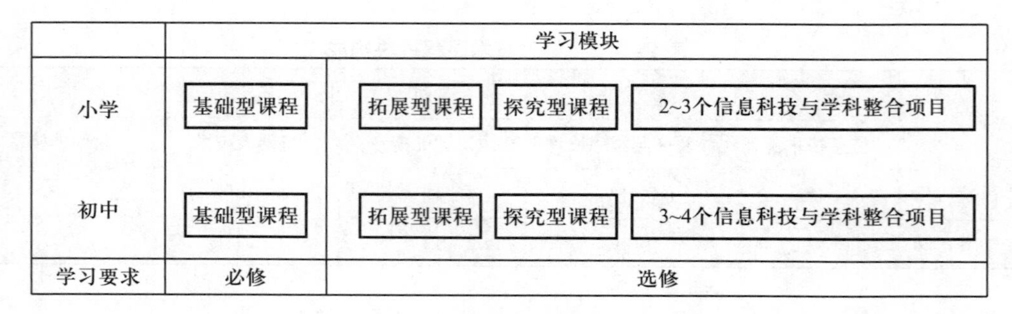

图 2–1–1 课程结构关系图

基础型课程为 68 学时，是全体学生必修的课程，主要包含信息科技基础知识、信息技术基本技能、解决问题的基本能力，以及科技、社会与个人四方面的学习内容，这类课程是为了对全体学生进行基础性培养和训练而安排的。

拓展型和探究型课程建议 68 课时，它们主要采用限定选修和自主选修两种方式。拓展型课程精选了有利于学生个性化发展的信息科技领域的知识与技能，为学生提供在信息科技领域的个体发展空间；采用模块化的并行内容结构和学分制的管理方式，增加课程内容的选择性；同时充分体现信息科技在各学科领域中应用的理念和方法。

探究型课程是信息科技课程的综合能力培养部分，通过学生自主参与研究实践活动，体验信息化社会中解决问题的基本过程，感悟并掌握科学研究与问题解决的基本思想和方法，培养合作意识与创新精神，培养规划设计与思维表达能力，提高在现代信息环境下的学习能力和实践能力。课程评价不但注重学生的探究成果，更强调学生在探究过程中的行为表现。

实施意见。实施意见包括教材编写、教学组织、教学评价等方面。

教材的编写要采用一纲多本的课程教材体系，充分体现以学生发展为本的思想，全面反映课程目标，突出课程的学科特征等。

教学组织要突破单一的课堂教学与上机操作的局限，坚持“以项目（或活动）带动学习”和学用结合的原则，构建以学生为中心的学习环境，教师主动转变角色，与学生共同活动，做学生的学习伙伴。

教学评价采用结果评价和过程评价相结合、定量评价和定性评价相结合的综合评价方式，全面反映每个学生信息科技课程的学业水平，充分发挥评价的学习监督、导向和激励作用。

拓展阅读

材料一　高中信息技术学科核心素养的结构与体系[1]

《普通高中信息技术课程标准（2017年版）》中，对信息技术学科核心素养的研究成果主要包括结构与要素、内涵描述、具体表现与水平分级等。研究始终以落实“立德树人”为根本任务，在借鉴国内外信息技术学科素养研究成果的基础上，承接核心素养对学生在本学科维度上的发展要求，继承并提炼信息素养的实质与内涵，高度聚焦信息系统思维和问题解决能力的培养。高中信息技术学科核心素养的总体结构如图2-1-2所示，相应的学科核心素养体系系统框架（包括4个核心要素、12个方面的具体表现）如表2-1-3所示。

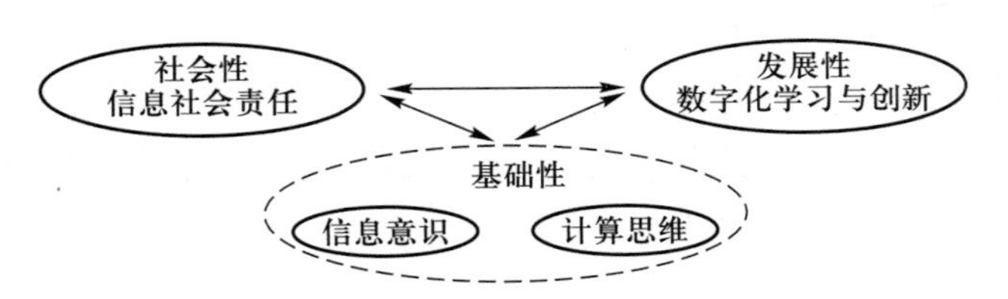

图2-1-2　高中信息技术学科核心素养的总体结构图

表2-1-3　高中信息技术学科核心素养体系系统框架

要素		具体表现
学科核心素养体系系统	信息意识	对信息的敏感度 对信息价值的判断力

[1] 解月光，杨鑫，付海东. 高中学生信息技术学科核心素养的描述与分级［J］. 中国电化教育，2017（5）：8-14.

续表

要素		具体表现
学科核心素养体系系统	计算思维	解决问题过程中的 形式化 模型化 自动化 系统化
	数字化学习与创新	数字化学习环境的创设 数字化学习资源的收集与管理 数字化学习资源的应用与创新
	信息社会责任	具有一定的信息安全意识与能力 能遵守信息法律法规 具有良好的信息道德伦理

材料二 湖北省义务教育阶段信息技术课程指导意见

2016 年湖北省发布了《湖北省义务教育阶段信息技术课程指导意见（试行）》，其内容简要描述如下。

1．课程性质与基本理念

（1）课程性质

义务教育阶段的信息技术课程，是一门以培养学生的信息素养为主要目标的必修课程。

（2）基本理念

① 坚持立德树人的课程价值观，培养具备信息素养的公民。

② 选择基础性和时代性的课程内容，构建基于学科核心素养的目标体系。

③ 强化问题解决，倡导以学习为中心的教与学方式。

④ 推进过程性评价，构建学科核心素养发展评价体系。

2．课程目标与学科核心素养

（1）课程目标

义务教育阶段信息技术课程旨在全面提升全体学生的信息素养。

（2）学科核心素养

义务教育阶段信息技术课程目标围绕着学生发展核心素养展开，内容包括信息意识、计算思维、数字化学习与创新、信息社会责任四个方面。

3．课程结构模型及课程内容标准

（1）课程结构模型

指导意见对义务教育信息技术课程进行整体设计，并分阶段实施。每个阶段均包含信息意识、计算思维、数字化学习与创新、信息社会责任方面的培养目标，并依据学生认知和年龄特点，呈螺旋式发展，实现与高中阶段课程的有效衔接。课程既要注重基本核心素养的培养，又要鼓励学生个性化发展；既要满足基础性目标，又在深度和广度上为学生个性化发展提供空间。

（2）课程设置

义务教育阶段学校从3年级开始开设信息技术课程，3年级至8年级每周至少安排1学时信息技术课程。每周安排2学时以上信息技术课程的学校，建议两节连排，以提高教学的连续性和有效性。建议为有需要的9年级学生提供选修内容，侧重学生专业技术领域的发展，以满足学生个性化发展的需要。

（3）课程内容标准

课程内容分三个阶段设计，3~4年级为第一阶段，5~6年级为第二阶段，7~8年级为第三阶段。

材料三　广东省义务教育信息技术课程纲要

2016年广东省修订了《广东省义务教育信息技术课程纲要》，对信息技术课程性质与理念、课程设计思路、课程安排及内容要求等进行了描述，其中课程安排与内容要求如下。

1．课程安排

小学阶段，信息技术课程设置的起始年级为4年级，有需要和有条件的地区可以提前实施，总学时不得少于108学时，建议每周1~2学时。初中阶段，课程在7~9年级开设，应确保每周至少1学时，总学时不得少于90学时；部分地区初中学生存在“零起点”或“低起点”状况，建议各地各校根据实际情况，采取按照程度分教、小规模短时间集中补课、个别指导或异质分组教学等有针对性的措施缩短学生学习水平的差距，并采用课间开放实验室等方法鼓励低起点学生尽快赶上学习进度，提高信息技术应用水平。

2．内容要求

（1）小学内容要求

小学阶段信息技术课程以“玩中学”为主要特征，让学生在丰富有趣、形式多样的活动中快乐学习，感受信息技术在学习、生活中的应用，认识信息技术的影响和作用，激发学生对信息技术学习的兴趣和主动应用信息技术的意识和能力。

（2）初中内容要求

初中课程具有“用中学”的特点。初中阶段信息技术课程以日常生活中常见的信息技术为主线，通过设计学生可参与或体验的“应用实践”，使他们能够运用以多媒体计算机与网络为主体的信息技术解决日常学习和生活中的问题，增加对信息技术基本原理的认识，提高对计算思维、互联网思维的理解和内化能力，逐渐增强对大众信息技术的把握能力，自觉遵循信息社会的道德规范，发展信息素养。

材料四　特殊教育课程标准

2007 年根据基础教育课程改革和特殊教育事业发展的需要，教育部发布了《聋校义务教育课程设置实验方案》《盲校义务教育课程设置实验方案》和《培智学校义务教育课程设置实验方案》。

《聋校义务教育课程设置实验方案》指出信息技术属于综合实践活动课程，是必修课，旨在使聋生通过亲身实践，提高收集与处理信息的能力、综合运用知识解决问题的能力以及交流与合作的能力，增强社会责任感，并逐步形成创新精神与实践能力。小学阶段为 102 学时，一般从 4 年级起开设；初中阶段不少于 102 学时。有条件的学校可提前开设和增加学时。

《盲校义务教育课程设置实验方案》开设有信息技术应用课程。低视力班的教学安排，可在参照普通学校课程设置方案的基础上，对其进行适当调整。

《培智学校义务教育课程设置实验方案》考虑了智力残疾学生的需求和特点，构建了由一般性课程和选择性课程两部分组成的培智学校课程体系。信息技术课程属于选择性课程，学校可以根据当地的区域环境、学校特点、学生的潜能开发需要设计课程，以供学生选择。课程内容以学习简单的通信工具运用、计算机操作、互联网运用以及其他现代信息技术应用为主，帮助学生运用信息技术更好地适应生活和社会发展，提高生活质量。信息技术课程一般在高年级设置。

目前聋校、盲校、培智学校信息技术课程标准正在研制之中。各地特殊教育学校的教师也制定了适合本校特点的标准。淄博盲校、北京盲校的部分教师根据视力残疾学生的特点，基于信息技术课程标准，制定了具有特殊教育特色的《全日制义务教育信息技术课程标准》。

该标准的课程目标为：盲校信息技术课程的设置要考虑盲生心智发展水平和不同年龄阶段的知识经验和情感需求。基础教育各阶段教学内容安排要有各自明确的目标，要体现出各阶段的侧重点；要注意培养学生利用信息技术学习和探究其他课程的能力；要努力创造条件，积极利用信息技术开展各类学科教学，注重培养学生的创新精神和实践能力。

课程目标具体描述如下。

1~3 年级（第一学段）：

① 初步了解什么是信息技术。

② 培养获取信息的兴趣，开始了解输入汉字的方法。

③ 认识简单的多媒体。

4~6 年级（第二学段）：

① 了解信息技术的应用环境和信息的一些表现形式。

② 建立对计算机的感性认识，了解信息技术在日常生活中的应用，培养学生学习、使用计算机的兴趣和意识。

③ 初步掌握盲用软件的操作，具备获取、处理信息的基本方法。

④ 养成良好的计算机使用习惯。

7~9 年级（第三学段）：

① 使学生具有较强的信息意识，进一步了解信息技术的发展及其对社会的影响。

② 理解计算机基本工作原理，熟练应用盲用软件，了解网络的基本知识，学会获取、传输、处理、应用信息的方法。

③ 了解应用程序，培养逻辑思维能力。

④ 树立正确的科学态度，自觉依法进行与信息有关的活动。

⑤ 树立正确的知识产权意识，培养学生的合作精神。

课程内容为：盲校信息技术教育以信息获取、处理与交流为主线，围绕学生的学习与生活需求，强调信息技术与社会实践的相互作用。

通过义务教育阶段的学习，学生能够基本掌握信息的获取、加工、管理、表达与交流的基本方法；能够根据需要进行适当的信息技术交流，并能够开展合作，解决日常生活、学习中的实际问题；理解信息技术对社会发展的影响，并形成正确的网络道德观。

义务教育阶段的教学要强调在信息技术应用的基础上提升学生的信息素养；要结合视力残疾学生的日常学习和生活，让学生在亲身体验中培养信息素养。

义务教育阶段的盲校信息技术教育要激发视力残疾学生的学习兴趣，并注重与其他学科相联系，同时考虑视力残疾学生的不同特点，分年级有重点、有计划、有目标地加以开展。1~3 年级主要培养学生使用信息的兴趣；4~6 年级主要培养学生感知信息的能力，使学生建立初步的信息意识，以及了解信息技术基本工具的具体内容及其使用方法；7~9 年级主要是进一步提高学生的信息意识，培养其获取、传输、处理、使用信息的能力，培养学生以信息技术为工具进行终身学习的习惯，提高学生的信息素养，使之初步形成正确的信息观。

○ 学生活动

查找各省、直辖市、自治区最新的义务教育阶段信息技术课程指导纲要或课程标准，与《普通高中信息技术课程标准（2017 年版）》进行比较，举例说明两者之间是否存在联系。

○ 参考文献

[1] 中华人民共和国教育部．普通高中信息技术课程标准（2017 年版）[M]．北京：人民教育出版社，2017．
[2] 任友群，黄荣怀．普通高中信息技术课程标准（2017 年版）解读 [M]．北京：高等教育出版社，2018．

2.2 教材建设现状及分析

○ 问题提出

教材，是课程知识的主要载体，是按照一定教育目标和教学规律组织起来的科学知识系统。因此，教材的质量对学科的发展和教学的实施至关重要。然而信息技术作为一门新兴课程，与其他学科相比，教学经验的积累较少，因此教材编写中还存在很多问题。例如，注重技术讲解而忽视了学生的能力培养，注重地方特色而忽视了内容的适应性，注重知识的静态呈现而忽视了学科的发展性等。随着课程标准的推出及修订，在课程建设中涌现了大量的配套教材。那么中小学教材建设现状如何？使用状况又如何呢？

○ 学习引导

由于我国地域辽阔，人口众多，经济文化发展不平衡，因此国家规定必须在统一基本要求、统一审定的前提下，逐步实现教材的多样化，以适应各类地区、各类学校的需要。目前通过国家审定的高中信息技术课程教材主要有 5 套，而义务教育阶段的信息技术课程属于地方课程，教材版本较多，并具有鲜明的地方特色。这些教材除了有传统的印刷形式教科书之外，大多还配套有光盘、教材服务网站等，以丰富多彩的立体化教材体系为教师和学生提供教学资源平台。而且教材内容也摆脱了原来的软件说明书模式，以提高学生信息素养为目的，以生动的文字表述、贴近学生生活的实例将学生引入信息技术的世界，并满足学生多样化、多层次的需求。

2.2.1　信息技术教材的审定和选用

根据2001年6月颁布的《中小学教材编写审定管理暂行办法》，中小学教材是指中小学用于课堂教学的教科书（含电子音像教材、图册），以及必要的教学辅助资料。国家鼓励和支持有条件的单位、团体和个人编写符合中小学教学改革需要的高质量、有特色的教材，特别是适合农村地区和少数民族地区使用的教材。编写教材事先须经有关教材管理部门核准；完成编写的教材须经教材审定机构审定才能在中小学使用。教材的编写、审定，实行国务院教育行政部门和省级教育行政部门两级管理。国务院教育行政部门负责国家课程教材的编写和审定管理；省级教育行政部门负责地方课程教材的编写和审定管理。

在第八次基础教育课程改革中，高中阶段的信息技术课程成为国家课程，已经通过国家审定的五套教材（如表2-2-1所示）是基于2003年普通高中信息技术课程标准编写的。

表2-2-1　高中信息技术教材目录

出版社	教材内容
教育科学出版社	本套教材选修模块有五册教科书可供选用，配有光盘、教师教学用书、教师教学用书配套光盘、教师培训资料包
上海科技教育出版社	本套教材选修模块有五册教科书可供选用，配有教师教学用书、教学培训光盘
广东教育出版社	本套教材选修模块有五册教科书可供选用，配有教师教学用书、教学光盘、教学网站等
中国地图出版社	本套教材选修模块有五册教科书可供选用，配有教师教学用书、教学案例集、教学实录光盘
浙江教育出版社	本套教材选修模块有五册教科书可供选用，配有教师教学用书、教学设计案例选编、信息技术实践探究活动评价软件系统

义务教育阶段信息技术课程作为地方课程由各省负责审定。1997年后，各地陆续开展信息技术教育的课程改革试点研究。2000年后，部分省市的城市中学逐步开设信息技术课程。目前全国有几百种不同版本的中学信息技术教材，内容主要包括信息技术概述、

操作系统、网络基础及其应用、文字处理的基本方法、数据库初步、程序设计方法、计算机硬件结构及软件系统等。

在教材选用方面，教育部《基础教育工作分类推进与评估指导意见》指出：建立教育主管部门、学校、教师、家长、专家共同参与的教材选用制度，改变用行政手段或用经济手段指定使用教材的做法，在实施新课程标准的地区实行以县（市、区、旗）为单位的教材选用制度。教育行政部门建立中小学用书管理、检查制度，学校有对学生用书管理的措施，除教育科学实验教材外，杜绝未经过审查的教材和各种滥编滥印的练习册、教学辅助材料进入中小学校。因此，高中阶段基本以县（市、区、旗）为单位，从国家审定的五套教材中进行选择；而义务教育阶段主要选用地方性教材。

2.2.2 信息技术教材的编写

1．教材组织的理论依据

教材是在按照课程的培养目标和学生的接受能力组织知识并对其进行教学法改造的基础上编写而成的，其作用在于规定各门学科知识的范围、深度和顺序。近几十年来，在教材组织和结构及其呈现方式上比较有影响的理论主要有以下几种。

（1）布鲁纳的螺旋式编排

布鲁纳认为，认知生长（或者说智慧生长）的过程就是形成认知表征系统的过程。认知表征系统的发展主要经历了三个阶段：动作式表征（enactive representation）、映像式表征（iconic representation）和符号式表征（symbolic representation）。因此，教材中知识的组织也应分成动作、映像和符号三种水平。同一原理在不同年龄阶段的教材中，应随着年级的升高在抽象程度更高的水平上反复出现，从而呈现一种螺旋式上升的趋势。只有这样，儿童对于学科基本结构的把握才能随着年龄的增长而不断加深。

（2）加涅的直线式编排

加涅认为，根据学习繁简水平的不同，可以将学习分为六类：连锁学习、辨别学习、具体概念学习、定义概念学习、规则学习和解决问题学习。这六类学习依次按“简单—复杂”组成一个层级系统，由低级阶层到高级阶层逐渐建立，每一阶层是低级阶层的延伸和高级阶层的基础。

在编制和设计教材时，先确定教学内容，再对它们进行心理学加工，将教学内容转化为一系列能力目标，然后根据这些能力目标的心理学关系把教学内容按等级排列，逐步推进，从而使教学内容呈现为一条逻辑上前后联系的直线，前后内容基本上不重复。

（3）奥苏贝尔的循序渐进分化和综合贯通原则

奥苏贝尔认为，每门学科都有一个分层次的概念和命题结构。在这个结构中，其顶端是一些包容性很大的抽象概念，它们包含了在结构中处于较低层次的具体概念。课程和教材中知识的组织方式，应该与人们认知结构中知识的组织方式相似。因此，他提出课程的组织应遵循循序渐进分化和综合贯通这两条原则。循序渐进分化是指学生首先应该学习最一般的、包容性最大的概念，然后再对它们逐渐加以分化。综合贯通则强调学科的整体性，因为学科内容不仅包括概念和规则，还包括学科特定的结构、方法和逻辑。

2．教材的编写建议

信息技术教材编写应以信息技术课程标准为基本依据，要为教师和学生的信息技术教学活动提供直接指导。下面依据《普通高中信息技术课程标准（2017 年版）》对教材编写的指导原则和教材内容的选择做简要分析。

（1）教材编写指导原则 [1]

高中信息技术教材的编写，要以社会主义核心价值观为导向，贯彻落实立德树人的根本任务。因此，教材编写须遵循以下指导原则。

① 教材的编写要依据课程标准，充分体现学科核心素养，重视继承和弘扬中华文化，理解和尊重多元文化。

② 教材要充分反映社会进步和科学技术发展的成果，体现科学性和前瞻性，引导学生了解信息技术最新的发展成果对生活、学习的影响。

③ 编写教材时，要充分考虑学生的身心发展水平和心理接受能力。

④ 鼓励编写有鲜明特色的教材。

⑤ 建议教材编写者在编写教科书的基础上，编写教学参考书和学生课外自主学习材料等。

⑥ 建议教材采用纸质介质与电子介质相辅相成的方式，以实现教材形态的多样化。

（2）教材内容的选择 [2]

高中信息技术教材的编写，要注重信息技术学科特色和学生认知规律，培养学生的学科核心素养，为课程的顺利实施提供保证。因此，教材内容的选择是教材编写至关重要的一部分。

① 要紧密围绕、依据学科核心素养来选择和组织教材的内容。

② 应该把学科中关键性、基础性的概念、原理和方法作为教材的核心，将与这些概念、原理和方法密切相关的内容作为教材的重点。

③ 教材要向学生介绍具有广泛适用价值的知识与技能，及其背后所蕴含的基本思想

---

[1] 中华人民共和国教育部．普通高中信息技术课程标准（2017 年版）[M]．北京：人民教育出版社．2017：59-60.

[2] 中华人民共和国教育部．普通高中信息技术课程标准（2017 年版）[M]．北京：人民教育出版社．2017：61-62.

和方法，有意识地促进全体学生学科核心素养的均衡发展。在编写教材时，应考虑内容容量和难度的适中性，以“保证绝大多数学生通过努力就能够掌握”为原则。

④ 教材的内容应体现时代性，鼓励教材编写者将能够体现信息技术最新研究成果和发展趋势，以及具有独特价值的创新内容、应用和案例，特别是能反映我国信息技术和信息社会发展新面貌的内容写入教材，拓展学生的知识面，激发学生的学习兴趣，引导学生正确认识信息技术在生活、学习中的作用。

⑤ 教材的内容要依据课程标准的要求，处理好不同课程模块之间的关系，以适应不同需求和不同志趣学生的需要。必修课程模块的内容既要考虑面向全体学生信息素养的培养，也要为后续课程的学习提供必要的基础；既要处理好与相关学科（如数学、物理、通用技术等）的关系，又要在纵向上处理好与本学科初中、大学学习内容之间的关系，避免重复，从而为学生的后续发展指明方向。

⑥ 教材的内容设计要密切联系实际，结合学生的现实生活和学习实践以及当地的社会发展，适度设置基于真实情境的学习任务、典型案例或研究性项目活动，以引导学生在动手操作、自主探究和解决问题的过程中将“学技术”与“用技术”有效融合起来，主动理解知识，掌握技能，发展能力。

⑦ 教材的内容要展现出信息技术发展、创新和应用中蕴藏的人文精神，要始终渗透相关社会责任感的培养，并有意识地设计相关的人文、社会教育项目活动，引导学生在信息技术应用的过程中，不断内化与信息技术应用相关的伦理道德观念与法律法规意识，逐步养成负责、健康、安全的信息技术使用习惯。

高中信息技术课程标准对教材的编写建议，对义务教育阶段信息技术课程的教材编写同样具有指导意义。

3．教材的结构分析

教材是落实课程标准，实现教学计划的重要载体，也是教师进行课堂教学和学生进行自主学习的主要依据。随着教育信息化的发展和新的课程标准的推进，教材的呈现形式和呈现内容也发生了很大的变化。

下面主要以根据 2003 年普通高中信息技术课程标准编写的五套教材为例，对教材呈现形式及内容做简要分析。[①]

（1）丰富多彩的教材形式

教材规定了教学的主要内容，是教师进行教学的主要依据，是学生获取知识、发展智能的主要渠道。随着教育信息化的发展，优秀教材的概念早已不是单纯的印刷形式教

---

① 本教材修订时根据《普通高中信息技术课程标准（2017 年版）》编写的新教材尚未出版，故沿用原教材的内容。

材，而是一个包含各种配套教学资源的、完整的立体化教材体系。其中，配套的教学资源包括电子课件、教案、习题解答、试题、素材、案例等多种类型。

印刷形式的教材作为教学内容的最主要载体，多以文字、图片、表格等形式来展现教学内容，如图 2-2-1 所示。

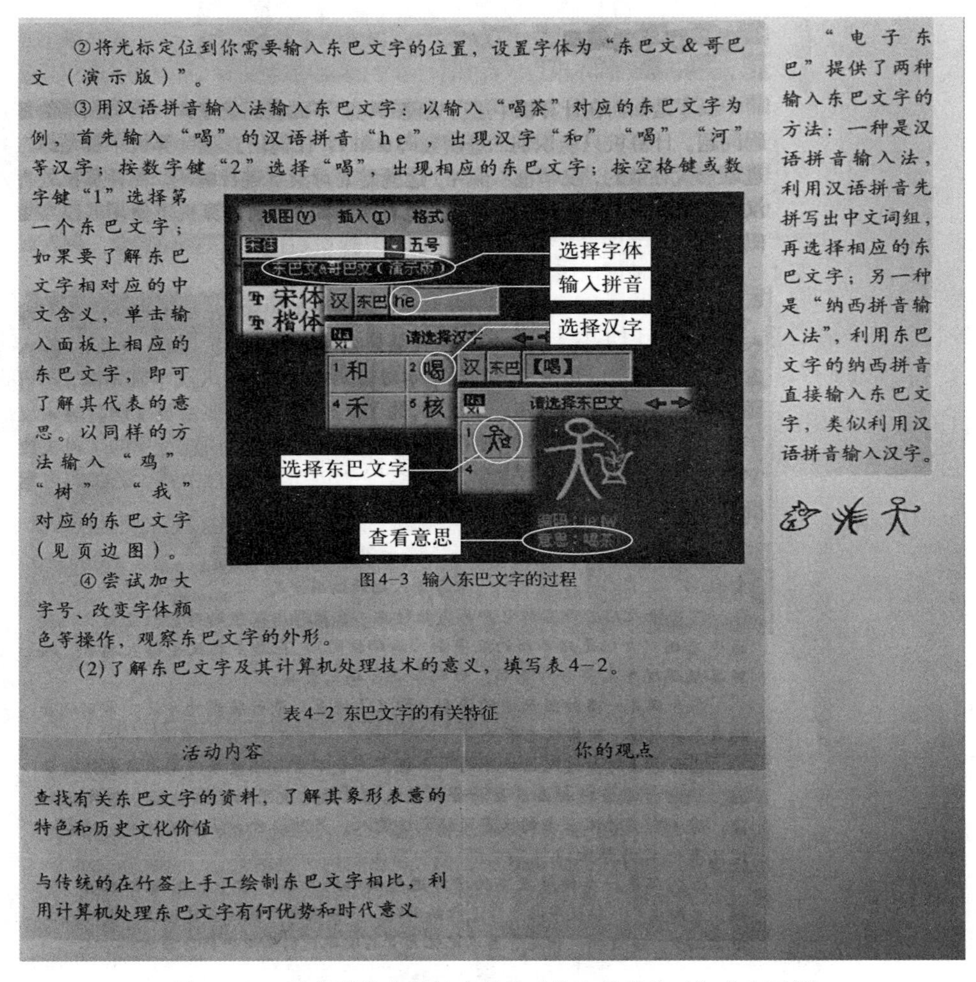

②将光标定位到你需要输入东巴文字的位置，设置字体为“东巴文&哥巴文（演示版）”。

③用汉语拼音输入法输入东巴文字：以输入“喝茶”对应的东巴文字为例，首先输入“喝”的汉语拼音“he”，出现汉字“和”“喝”“河”等汉字；按数字键“2”选择“喝”，出现相应的东巴文字；按空格键或数字键“1”选择第一个东巴文字；如果要了解东巴文字相对应的中文含义，单击输入面板上相应的东巴文字，即可了解其代表的意思。以同样的方法输入“鸡”“树”“我”对应的东巴文字（见页边图）。

图4-3 输入东巴文字的过程

④尝试加大字号、改变字体颜色等操作，观察东巴文字的外形。

(2)了解东巴文字及其计算机处理技术的意义，填写表4-2。

“电子东巴”提供了两种输入东巴文字的方法：一种是汉语拼音输入法，利用汉语拼音先拼写出中文词组，再选择相应的东巴文字；另一种是“纳西拼音输入法”，利用东巴文字的纳西拼音直接输入东巴文字，类似利用汉语拼音输入汉字。

表4-2 东巴文字的有关特征

活动内容	你的观点
查找有关东巴文字的资料，了解其象形表意的特色和历史文化价值	
与传统的在竹签上手工绘制东巴文字相比，利用计算机处理东巴文字有何优势和时代意义	

图 2-2-1 教育科学出版社出版的《信息技术基础》内容示例

除了传统的印刷形式教材外，还有很多包含配套光盘的教材，如图 2-2-2 所示。光盘的内容一般包含印刷形式教材的知识扩展、技能练习以及学习案例等资料，这些资料多以学习为中心，为学生达成学习目标提供信息资源。光盘的内容除了采用文字、图片、表格等形式之外，往往还包含视频、音频和软件等，能有效弥补印刷形式教材的不足。

图 2-2-2 中国地图出版社出版的《信息技术基础》配套光盘

教材服务网站（如图 2-2-3 所示）的主要功能集中于信息发布和展示、教学资源下载，以及用户咨询和解答，是教师和学生获取更多资料的途径，而且其内容更新及时。与教材配套光盘相比，教材服务网站具有更好的交互性和时效性，而且教材使用者还可以通过网站反馈教材使用意见，为教材修改提供重要依据。

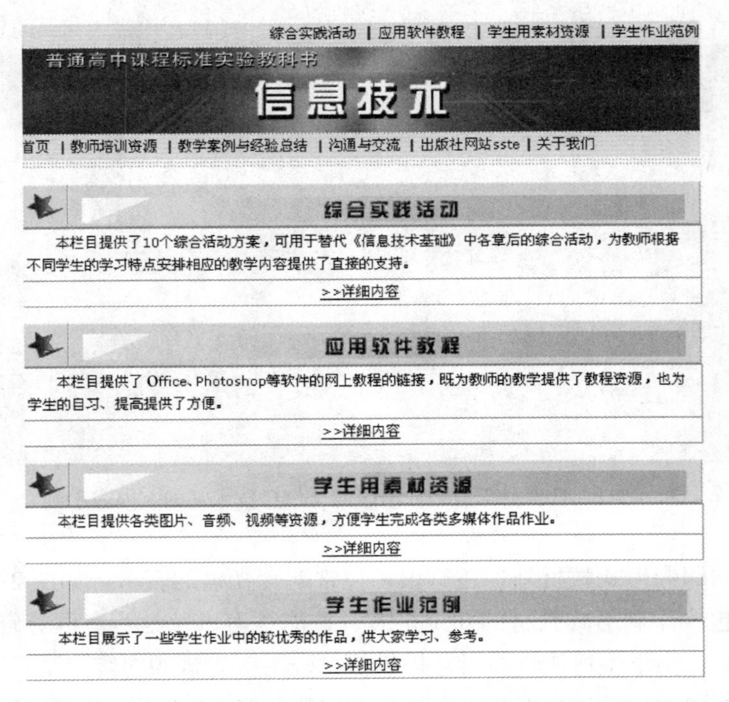

图 2-2-3 上海科技出版社出版的《信息技术基础》教材服务网站

（2）精心构思的教材内容

从我国基础教育发展的现状看，教材在学校教育中有着举足轻重的作用，它是实现课程目标、实施课堂教学最重要的资源，是学生发展的重要载体。教材的内容和组织关系到是否能够激发学生的学习动机与兴趣，调动教师的积极性，促使学生和教师积极主动地、创造性地学与教。因此，现行的很多教材改变了以往工具书的编写形式，呈现出更加科学、更加合理的状态，具体表现为以下几个方面。

① 教材的编写线索更加合理。早期的信息技术课程以工具软件的应用为教学中心，因此教材以知识点或工具软件为线索，其主要教学目的是让学生掌握计算机软件的操作技术。随着信息技术课程的教学内容从传授计算机基本知识转变为以计算机和网络为工具帮助学生更好地自主学习和探讨，很多教材的编写线索也发生了较大的变化。例如，有的教材以信息的“获取与评价—加工与表达—发布与交流—存储与管理”为线索，打破了工具软件的束缚，在贴近现实社会生活的基础上，提取出每类工具软件的共同属性，创新性地以“工作”需求为核心构建教材体系。下面列出了 1999 年和 2009 年出版的两种教材的目录节选，如图 2-2-4 所示，从中可以清楚地看出教材编写线索的改变。

《普通高中信息技术课程标准（2017 年版）》在教学方法上强调项目学习，这对教材编写有一定的引导作用。

下面为华南理工大学出版社 2017 年出版的小学五年级上信息技术教材目录，[1] 教材编写组创造性地将原来以知识体系为中心的结构，改变为与色彩心理学理论相对应的 A、B、C、D 四层立体结构（分别对应于红、黄、绿、蓝四种颜色）。其中，A 部分承载的内容是项目式活动体验，为引领学生发展终身学习能力打下基础；B 部分承载的内容是教学的知识体系，其中包括立德正面教育内容；C 部分以创新学习与评价、小结为主，再加入立德正面教育的体验活动；D 部分是教材留白，用于学生小结、记录创新思维闪光点。

---

[1] 曹雪丽. 小学信息技术地方教材：五年级　上册［M］. 广州：华南理工大学出版社. 2017.

(a) 1999年	(b) 2009年
第一章 计算机基础知识	第1章 信息技术基础
第一节 计算机发展简史及发展趋势	1.1 信息及其特征
第二节 计算机与信息社会	1.2 日新月异的信息技术
第三节 计算机的基本组成和基本操作	第2章 信息获取
第四节 计算机病毒的防治	2.1 信息获取的一般过程
第五节 使用计算机的道德规范	2.2 因特网信息的查找
第二章 Windows 95	2.3 文件的下载
第一节 Windows 95的基础知识	2.4 网络数据库的信息检索
第二节 Windows 95的基本操作	第3章 信息的编程加工和智能化加工
第三节 Windows 95的文件操作	3.1 信息加工概述
第四节 Windows 95控制面板	3.2 信息的编程加工
第三章 Word 97	3.3 信息的智能化加工
第一节 Word 97的基本知识	第4章 文本和表格信息加工
第二节 汉字输入法	4.1 文本信息加工
第三节 创建新文档	4.2 表格信息加工
第四节 基本编辑方法	第5章 多媒体信息加工
第五节 排版与打印	5.1 图像信息的采集加工
第六节 高级编排技巧	5.2 音频、视频、动画信息的加工
第四章 Excel 97	第6章 信息集成与信息交流
第一节 Excel 97基本知识	6.1 信息集成
第二节 Excel 97的基本操作	6.2 信息发布
第三节 Excel 97公式和函数的应用	6.3 信息交流
第四节 工作表的打印输出	第7章 信息资源管理
第五节 Excel 97的图表	7.1 信息资源管理概述
第六节 管理多工作表	7.2 个人数字化信息资源管理
第七节 使用工作表数据库	7.3 利用数据库管理大量信息
第八节 数据分析初步	
……	2

图 2-2-4 1999 年和 2009 年出版的两种教材目录节选[①]

第二课 聪明的小老鼠 B2 初识动漫

第三课 憨厚的青牛 B3 有趣的图层

第四课 老虎成王 B4 了解Flash绘图工具

第五课 兔子智斗狮子 B5 认识Flash填充工具

第六课 龙的传说 B6 Flash元件与库

第七课 知错能改的蛇 B7 综合应用

C部分：创新学习与评价

第一课 十二生肖中国智慧 C1 智慧是一种品质

① 分别选自《计算机（高中）》（江苏科学技术出版社，1999 年）和《信息技术基础》（教育科学出版社，2009 年）。

第二课　聪明的小老鼠　C2　聪明是一种能力

第三课　憨厚的青牛　C3　成功是勤劳与智慧的结晶

第四课　老虎成王　C4　勇猛是一种可贵的品质

第五课　聪明谨慎的兔子　C5　成功是谨慎与勇猛的融合

第六课　龙的传说　C6　刚猛是一种高贵个性

第七课　柔韧的蛇　C7　成功是刚柔并济的结果

D 部分：我的成长记录

- 我的悟道记录
- 我的选题记录
- 我的创作记录
- 我的观察记录

② 教材的目标更加全面。现行的教材改变了以往只注重知识灌输及操作训练的编写思想和方法，更加注重过程与方法及情感态度的教育。这些改变渗透于教材的正文、思考、讨论、实践和评价等部分中。学生在学习的过程中不断感受相应环节的过程与方法，以及情感态度与价值观教育，通过对比图 2-2-5 和图 2-2-6 所示的教材内容片段，可以明显地感受到这一点。

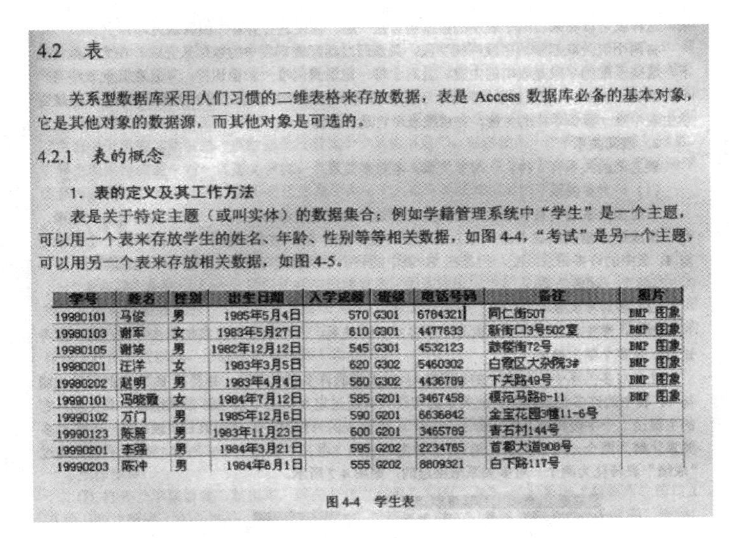

4.2　表

关系型数据库采用人们习惯的二维表格来存放数据，表是 Access 数据库必备的基本对象，它是其他对象的数据源，而其他对象是可选的。

4.2.1　表的概念

1．表的定义及其工作方法

表是关于特定主题（或叫实体）的数据集合：例如学籍管理系统中“学生”是一个主题，可以用一个表来存放学生的姓名、年龄、性别等等相关数据，如图 4-4，“考试”是另一个主题，可以用另一个表来存放相关数据，如图 4-5。

学号	姓名	性别	出生日期	入学成绩	班级	电话号码	备注	照片
19980101	马俊	男	1985年5月4日	570	G301	6784321	同仁街507	BMP 图象
19980103	谢军	女	1983年5月27日	610	G301	4477633	新街口3号502室	BMP 图象
19980105	谢斌	男	1982年12月12日	545	G301	4532123	数模街72号	BMP 图象
19980201	汪洋	女	1983年3月5日	620	G302	5460302	白霞区大杂院3#	BMP 图象
19980202	赵明	男	1983年4月4日	560	G302	4436789	下关路49号	BMP 图象
19990101	冯晓霞	女	1984年7月12日	585	G201	3467458	模范马路8-11	BMP 图象
19990102	万门	男	1985年12月6日	590	G201	6636842	金宝花园3幢11-6号	
19990123	陈鹏	男	1983年11月23日	600	G201	3465789	青石村144号	
19990201	李强	男	1984年3月21日	595	G202	2234765	首都大道908号	
19990203	陈冲	男	1984年6月1日	555	G202	8809321	白下路117号	

图 4-4　学生表

图 2-2-5　中国科学技术出版社 2003 年出版的《高级中学信息技术教程：第二册》

二 确定建立"濒危动物"数据库的目的及收集数据

1. 确定建立"濒危动物"数据库的目的

我国是一个地大物博的国家，拥有十分丰富的动物资源，它们分布在我国不同的区域，有着不同的生活习性。图 2-1-1 显示的就是我国珍稀动物"盘羊"和被誉为"东方宝石"的"朱鹮"。然而，自然界的变化或人类对生态环境的破坏造成了许多种动物的消亡。

我国颁布的《中国濒危动物红皮书》（分鸟类、兽类、两栖类和爬行类、鱼类，共四卷）划分了濒危动物的濒危等级，为保护濒危动物提供了科学依据。研究濒危动物的专家和爱好者可以通过查找文献资料和上网检索等多种方式找到相关的濒危动物的信息，但这种收集和获取数据的过程为关心濒危动物的人们带来了不便，而且收集到的数据是大量的、冗杂的和没有规律的，不便于人们利用。因此，我们可以利用数据库的强大功能来实现对濒危动物信息的管理，以满足人们对濒危动物信息的多种需求。我们可以通过完成下面的访谈活动来确定建立"濒危动物"数据库的目的并确定任务目标。

图 2-1-1 盘羊和朱鹮

图 2-2-6 中国地图出版社 2004 年出版的《数据管理技术》

前面提到的华南理工大学出版社出版的信息技术教材中，教材编写组对学科知识体系与传统文化特色素材的关系进行了分析，如表 2-2-2 所示[①]。由分析可知，传统文化特色素材是在尊重学生不同年级思维特征的基础上，结合各模块知识体系的特点来确定的，体现了对学生思维方式的引导，以及情感态度与价值观的渗透。

表 2-2-2 学科知识体系与传统文化特色素材关系

年级	主要知识体系	传统文化特色素材
三年级	金山画王	《山海经》中的神话故事，对发散性思维的形成影响很大
	Windows 画板	《二十四节气》中的民俗故事，贴近生活，充满童趣，易于激发学生的创作兴趣
四年级	办公软件（WPS）	《徐霞客游记》中的文字素材，内容丰富，有思想，有意义，有趣味
五年级	Flash 动画制作	《十二属相》中的中国智慧故事素材，在趣味性的基础上，表达了中国智慧教育的内容
六年级	Scratch 程序设计	《道德经》中的经典名句。例如，无为、道、有序的思想中蕴涵着尊重自然规律、平等、互爱等

① 选自曹雪丽编写的《小学信息技术地方教材》系列教材（华南理工大学出版社，2017 年）。

③ 教材的内容更加人性化。现行的教材充分考虑了地区差异和学生起点水平与个性差异，在教学内容和教学任务上更加多层化、多样化，以供不同学校和具有不同发展潜能的学生自主选择学习。例如，在广东教育出版社《信息技术基础》5.1 节认识信息资源管理的活动中，教材提供了五个活动项目，学生可以根据实际情况，以小组分工的形式选择完成其中的项目。如果对教材提供的项目不感兴趣，学生还可以另行选择项目。[1]

很多教材改变了过去产品说明书式的陈述风格，使用贴近生活的语言，图文并茂（有的教材还是全彩色），如图 2-2-7 所示，增强了教材的可读性，有利于吸引学生的注意力。

晨晨想起自己做的一个名为国宝熊猫.ppt的文件，可是忘记将它保存在哪里了。

这时就可以利用“开始”菜单中的搜索功能来查找这个文件。

单击“开始”->“搜索”命令，打开搜索对话框。

搜索功能还有很多其他的选项，自己试一试吧！

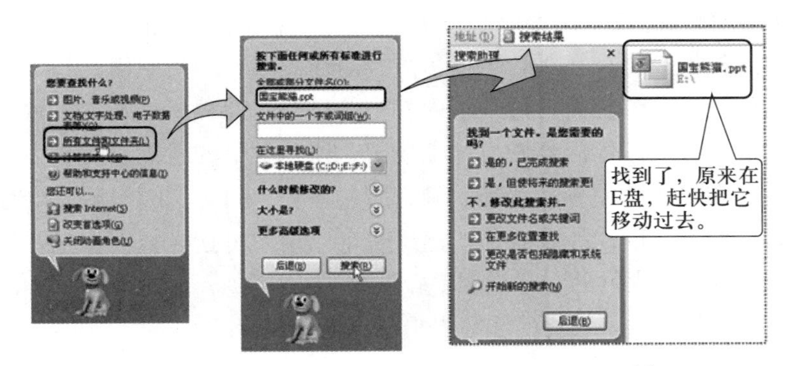

图 2-2-7 广东教育出版社出版的《信息技术》[2]

现行教材中的情境创设贴近学生的生活和学习经验。例如，制作旅行计划文档、加工名人故事音频，制作中国传统游戏网站和学生生活视频光盘等。在如图 2-2-8 所示的教材内容片段中，耳熟能详又极富哲理性的生肖故事既与每个学生的生活紧密相关，又

[1] 徐福荫，李文郁．信息技术基础［M］．2 版．广州：广东教育出版社，2006.

[2] 徐福荫，李文郁．信息技术基础［M］．2 版．广州：广东教育出版社，2006.

朴实、生动、有趣，为 Flash 动画的创作提供了足够的空间。[1]

十二生肖中国智慧

说一说

你知道今年是什么生肖年吗？去年是什么年？明年又是什么年？你是怎么知道的？

找一找

你能从图中找到自己的生肖吗？

你能否用电脑绘画的形式画出自己的生肖动物的卡通形象？想用什么软件来画？其中，也可以用Flash来绘画。

图 2-2-8 十二生肖中国智慧

④ 教材的评价更加多元化。对学生学习的评价不仅要注重结果，更要注重学生学习发展和变化的过程。要把过程性评价与总结性评价结合起来，使学生学习发展和变化的过程成为评价的组成部分。然而有的教材仅注意呈现有关知识技能的内容而忽视了评价，有的教材则只是以课后练习的形式对学生的学习进行评价，而忽略了对学生学习的过程性评价。因此，将评价有机地融入教材，体现评价主体的多元化，实现过程性评价与总结性评价的结合，能更好地发挥教材在评价方面的指导作用。体现多元化评价的教材内容片段如图 2-2-9 所示。

根据 2012 年对信息技术课程标准落实情况的调查结果，目前教材在应用中存在以下问题：高中信息技术教材存在更新缓慢、内容滞后等问题。高中信息技术课程有五套通过教育部审定的教材，各套教材的基本内容与信息技术课程标准基本一致，但是因为信息技术课程标准没有对具体内容做出详细规定，留给教材的发挥空间较大，所以五套教材的内容之间存在较大的差异。此外，调查结果显示，由于课时有限、内容不适当、学生起点水平差异大等原因，一线教师普遍反映难以用教材指导教学，主要根据自己的讲义开展教学，信息技术教材的实际利用率较低。

这些问题都对信息技术教材的编写提出了新的要求。

[1] 曹雪丽. 小学信息技术地方教材：五年级上册 [M]. 广州：华南理工大学出版社. 2017.

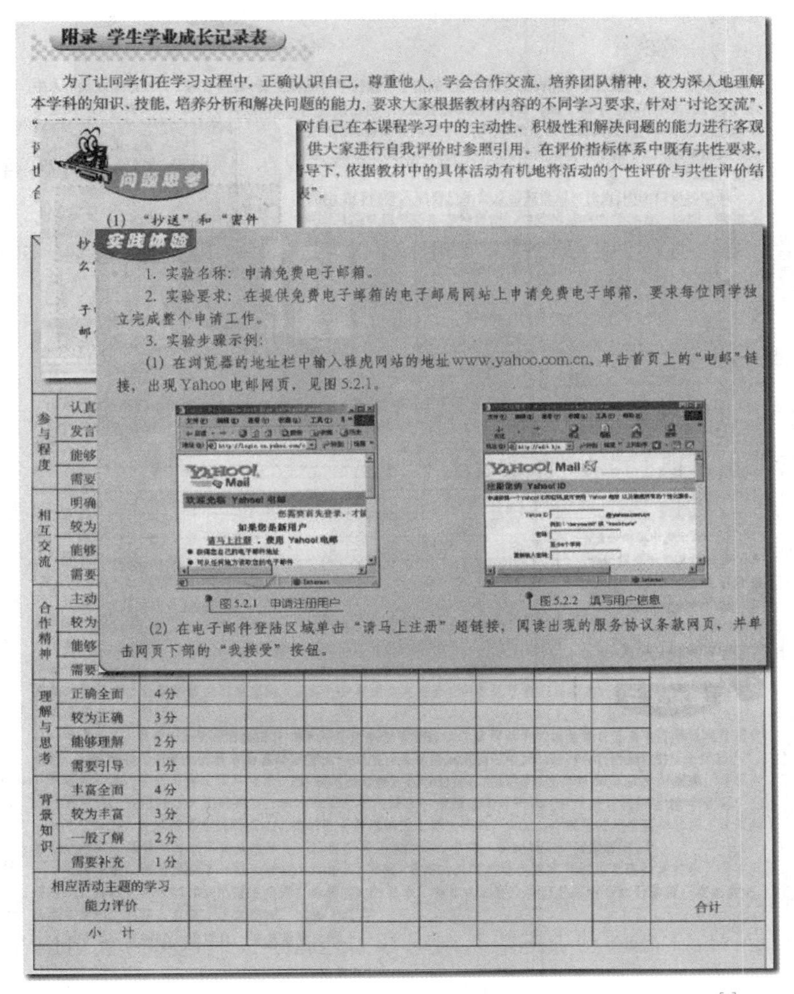

附录 学生学业成长记录表

为了让同学们在学习过程中，正确认识自己，尊重他人，学会合作交流，培养团队精神，较为深入地理解本学科的知识、技能，培养分析和解决问题的能力，要求大家根据教材内容的不同学习要求，针对“讨论交流”、

……对自己在本课程学习中的主动性、积极性和解决问题的能力进行客观……供大家进行自我评价时参照引用。在评价指标体系中既有共性要求，……导下，依据教材中的具体活动有机地将活动的个性评价与共性评价结……表”。

问题思考

(1) “抄送”和“密件……

实践体验

1. 实验名称：申请免费电子邮箱。

2. 实验要求：在提供免费电子邮箱的电子邮局网站上申请免费电子邮箱，要求每位同学独立完成整个申请工作。

3. 实验步骤示例：

(1) 在浏览器的地址栏中输入雅虎网站的地址www.yahoo.com.cn，单击首页上的“电邮”链接，出现Yahoo电邮网页，见图5.2.1。

图5.2.1 申请注册用户

图5.2.2 填写用户信息

(2) 在电子邮件登陆区域单击“请马上注册”超链接，阅读出现的服务协议条款网页，并单击网页下部的“我接受”按钮。

参与程度	认真										
	发言										
	能够										
	需要										
相互交流	明确										
	较为										
	能够										
	需要										
合作精神	主动										
	较为										
	能够										
	需要										
理解与思考	正确全面	4分									
	较为正确	3分									
	能够理解	2分									
	需要引导	1分									
背景知识	丰富全面	4分									
	较为丰富	3分									
	一般了解	2分									
	需要补充	1分									
相应活动主题的学习能力评价											合计
小计											

图 2-2-9 浙江教育出版社出版的《信息技术基础》内容片段[1]

拓展阅读

材料一 信息技术教材主线[2]

信息技术教材往往反映了课程的内容体系，它的组织方式有以下几种。

[1] 陶增乐. 信息技术基础［M］. 杭州：浙江教育出版社，2004.

[2] 李艺. 信息技术课程与教学［M］. 北京：高等教育出版社，2005.

1．以知识点为主线

以知识点为主线来组织内容是信息技术教材最早采用的一种方式。其特点是将知识点作为教材体系建构的核心。这种组织方式主要体现在早期的程序设计语言教材中，此时的教材重视语法等程序设计语言本身的知识内容，而忽视了理论与学生实际生活的联系。现在仍然有教材以知识点为线索来组织内容，不过不再是单一地以知识点为主线，而是几条线索（如知识点线索、活动和任务线索）并用。

2．以工具为主线

在对以知识点为主线的方式进行反思的基础上，人们提出了“工具论”，主张将软件工具的应用作为信息技术教材内容体系建构的主体思路。

以工具为主线的信息技术教材过于强调实用，单纯地将信息技术课程视为工具性课程，忽视了对学生信息素养的培养。需要说明的是，以工具为线索只能用于局部，而不适合作为整个教材内容组织的主线。

3．以主题活动为主线

主题活动是在对以工具为主线的方式进行反思的基础上产生的，这种方式强调围绕着某一主题活动展开教材内容，让学生在活动中应用信息技术，提高信息技术应用能力，使教学跳出单纯培训技术和学习工具的层面。在义务教育阶段，尤其是小学，比较适合采用以主题活动为主线的教材内容组织方式。这种方式能够激发学生的学习热情，并且有利于学生在学习过程中保持学习兴趣。随着学生认知水平的提高，尤其是到了高中阶段，不再适合以主题活动为主线来组织和实施教学，但这种方式可以在局部继续发挥作用。

4．以工作为主线

任务、活动等概念侧重于表达活动或任务本身。以工作为主线是在反思以工具为主线，或者以彼此孤立、缺少内在联系的活动为主线的方式的基础上提出的。与任务、活动相比，工作的概念会更加宽泛，它超越了对单个事件的描述，以及对教学（过程）的描述，是一个大的、系统的概念。

就某个工作而言，它是名词属性和动词属性的有机结合体。作为名词，它具有关联性与共享性；作为动词，它具有一定的行为指向，这种行为指向是基于其名词含义的实践转向，具有连续性、相似性、目的性、反思性、社会性等特性。由此可见，与人们经常使用的任务、活动概念相比，工作的内涵显然要丰富得多，超越了“为任务而任务”

或“为活动而活动”的简单思维，消解了学生与课程内容的二元对立，从而有利于建构相对完整而丰富的课程体系。

以工作为主线在各出版社出版的高中信息技术教材“信息技术基础”和“多媒体技术应用”模块中表现得尤为明显，其具体体现为以信息加工理论作为构建教材内容体系的主要支撑理论，在贴近真实社会生活的基础上，创新性地以逻辑进程中各个节点上的工作需求为核心构建教材内容体系，冲破了工具线索的束缚，超越了不符合高中生特点的任务、活动的简单堆砌。以工作聚类，既有利于文化价值的提炼，又有利于课程（基础）教育价值的重塑。这两种教材在逻辑方面，以信息的获取与评价—信息的加工与表达—信息的发布与交流—信息的存储与管理为线索；在工具方面，打破了单一工具自身的体系，提取出不同工具的共同属性，并围绕着工作需求设计问题解决方案。

材料二　基于项目教学的教材编写[1]

基于项目教学的教材不同于传统教材，它打破了以往教材讲授知识时注重系统性、逻辑性且重视学科体系的思维模式，以任务实施的过程为主线，以具体的项目为载体，将知识点穿插到具体项目的实施过程中。下面简要介绍基于项目教学的教材的编写特点、编写思路以及需要注意的问题。

1．教材的编写特点

基于项目教学的教材作为一种新型的教材编写模式，具有以下特点。

① 按照学生的认知规律，重构课程内容，更新内容的取舍标准。

② 抓住选材环节，从知识存储转向知识应用转化。

③ 倡导创新，强调互动性自主学习，使经验习得转化为策略获取。

2．教材的编写思路及需要注意的问题

在基于项目教学的教材的编写过程中，最重要和最关键的环节是课程总体设计和规划，它是基于项目教学的教材编写的骨架和脉络。基于项目教学的教材的编写思路要遵循以下原则。

① 课程设计的基本思路清晰。

② 体现能力本位的发展观。

③ 设计典型的工作任务，构建模块化教学模式，完成教材编写。

---

[1] 盛希希．项目教学教材编写的实践与探索［J］．教育与职业，2013（24）：146-148.

基于项目教学的教材旨在培养学生的创新性思维能力和核心能力，因而在教材编写的过程中要注意项目的设计。

学生活动

1. 试分析教材编写采用“直线式”和“螺旋式”的利弊。

2. 信息技术教材需要体现针对性、科学性、前瞻性，以及社会责任感、问题解决能力、创新能力、人文精神的培养。请任选其中一点，查找一本普通高中信息技术教材，找出其中能够反映该特点的内容片段 1~2 处。

参考文献

[1] 沈兵. 小学信息技术教材建设问题浅析 [J]. 中小学信息技术教育，2005 (3)：23.
[2] 刘向永. 打造信息技术 [N]. 中国电脑教育报，2004-08-16.
[3] 刘向永. 信息技术课程、教材与评价专家谈 [J]. 中小学信息技术教育，2002 (5)：3-5.
[4] 张青. 现行高中信息技术教材述评 [J]. 课程・教材・教法，2005 (2)：59-64.
[5] 苏子峻. 教材离师生要求有多远 [N]. 中国电脑教育报，2004-08-16.
[6] 钟和军. 拨开信息技术教材的迷雾 [N]. 中国电脑教育报，2004-08-16.

2.3 中小学生信息素养现状

问题提出

信息技术课程的总目标是培养和提升学生的信息素养，因此了解中小学生的信息素养现状至关重要。了解中小学生的信息素养现状有助于我们发现存在的问题，提出有针对性的修改意见，推动信息技术课程的建设与发展。那么我国中小学生的信息素养现状究竟如何呢？

○ 学习引导

信息素养的标准是衡量学生信息素养的重要依据。很多国家和地区都制定了相应的标准，如美国国际教育技术协会发布的《美国国家教育技术标准・学生版》、英国国家和大学图书馆协会（SCONUL）发布的《信息素养七要素》等。这些标准为我们研究信息素养现状提供了借鉴。

随着各地教育信息化建设的飞速发展，以及新课程标准的不断深入，我国的信息技术课程也在不断完善，这些都在促使学生信息素养不断提高。但是由于各地的基础设施、教师水平、课程开设、教材选用等的不同，在信息意识、信息知识、信息能力和信息道德等方面学生存在较大的差异。

2.3.1 信息素养的国家标准

学生的信息素养应该达到什么要求，学校信息素养教育是否有效，如何评估学生的信息素养，均需要一定的标准。各个国家对此做出了积极的反应并制定了相应的标准，其中以信息技术发达的美国为代表。

美国教育考试服务中心（ETS）开发了"ICT 素养框架"，美国国际教育技术协会（International Society for Technology in Education，ISTE）发布了《美国国家教育技术标准・学生版》（National Educational Technology Standards for Students），它们的目的都是评价学生的信息技术素养。[1]

2016 年版《美国国家教育技术标准・学生版》（以下简称"2016 年版 ISTE 学生标准"）将主题定为"使用技术变革学习"，旨在突出学生的主体地位，并确保学习是一个以学生为中心进行探索，发现并培养学生创造力的过程。它与 1998 年和 2007 年发布的标准①有很大的不同，具体变化如下。[2]

1．增加维度和具体指标，使内容更加丰富

2016 年版 ISTE 学生标准有 7 个维度。从具体指标来看，1998 年版 NETS 学生标准涉及 14 个指标，2007 年版 NETS 学生标准涉及 24 个指标，2016 年版 ISTE 学生标准涉及 28 个指标。三个版本学生标准维度的增加与指标的进一步细分，体现了其内容的不断

---

① 1998 年和 2007 年发布的标准简称 NETS 学生标准。

[1] 任友群，黄荣怀．普通高中信息技术课程标准（2017 年版）解读［M］．北京：高等教育出版社，2018：13.

[2] 李凌云．美国国家学生教育技术标准新旧三版对比分析［J］．现代教育技术，2018（1）：19-25.

丰富与优化，三个版本学生标准的维度关系如图 2-3-1 所示。

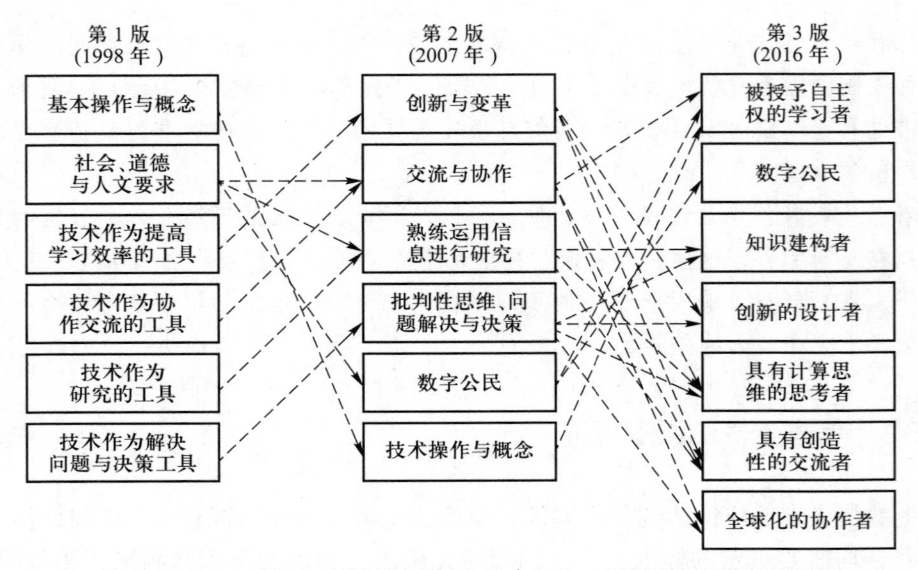

图 2-3-1 三个版本《美国国家教育技术标准 · 学生版》的维度关系

2．保留相似的维度，但关注点发生了变化

2016 年版 ISTE 学生标准中保留了 2007 年版 NETS 学生标准中的“数字公民”维度，但从其下属的 4 个具体指标来看，两个版本标准中“数字公民”的含义并不相同。此外，从顺序的角度来看，“数字公民”维度从 2007 年版 NETS 学生标准中的第五个维度变成了 2016 年版 ISTE 学生标准中的第二个维度，说明新版学生标准给予了数字公民规范更多的关注。

3．维度之间有交叉，体现了新旧版本之间的传承与革新

2016 年版 ISTE 学生标准中的每个维度与 2007 年版 NETS 学生标准中的各个维度都有交叉，而 2007 年版 NETS 学生标准与 1998 年版 NETS 学生标准之间也是如此，由此可以说明新版既是对旧版的传承，又是对旧版的革新。

除了美国之外，还有很多国家也推出了信息素养的国家标准。2011 年，英国国家和大学图书馆协会（Society of College，National and University Libraries，SCONUL）制定的《信息素养七要素》（the Seven Pillars of Information Literacy）是世界上最具影响力的标准之一。[1]2013 年，联合国教科文组织又发布了《全球媒体和信息素养评估框架》。[2]

目前，国外的信息素养标准大多是针对高校制定的，我国还没有国家层面的信息素养标准，可以借鉴国外的相关标准，并对其进行相应的调整，以指导中小学生信息素养标准的制定。例如，有学者根据国外信息素养标准，结合我国信息技术课程大纲，通过调研，制定了中小学信息素养标准，认为其包含意识行为、基本技能、应用创新和法律道德四个方面，并确定了每一个指标的具体内涵。[3]

2.3.2 学生状况的调查与分析

在我国，随着人们越来越关注信息素养，各地教育部门对中小学生的信息素养均进行了不同范围和程度的调查。根据这些调查结果可以看出，各地学生的信息素养差异较大，东部和西部、城市和农村、小学和中学，甚至同一班级内的学生之间都存在较大的差异。

信息素养是一个内涵丰富的概念，学者们对它的认识也不尽相同。为了方便调查研究，这里借鉴王吉庆对信息素养的认识，即信息素养包含信息意识情感、信息知识、信息能力和信息伦理道德四个要素，[4]这四个要素共同构成一个不可分割的统一整体。信息意识情感是先导，信息知识是基础，信息能力是核心，信息伦理道德是保证。下面将围绕着这 4 个要素来分析我国中小学生信息素养的现状。

1．信息意识情感

信息意识情感是指利用计算机与其他信息技术来解决自己工作、生活中的问题的意识。这是想不想解决和敢不敢用信息技术的问题，[5]即面对陌生的问题，能不能积极主动地去寻找答案，并知道到哪里、用什么方法去寻求答案。培养学生的信息意识情感，是信息技术教育中非常重要的一点。

各地学生对教师在课堂中使用信息技术手段和在课堂中讲授信息技术知识都是比较感兴趣的。小学生更乐于运用所学到的信息技术知识解决生活中遇到的问题，但是在解决问题的能力方面与中学生相比有一定的差距，而且教师或家长在小学生运用信息技术

---

[1] 杨鹤林．英国高校信息素养标准的改进与启示——信息素养七要素新标准解读［J］．图书情报工作，2013（2）：143-148.

[2] 程萌萌，夏文菁，王嘉舟，等.《全球媒体和信息素养评估框架》（UNESCO）解读及其启示［J］．远程教育杂志，2015（1）：21-29.

[3] 钱冬明，沈灵亮，张杰．中小学生信息素养评价标准研究和应用探索［J］．教育发展研究，2017（18）：37-42.

[4] 王吉庆．信息素养论［M］．上海：上海教育出版社，2001.

[5] 王吉庆．信息素养论［M］．上海：上海教育出版社，2001.

的过程中更倾向于从旁协助。

学生在解决问题时查找信息的方式地域差异较大，而且查找信息的方式受硬件条件和家长的态度的影响比较大。例如，上海人民出版社出版的《中外书摘》对上海中学生的调查（以下简称上海调查），显示 47.42% 的学生使用传统书籍查找信息，22.57% 的学生使用网络方式查找信息；而对南京市区六所中小学的调查报告《城市中小学生信息素养现状调查与对策分析》[1]（以下简称南京调查）显示，在查找信息时 52.1% 的学生选用搜索引擎查找信息，14.9% 的学生选择使用图书馆网页查找信息，30.7% 的学生选择查字典或工具书；对广西农村中学生的调查《广西中学生信息技术素养现状的调查分析》[2]（以下简称广西调查）显示，38.54% 的学生使用传统书籍查找信息，20.83% 的学生使用网络方式查找信息。

调查结果显示，上海被调查学生均来自于重点高中，学习氛围良好，使用传统书籍查找信息的学生占 47.42%。但是很多学生表示是由于父母坚持不让自己上网，才不得不去看书。家长不赞成使用网络，主要是一方面担心长时间上网会影响孩子的视力，另一方面也担心网上游戏和色情暴力内容会危害到孩子的成长。南京调查则显示，南京市中小学生除了学校教育以外，获取信息的主要形式是网络获取，网络获取的主要工具为搜索引擎，所使用的搜索引擎主要是百度和谷歌。广西调查显示，大部分中学生还是习惯于使用传统的方法来获得所需的知识，这可能与信息设备使用不便有关。

网络对学生的吸引力非常大，第 41 次《中国互联网络发展状况统计报告》统计数据显示，截至 2017 年 12 月，网民①以 10～39 岁的群体为主，这个群体占全体网民的 73.1%。其中，10～19 岁的青少年网民占全体网民的 19.6%。如图 2-3-2 所示。

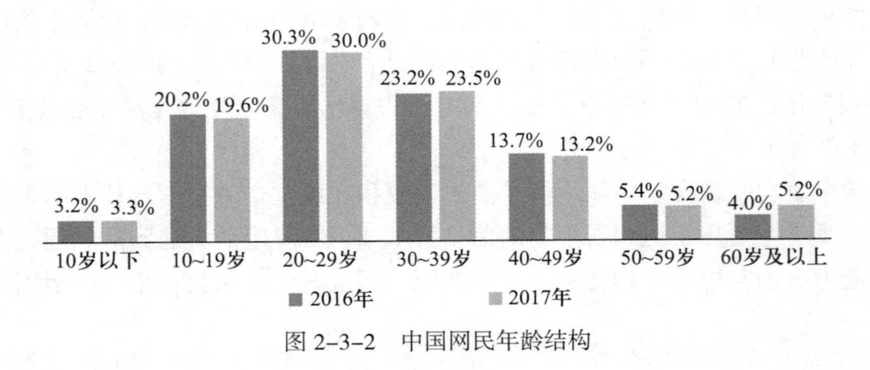

图 2-3-2 中国网民年龄结构

① 这里的网民是指过去半年内使用过互联网的 6 周岁及 6 周岁以上中国公民。

[1] 陈东毅，袁曦临. 城市中小学生信息素养现状调查与对策分析［J］. 图书馆学研究，2008（6）：91-97.

[2] 黄艳雁，邓一帆. 广西中学生信息技术素养现状的调查分析［J］. 时代文学：双月版，2007（3）：181-183.

此外，网民中具备中等教育水平的群体规模最大。截至 2017 年 12 月，初中、高中 / 中专 / 技校学历的网民占比分别为 37.9%、25.4%。其中，初中学历网民占较 2016 年年底增长 0.6%，如图 2-3-3 所示。

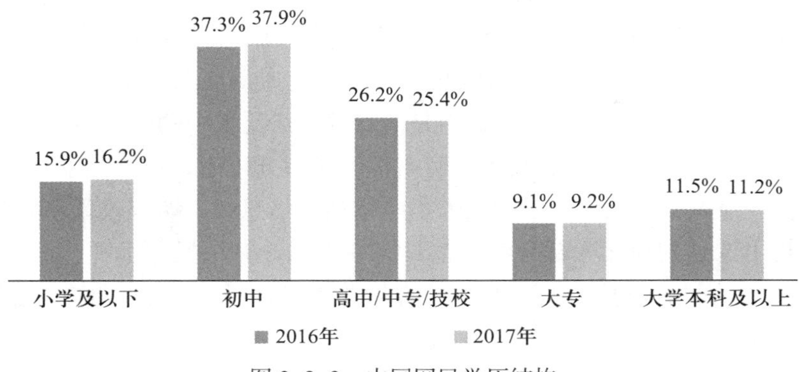

图 2-3-3　中国网民学历结构

2．信息知识

信息知识指是对信息技术基础知识的了解，以及对信息资源和信息工具相关知识的掌握。

各地调查结果均显示，虽然学生能够运用信息技术来解决一些实际问题，但是他们对信息技术知识的掌握存在结构性的不平衡。例如，对于计算机应用方面的知识，学生比较感兴趣，而且这方面的知识在实际生活中应用得比较多，因此学生掌握得较好。而对于理论部分的知识，学生掌握得较差。例如，让某市重点中学一个班 46 个学生指认计算机部件，结果如表 2-3-1 所示。

表 2-3-1　计算机部件调查表

部件名称	正确指认人数	学生错误答案
显示器	46	
主板	9	主机、CPU
硬盘	8	光驱
网卡	1	主板、存储卡、显卡、内存条
声卡	17	集成电路
显卡	1	散热器、风扇
U 盘	46	

3．信息能力

信息能力是操纵、利用与开发信息的能力。它包含利用信息技术获取自己所需要的信息的能力，以及评价与分析所获得的信息的能力和开发与传播信息的能力。[1] 身处信息时代，如果只是具有强烈的信息意识和丰富的信息常识，而不具备较高的信息能力，则仍无法有效地利用各种信息工具去收集、获取、传递、加工、处理有价值的信息，不能提高学习效率和质量。因此，信息能力是信息素养诸要素中的核心要素。

自从 2000 年全国中小学信息技术教育工作会议召开以来，我国的中小学信息技术教育发展迅速。各地教育信息化建设的投入不断增加，信息技术课程改革不断深入和发展，在开设信息技术课程的地区大部分学生都具有一定的计算机操作水平。例如，对湖北恩施土家族苗族自治州 8 个县（市）中学生的调查 [2]（以下简称湖北调查）显示，学生对主要计算机软件的掌握程度如图 2-3-4 所示。

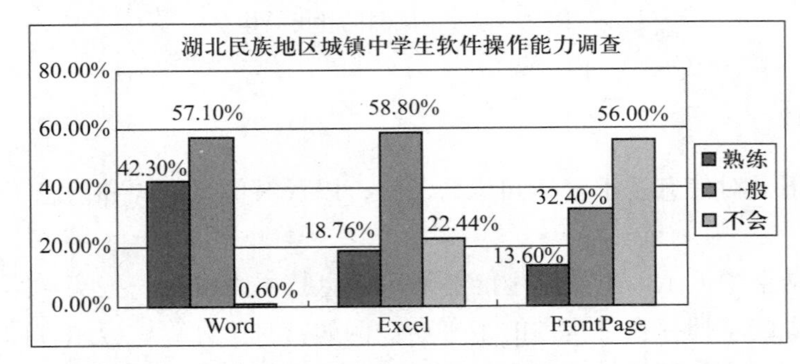

图 2-3-4　湖北调查显示学生对主要计算机软件的掌握程度

南京调查显示学生对主要计算机软件的掌握程度如图 2-3-5 所示。

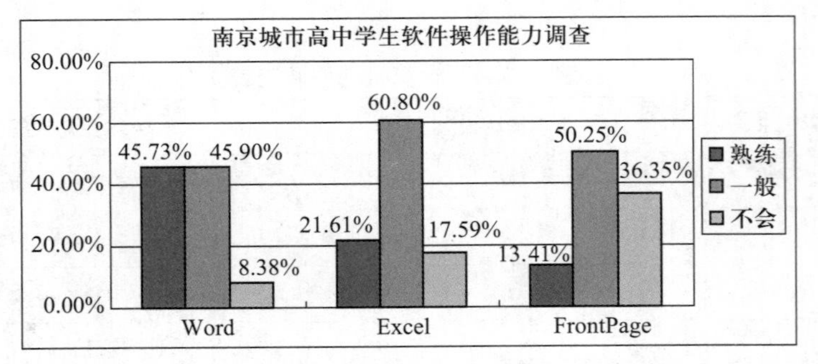

图 2-3-5　南京调查显示学生对主要计算机软件的掌握程度

[1] 王吉庆．信息素养论［M］．上海：上海教育出版社，2001．

[2] 叶燕，胡萍，李显春．湖北民族地区城镇中学生信息素养的现状与对策研究［J］．现代情报，2005（12）：186-188．

然而在很多地区信息技术课程的开设还得不到保证。图 2-3-6 所示的是对某一城市两所学校高一新生入学情况的调查。其中，甲校 97.5% 的学生在初中学习过信息技术，而乙校 50% 的学生在初中没有接受过正式的信息技术教育。调查显示，能够简单操作各种主要计算机软件的学生比例相差很大，说明信息技术课程的内容和教学直接影响着学生信息素养的发展。

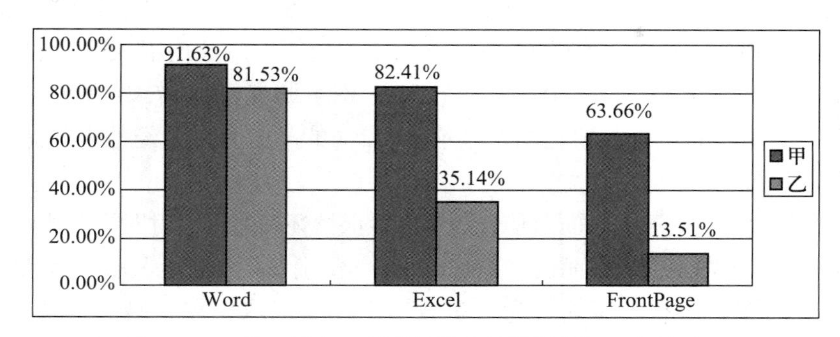

图 2-3-6 某一城市两所学校学生的软件掌握程度的对比

对计算机软件的操作水平并不能完全反映学生的信息能力。在信息技术环境较差的地区，学生在课堂之外接触计算机的机会不多，这就造成了学生所学习的信息技术知识无法与实际相联系，因此容易遗忘，而且学生运用信息技术知识解决问题的能力也较弱。在信息技术环境较好的地区，学生在课堂之外接触计算机的机会比较多，在采集、传输、加工处理和应用信息的能力方面，学生间的差异较大，这种差异与学生兴趣的相关度较高。

2017 年在研制高中信息技术课程标准的过程中开展了相关的调研，结果发现：各地学校在信息技术课程的学时安排上差异较大，从 36 学时到 108 学时都有。在经济基础较好、教育水平较高的地区和学校，信息技术课程标准中所要求的学时基本上都能得到保证。而对于经济基础不好、教育水平一般或较低的地区和学校，信息技术课的教学时间比较紧张，而且时有被其他课程占用的现象。[1]

4. 信息伦理道德

信息伦理道德是指在信息领域中用以规范人们相互关系的思想观念与行为准则。[2]学生的信息伦理道德体现在，能够对各种信息进行甄别，正确选择有效的信息；自觉抵制不健康的内容，遵守相关的法律法规，不从事危害他人信息系统和网络安全、侵犯他

[1] 任友群，黄荣怀. 普通高中信息技术课程标准（2017 年版）解读［M］. 北京：高等教育出版社，2018.
[2] 何克抗. 中小学教师教育技术能力标准（试行）［J］. 中国农村教育，2005（5）：4-9.

人合法权益的活动。

中小学生的信息伦理道德现状总体来说还是比较可喜的。大部分学生具备较强的个人约束力、集体责任感和社会责任感，但也有一小部分学生缺乏信息伦理道德，这主要表现在以下几个方面。

一是大部分学生虽然主观上没有利用信息技术去做一些违反伦理道德的事的愿望，但是他们也不想主动了解与信息相关的法律和法规，这就使学生在运用信息技术的过程中容易出现违法现象，而一些轻微的违反信息伦理道德的现象时有发生。例如，衢州调查[1]显示23.3%的学生会在网络里骗人（骂人）；南京调查显示17.4%的学生不赞同“网络聊天撒谎不道德”的观点；湖北调查显示15.72%的学生有过未经他人同意删除或更改其计算机内容的行为。

二是大部分学生在获取信息时对信息的可靠性保持怀疑态度，对网络中的虚假信息、不健康信息有一定的辨别能力。然而也有10%~20%的学生认为网络上获取的信息完全可靠。

三是对于传播病毒和黑客等行为，多数学生能够采取比较正确的处理方式。例如，辽宁调查[2]显示72.8%的学生不会转发或复制病毒；湖北调查显示74.50%的学生认为如果自己是编程高手会编制更好的程序阻止黑客攻击，但也有少部分（10%以内）学生会转发病毒文件，或认为与自己无关，甚至想感受攻击别人的刺激。

四是大部分学生初步了解知识产权的基本知识，但是在获取信息时却很少尊重原创者的知识产权。例如，在回答是否会尊重知识产权的问题时，衢州调查显示有32.2%的学生选择“会”；南京调查显示有24.4%的学生选择“会”，而大部分学生则偶尔甚至完全漠视原创作者的知识产权问题。这说明有关知识产权，特别是版权的教育还需要进一步加强。

拓展阅读

材料一　澳大利亚和新西兰信息素养标准[3]

2004年，澳大利亚和新西兰信息素养学会（the Australian and New Zealand Institute of

---

[1] 贾贵玲. 农村初中学生信息素养的调查分析及对策：浙江衢州农村地区初中的调查报告［J］. 中小学电教，2009（5）：9-11.

[2] 王朋娇，赵苗苗，刘洪莉. 大连市区中学生信息素养现状的调查分析［J］. 辽宁师范大学学报：自然科学版，2004（3）：313-316.

[3] Bundy A. Australian and New Zealand Information Literacy Framework［J］. Adelaide Australian & New Zealand Institute for Information Literacy, 2004（4）: 278-279.

Information Literacy）发布了澳大利亚和新西兰信息素养标准体系（ANZIIL Standards）。

之后，澳大利亚和新西兰信息素养学会结合本地和国际信息素养教育的最新发展，对该标准体系中的概念和文本进行了修改和更新。该标准体系的修订，获得了美国大学与研究图书馆协会（the Association of College and Research Libraries，ACRL）的许可。

标准一：能明确所需信息的特点和范围

① 定义并阐述信息的需求。

② 识别和区分不同用途、种类、范围的信息资源。

③ 重新评估所需信息的特点。

④ 使用各种来源的信息做出决定。

标准二：能有效和充分地获取所需的信息

⑤ 能选用适当的调查方法和检索系统获取所需的信息。

⑥ 构建和实施有效的检索策略。

⑦ 能通过适当的方法获取信息。

⑧ 能使信息源、信息技术、信息检索工具和研究方法与时俱进。

标准三：能慎重地评价信息和加工信息

⑨ 能评价所获取信息的有用性和相关性。

⑩ 能对所评价的信息做出解释和应用。

⑪ 能根据需要重新思考信息的检索策略。

标准四：能处理所收集和生成的信息

⑫ 能记录信息和信息源。

⑬ 能组织（命令、区别、存储）信息。

标准五：能通过对新旧信息的比较而确定新概念或新理解

⑭ 通过对新理解与旧知识的比较和综合，检测信息的增加值、矛盾之处，或其他特点。

⑮ 使知识可以和新理解有效融合。

标准六：理解有关信息使用的经济、法律等社会问题，获取与使用信息要符合道德与法律规范

⑯ 了解信息与信息技术使用的相关法律、道德伦理以及社会经济问题。

⑰ 通过价值和信念巩固对信息的认识。

⑱ 在获取和使用信息时要与约定俗成的规则相一致。

⑲ 在获取、传播、存储文本、数据、图形或音像时要遵守法律法规。

材料二 农村初中学生信息素养相关性分析[1]

1．学生信息素养高低与学校生机比的相关性

在所调查的 38 所学校中，生机比最好的是 5∶1，最差的是 84∶1，对生机比与学生得分情况进行相关性分析，结果是学校生机比与学生信息素养得分高低相关性不大。

2．学生信息素养高低与家里是否有计算机的相关性

数据显示，学生整体的信息素养得分情况不是很好，平均分仅为 52.72 分，没有达到及格分数。但家里有计算机的学生的平均得分为 61.47 分，因此可以推测，家里有计算机对学生的信息素养有一定的正面影响。

3．学生信息素养高低与学生是否去网吧的相关性

数据显示，经常去网吧获取信息的学生的信息素养平均得分为 63.48 分，要高于学生整体的平均得分。这说明虽然在网吧上网会影响学生正常的学习，但对信息素养的提升还是有一定作用的。

4．学生信息素养高低与学校开设信息技术课程学时数的相关性

数据显示，每周开设 2 学时信息技术课程的学校学生信息素养测试平均得分为 59.32 分，每周开设 1 学时信息技术课程的学校学生信息素养测试平均得分仅为 46.12 分。信息技术课程的学时数与学生的信息素养有很大的相关性。

5．信息素养高低与学生性别的相关性

本次调查的学生总计 3 441 人，其中男生为 1 628 人，女生为 1 813 人。数据显示，男生的信息素养得分（53.24 分）与女生的信息素养得分（52.2 分）相差不大，说明学生的信息素养与性别的相关性不大。

6．学生信息素养高低与对信息技术课程感兴趣情况的相关性

数据显示，对信息技术课程感兴趣的学生在信息素养的得分上比不感兴趣的学生高 20%，因此培养学生对信息技术课程的兴趣可以更好地提高学生的信息素养。

---

[1] 刘向永，谢建，蔡耘，等. 农村初中学生信息素养现状的调查与分析［J］. 现代教育技术，2008（8）：25–28.

学生活动

1. 下面所示的调查问卷旨在了解学生所具有的信息知识的现状。仔细阅读并思考这些问题是否是针对信息知识提出的，请简要分析并提出修改意见。

你经常使用计算机吗？

A. 经常　　B. 偶尔　　C. 从不

你经常上网吗？

A. 经常　　B. 偶尔　　C. 从不

你通常在哪里上网？

A. 学校　　B. 家里　　C. 网吧　　D. 其他

你上网的主要用途是什么？

A. 查资料　　B. 看新闻　　C. 聊天　　D. 玩游戏

E. 其他

你知道计算机内各部件的名称吗？

A. 全部知道　　B. 大部分知道　　C. 只知道一点　　D. 完全不知道

你会使用以下哪些计算机软件？（可多选）

A. Word　　B. Excel　　C. PowerPoint　　D. FrontPage

E. 其他

你对下列哪种信息加工比较感兴趣？（可多选）

A. 文本加工　　B. 图像加工　　C. 编程加工　　D. 表格加工

E. 网站制作　　F. 其他

2. 尝试和自己的高中学校联系，了解该校学生信息素养的现状，并与自己当时的学习状况进行对比，谈一谈这几年学生信息素养的发展状况。

参考文献

[1] 刘向永，谢建，蔡耘，等. 农村初中学生信息素养现状的调查与分析 [J]. 现代教育技术，2008 (8)：25-28.

[2] 宋开永. 中等职业学校学生信息素养现状分析及培养策略 [J]. 中国电化教育，2009 (6)：36-40.

[3] 陈劲光，许晶晶. 小学生信息素养的调查分析及建议 [J]. 教学与管理，2007 (11)：22-23.

[4] 王海燕，付丽萍. 西北地区中小学生信息素养现状的调查分析 [J]. 中国电化教育，

2006 (7) : 35–38.

[5] 江玲，李宗颖. 四川、重庆地区中小学生信息技术素养现状调查分析 [J]. 电化教育研究，2006 (6) : 77–80.

[6] 叶燕，胡萍，李显春. 湖北民族地区城镇中学生信息素养的现状与对策研究 [J]. 现代情报，2005 (12) : 186–188.

[7] 黄艳雁，邓一帆. 广西中学生信息技术素养现状的调查分析 [J]. 时代文学：双月版，2007 (3) : 181–183.

[8] 贾贵玲. 农村初中学生信息素养现状的调查与分析：浙江衢州农村地区初中的调查报告 [J]. 中小学电教，2009 (5) : 9–11.

[9] 陈东毅，袁曦临. 城市中小学生信息素养现状调查与对策分析 [J]. 图书馆学研究，2008 (6) : 91–97.

[10] 张玉辉，曾德良. 城市小学生信息素质调查与思考 [J]. 中小学图书情报世界，2009 (6) : 28–30.

[11] 张静波. 美国信息素养能力标准比较研究 [J]. 情报杂志，2007 (10) : 126–128.

第 3 章

课堂教学方法

3.1 教学方法概述

○ 问题提出

什么是教学方法？所谓教学方法，是指在教学过程中，教师和学生为实现教学目的、完成教学任务而采取的教与学相互作用的活动方式的总称。根据这一定义，信息技术课程中的教学方法，就是指为培养学生信息素养、完成教学任务而采取的教与学相互作用的活动方式的总称。这里需要特别说明另外一个类似的概念，即教学模式。教学模式是指反映特定教学理论逻辑轮廓，用于实现某种教学任务的相对稳定而具体的教学活动结构。教学模式俗称大方法，它不但是一种教学手段，而且是关于教学原理、教学内容、教学目标和任务、教学过程直至教学组织形式的整体、系统的操作样式，这种操作样式是被加以理论化的。

○ 学习引导

信息技术是一门特殊的新兴学科，其课程包含多种课型，因此其教学方法不但种类繁多，而且分类也极为多样。教师需要的不是掌握几种零散的教学方法，而是可以顺利完成一节或几节课教学的方法体系。信息技术课程的教学方法是多种多样的，常见的有讲授法、教练法、任务驱动教学法、基于项目的学习、基于问题的学习、范例教学法、讨论法等。2017 年的新课程标准又提倡项目学习。那么，如何灵活地使用这些教学方法？如何使这些教学方法融会贯通？这些都是本节需要讨论的问题。

古往今来，纵观中外，教学方法不但种类繁多，而且分类也极为多样。例如，以学习心理学为分类依据，可以将教学方法分为：

① 行为主义的教学方法，如观察法、演示法。

② 认知理论的教学方法，如讲授法、启发式教学法、范例教学法。

③ 社会建构主义的教学方法，如任务驱动教学法、基于资源的学习、WebQuest、基于问题的学习、基于项目的学习等。

④ 人本主义的教学方法，如学导式教学法、暗示教学法、掌握学习教学法。

另外，教学方法的分类依据还有知识的来源、教学组织形式、教育哲学等。下面对信息技术教学中常用的教学方法做简要介绍。

3.1.1 讲授法

讲授法是一种非常古老且应用最广的教学方法，是教师通过语言向学生描绘情境、叙述事实、解释概念、论证原理和阐明规律的一种教学方法。其特点是：① 要根据一定的教学目的进行讲授；② 讲授中教师起主导作用，引导学生关注新知识并进行思考；③ 学生在倾听与反馈中建构知识；④ 口头语言、表情语言、体态语言是传递知识的基本工具；⑤ 教师要对讲授的内容进行合理的组织。随着社会的进步、教育的发展，一些新的教学手段被引入教学领域，出现了演示法、实验法等，这些教学方法和手段与讲授法相结合，丰富了讲授法的教学形式。需要明确的是，几乎所有教师在课堂中都通过讲授进行教学，只是讲授所占的时间比例不尽相同，因此讲授有时体现为辅助手段，有时表现为主导方式。此处的讲授法是指“讲授为主式”或者“讲授主导式”，即以讲授为主导，其他教学方法作为辅助方式穿插其中的教学方法。通过“讲授”的穿针引线，使不同的教学方法有机地融合起来，共同服务于教学过程。同时，教师在讲授时一定要注意尽量借助一些直观手段，如媒体、实物，边讲授边操作和演示。例如，对于程序设计这类比较复杂、需要逻辑思维的内容，在系统化讲授的同时，要鼓励学生自主尝试，以促进学生更好地理解。

讲授法多用于理论性的内容，如信息技术的发展、信息的概念及其特征等。例如，王爱胜的《信息及其特征》就是讲授法的典型应用。使用讲授法时要充分考虑学生听讲的方式，使教师的主导作用与学生的自觉性、积极性紧密结合起来，切忌只是教师讲、学生听的注入式讲授。在信息技术教学过程中，教师可以通过合乎逻辑的分析与论证、生动形象的描绘与阐述、启发性或诱导性的设疑与解疑，在较短的时间内将信息技术相关知识传授给学生，并把知识教学、思想教育和发展智力三者有效地结合起来，使它们融为一体，相互促进。

3.1.2 教练法

信息技术教学中采取教练法的主要理念是，以学生为主体，围绕某些学习任务组织学生进行以技能操练为主的学习活动，并且根据学生的个体差异在操练中对学生进行个性化的指导与帮助，以达到学生掌握知识与技能、熟悉过程与方法、培养信息情感态度与价值观的目标。教练法的要点是以教促练，以练为主，发扬特色，形成风格。在群体学习倾向基本一致时可以采取群体教练法，在教师提出任务和注意事项后学生进行操练，教师根据倾向性问题进行集体指导，然后进行归纳与交流。需要注意的是，个别教练法要根据学生的个体差异确定不同的任务，以及组织有差异的学习过程，使每个学生都能够提升自己的信息素养。

教练法强调：其一，学生动手实践和主动学习，这要求学生自己做而不是由教师灌输，学生在实践活动中通过自己的尝试而提高认识，通过反复操练与练习而掌握知识；其二，通过实践与操练，对学生的学习方法、思维方法、学习态度、知识技能等全面进行培养，而不仅是只注意知识技能的培养；其三，鼓励学生之间的合作与交流。

教练法的基本过程可以归纳为：提出任务和注意事项—动手实践—教练指导—归纳交流。即首先教师根据课程目标，提出学习任务和实践活动的工作课题，使学生明确做什么；同时指出实践中的注意事项，特别是在学习方法与思维方法方面应注意的要点。接着学生开始实践活动，在完成课题的过程中进行各种操练与练习；教师在这个过程中针对学生的情况与问题进行指导与教练，帮助学生掌握知识与技能，引导学生形成正确的学习态度与思维方法。最后教师组织必要的交流，并且进行归纳和总结，再一次强化教学活动的成果，促进知识被学生内化。

3.1.3 基于项目的学习

《普通高中信息技术课程标准（2017 年版）》在教学建议中强调项目学习，它指出：基于项目的学习是指学生在教师的引导下发现问题，以解决问题为导向开展方案设计、新知识学习和实践探索，是具有创新特质的学习活动。[1]

由于学段、内容等不同，不同的项目学习的环节也有所不同。综合现有研究，基于项目的学习通常包括选定项目、分组分工、制定计划、探究协作、制作作品、成果交流和总结与评价七个步骤。

[1] 中华人民共和国教育部. 普通高中信息技术课程标准（2017 年版）[M]. 北京：人民教育出版社，2017：45-46.

1．选定项目

项目应具有一定的复杂性和真实性，并尽量让学生参与拟定。项目的内容构成一个专题，要让学生明确自己将在一个什么样的范围内进行探究和学习。

2．分组分工

每个学生从项目中选择一个主题。由于每个学生的兴趣爱好各不相同，选择的主题也不尽相同。为了充分调动学生的学习积极性，可以根据主题对全班学生进行分组，每组 5~8 人，明确分工，确定组长人选，以及小组成员的角色分配。

3．制定计划

为了更好地探讨研究主题，每个小组要列出所选主题要研究或解决的若干问题。

4．探究协作

活动探究是基于项目的学习的核心环节，这一环节包括两步，第一步提出有效的问题解决方案，第二步是实施方案，学生对大部分知识内容和技能技巧的掌握在此步骤中完成。首先，有效的问题解决方案是在学生自主学习、深入分析问题的基础上完成的，学生除了需要学习有关的知识与技能外，还必须进行广泛、深入的调查研究，掌握科学的研究方法。然后进行小组讨论，修改和优化方案。教师在这个过程中主要是组织和协调小组活动，监控活动的内容、进度和效果，为需要帮助的个人和小组提供资源、技术、方法上的帮助，以保证解决方案的有效性。

其次，解决方案的实施通常是通过小组成员合作来完成的。在这个过程中，需要随时收集反馈信息，并经常进行反思，对解决方案进行必要的修正或调整。在学生实施解决方案的过程中，教师的主要任务是为学生提供自主探究工具、问题解决工具和协作交流工具等支持，同时给予学生问题解决方法与协作学习策略等方面的指导。[1]

5．制作作品

通过小组讨论，确定解决问题的策略与方法并开始实施。每个小组选择一种或多种方式（如电子文档、多媒体、动画、表格、网页、程序设计等）呈现研究结果。

---

[1] 何克抗，吴娟. 信息技术与课程整合的教学模式研究之四："研究性"教学模式［J］. 现代教育技术，2008（10）：8-14.

6．成果交流

作品制作出来之后，各个小组要相互交流，交流学习过程中的经验和体会，分享作品制作的经验和教训。成果交流的形式多种多样，如举行展览会、报告会、辩论会、小型比赛等。在成果交流中，参与的人员除了本校师生，还可以有家长、其他学校的师生等。

7．总结与评价

在基于项目的学习中，评价要由专家、学者、教师、同伴以及学习者共同完成，并要将定量评价和定性评价、过程性评价和总结性评价、对个人的评价和对小组的评价、自我评价和他人评价很好地结合起来。

评价的内容涉及课题的选择、学生在小组学习中的表现、计划、时间安排、结果表达和成果展示等方面。对结果的评价，强调学生对知识和技能的掌握程度；对过程的评价，强调对学生实验记录、原始数据、活动记录表、调查表、访谈表、学习体会等的评价。[1]

在实际实施过程中，基于项目的学习的部分环节与教学顺序会有所不同。

首先，在基于项目的信息技术教学中，需要注意“基于项目的学习”强调让学生在与学习、生活和社会实际联系密切的有意义的“项目”情境中，通过完成项目来学习知识，获得技能，形成能力，内化伦理。因此，要正确认识“项目”的特定含义，坚持科学、适度、适当的原则，避免滥用和泛化。

其次，综合性项目不宜过多，而且大小要与学生的学习阶段相适应；组织形式也要灵活多样，要合理安排好个人工作、小组合作、班级交流等活动形式；要根据需要分解项目任务，再将分解的项目任务落实到个人、小组，达到既使学生体验完整过程，又减轻每个学生工作强度的目的；在设计项目时，不要出现问题解决环节和解决方法的简单重复，以免造成学生学习时间的不合理分配，甚至浪费学生的学习时间。

只有充分认识了基于项目的学习的特点，适时适度地将它运用于教学，才能最大限度地发挥其优势。

3.1.4 任务驱动教学法

通常认为，任务驱动教学法是建立在建构主义教学理论基础上的一种教学方法，是建构主义理论在教育教学中的一种具体应用。这种教学方法主张教师将教学内容隐含在一个或几个有代表性的任务中，将完成任务作为教学活动的中心；学生在完成任务动机

---

[1] 刘景福，钟志贤. 基于项目的学习（PBL）模式研究［J］. 外国教育研究，2002（11）：18-22.

的驱动下，通过对任务进行分析、讨论，明确它大体涉及哪些知识，需要解决哪些问题，并找出哪些是旧知识，哪些是新知识，在教师的指导、帮助下，通过对学习资源的主动应用，在自主探索和互动协作的学习过程中，找出完成任务的方法，最后通过完成任务实现意义的建构。具体到信息技术教学，则要求从一个个学生喜闻乐见的典型的信息处理任务出发（例如，对字处理软件的教学，可以通过编辑一篇文章、一个通知、一份板报、一份简历等任务来掌握信息处理的有关技能），引导学生在自主探究、协作交流的过程中完成任务，从而培养学生获取、加工、表达、交流信息的能力，开展协作的能力，以及分析问题、解决问题的能力和信息技术创新的能力，使学生的信息素养得到实质性提升。而且，在解决和完成一个又一个任务的过程中，学生会不断地获得成就感，从而更好地激发他们的求知欲望，逐步形成认知和情感活动的良性循环，培养勇于探索和开拓进取的学习精神。简言之，信息技术教学中的任务驱动教学法可以概括为：以任务为主线，以教师为主导，以学生为主体；确定任务是核心，如何驱动是关键，信息素养是目的。任务驱动教学的建构主义取向如表 3–1–1 所示。

表 3–1–1 任务驱动教学的建构主义取向

角色	任务驱动教学意味着什么	
	目标	描述
学生	学生要成为意义的主动建构者	① 能进行自主探究和小组协作式的学习，通过完成任务培养信息素养，体验成功的喜悦，增强学习的信心。 ② 在完成任务的过程中要求学生主动收集并分析有关的信息和资料，对要完成的任务提出各种解决方案并亲自实施。 ③ 把当前要完成的任务所体现的知识和技能尽量与自己已掌握的知识和技能联系起来，并对这种联系加以认真的思考
教师	教师要成为学生建构意义的帮助者	① 激发学生的学习兴趣，帮助学生形成学习动机。 ② 将学生的学习设置到实际的、有意义的任务情境中，提示新旧知识之间联系的线索，帮助学生学习隐含于任务中的知识与技能。 ③ 教师应在可能的情况下组织好协作学习，并对协作学习过程进行引导，使之朝着有利于任务完成和意义建构的方向发展

3.1.5 基于问题的学习

基于问题的学习（problem–based learning，PBL）是指把学习置于复杂的、有意义的问题情境中，通过让学生以小组合作的形式共同解决复杂的（complicated）、实际的（real-world）或真实性（authentic）的问题，使他们形成解决问题和自主学习的能力。整个教学过程围绕着解决一个弱构问题进行，学生在学习过程中进行分组和协作，通过多种形式获取信息，形成问题解决的方案，并以作品展示等方式对问题解决结果和学习成果进行表达。

在基于问题的学习中，一个合适的问题是其能否成功的重要因素，因此首先需要明确“问题”的内涵。根据纽威尔和西蒙的观点，“问题”实质上就是一种情境，这种情境是实际的或接近于实际的，也常称为问题情境。在这种情境中，学习者通常会产生认知上的冲突，也就是说，这个情境与学习者是密切相关的，但是学习者通过现有的知识还不能解决问题，需要经过一定的努力才能达到预期目的。

问题具有如下基本特征。

1. 真实性

真实性是指设计的问题应贴近学生的生活经验，将学习置于真实的问题情境中。真实性主要基于以下考虑：① 真实的问题能够在所学内容和学生求知心理之间设置一种联系，将学生较快地引入一种与问题有关的情境中；② 贴近学生生活经验的问题能够激发学生的学习动机，吸引并维持学生的学习兴趣；③ 学习知识的情境与以后应用知识的情境具有某种相似性，能够促进知识的提取和解决问题能力的迁移。

2. 弱构性

根据知识的复杂性，斯皮罗等人将知识划分为良构领域（well-structured domain）的知识和弱构领域（ill-structured domain）的知识。所谓良构领域的知识，是指有关某一主题的事实、概念、规则和原理，它们是以一定的层次结构组织在一起的。而弱构领域的知识则具有以下两个特点：第一，概念的复杂性，知识应用的每一个实例都同时涉及许多概念，如多种图示、角度和组织原则等，每个概念都有其自身的复杂性，而且这些概念存在着相互作用；第二，实例的不规则性，每个实例所涉及的概念的数量、地位、作用以及相互作用的模式各不相同。一般来说，弱构问题的答案不是简单的、固定的、唯一的，可以有多种解决方案、解决途径，或者没有公认的标准解决办法。以信息技术教学内容为例，信息技术的发展历程、因特网服务的基本类型、因特网信息检索工具的工作原理等，这些问题的答案和解决过程基本上是确定的，因此可以认为它们是良构问题。而信息技术对人们生活的影响、资源的来源、资源的获取渠道、多媒体的采集与加工方式等，都可以认为是弱构问题。

3.1.6　范例教学法

范例教学理论及范例教学法源自于德国，20 世纪 50 到 70 年代在德国的发展和应用达到了高潮，成为德国教育现代化的标志之一，甚至有人将范例教学理论与赞科夫“教学与发展实验”教学理论、布鲁纳“结构主义”教学理论一起誉为第二次世界大战后的三大新教学论流派，在世界上颇有影响。20 世纪 80 年代，范例教学法开始在我国传播，不少教育工作者对此做出了深入的理论探讨和广泛的教学实践。在范例教学法与中小学学科教学相结合的过程中，产生了一些成功的案例。

所谓范例，瓦根舍因认为就是“隐含着本质因素、根本因素、基础因素的典型事例”。该流派的另一个代表人物克拉夫基指出：“范例”更确切地说就是“好的例子”“典型的例子”“学生能够理解的例子”。他们认为，世界的本原现象是可以通过学生真正理解的个别例子（范例）来加以说明的。因此，范例教学法就是以典型范例为中心的教与学，使学生能够依靠特殊（范例）掌握一般，并借助这种“一般”独立地进行学习。从教学方法论意义上讲，范例教学法首先要求根据学科理论体系整理出包括基本概念、基本定理、基本理论和应用在内的典型范例；从教学目的意义上讲，则要求在有限的教学时间内，组织学生进行“教养性学习”，即让学生从选择出来的有限的典型范例中主动获得一般的、本质的、规律性的东西，进而借助一般原理和方法进行独立学习。他们认为，教学的成功就在于学生在教学后能够独立地依靠自己的力量迈开自己的步伐；将培养学生独立性既看成是教学目标又看成是教学手段，尤其是后者特别值得注意，因为只有当教师把培养学生具有独立能力看成是教学手段时，教师才会自觉地、主动地尝试。

从信息技术课程目标的角度来看，应该培养学生的信息素养，但从学科的角度来看，则应该使学生掌握信息技术课程的基本框架结构、各类知识之间的联系，建立对信息社会和信息技术的整体认识、全局观念。范例教学法恰恰非常强调对这种基本框架结构、相互联系、整体认识的学习，主张范例应具有针对性，要将范例当作引导学生发现规律的突破点，而这个突破点又是整个教学链上的关键点，它能够同前后的问题和知识发生有机联系，因此有利于把学生的知识串成一个整体。

以上是信息技术课程中比较典型的一些教学方法，信息技术教师可以根据实际的教学课型及内容，找出适当的教学方法来完成教学活动。下面通过具体的案例，来介绍教学方法的实际应用。

案例分析

案例 3–1–1 机器人方阵——声控机器人[①]

本案例的具体内容如表 3–1–2 所示。

表 3–1–2 声控机器人

教学环节	教师与学生活动	设计意图
一、生活导入	从即将举行的体育节导入机器人方阵的表演活动，引出本节课的主题	既有经验引入
二、节目一 闪亮登场 ☆☆	机器人方阵首先从各自的队伍中进入表演场地。（起点、终点已经确定） 练习一：① 学生按照场地的要求，选择一种进场方式（直线、曲线任选一种）。② 来到场地进行第一次进场表演	学习、复习、巩固，基于原有知识进行新知识的拓展
三、节目二 步调一致 ☆☆☆	1. 教师：表演要求统一命令入场，如何能做到？ 引出问题：统一口令的控制。 2. 新知识：认识声音传感器的工作原理。 3. 搭建：在机器人机身上加入声音传感器（学生同步操作，安装声音控件）。 4. 广播：集中讲解程序要求，即 设计意图→流程图→程序编写→演示 5. 练习二：搭建后，编写声控机器人行走的程序	通过分析活动的过程，让学生深入理解编写程序的深层次思维过程
四、勘误 ☆☆	情况一：如果有小组有错误，则进行集体勘误。 情况二：如果没有小组有问题，则解决教师给出的反例	通过反例进行自我提升
五、节目三 歌声嘹亮 ☆☆☆☆	1. 提出机器人开始表演唱歌的问题。 2. 广播：教师机器人唱歌。 3. 练习三：学生编写机器人唱歌的程序，并加以展示	将编程内容进行迁移，触发深度学习
六、节目四 Encore 返场节目 ☆☆☆☆☆	1. 广播：集中拓展机器人的功能： ○声控流水灯 ○声控电扇 ○声控舞蹈 2. 练习四：拓展练习	让学有余力的学生进行自我提升的过程，创设更多的活动项目
七、小结 展示与评价	1. 各小组展示自己作品，并进行同步讲解。 2. 教师点评后，对内容进行拓展	自我反思与提升

① 选自江苏省南京市琅琊路小学王蕾老师的案例《机器人方阵——声控机器人》。

续表

教学环节	教师与学生活动	设计意图
板书	声控机器人 节目单：闪亮登场、步调一致、歌声嘹亮、返场精彩 声控流程图：行走、唱歌、更多 大屏幕	

教师利用机器人方阵表演这一情境，分别设计了三个任务对不同方面进行局部探究：在“闪亮登场”节目中，教师让学生在明确设计意图后首先画出流程图，再根据流程图编写程序，最后将程序与流程图进行对比；在“步调一致”节目中，将上一个任务中的“声控灯”与本任务中的“声控行走”进行对比，让学生发现完成第二个任务其实只需要将第一个任务中的“灯”这一程序块替换为“行走”程序块即可，这是程序与程序之间的对比；在“歌声嘹亮”节目中，需要明确的任务就是“行走”与“歌唱”结合，这就涉及程序块的位置，即“歌唱”程序块应该放在“行走”程序块的什么位置。三个任务的设计富有层次，将学生的注意力限定在一定范围内，这种局部探究有利于学生深度学习的发生，同时保证了学生学习的效率和效果。

案例 3-1-2 搜 索 技 巧[①]

环节一 创设情境，引起注意，提出任务

教师：上一节课我们在四个班级进行了网上问卷调查。这个结果真实地反映了同学们利用因特网的现状。

教师：上一节课我还问过大家是否思考过“搜索技巧”，结果绝大部分同学回答说没有。这与我们调查中93%的学生利用网络搜索过信息是不是有一点不相符了？

学生：七嘴八舌讨论“是否相符”的问题。

教师：好！这节课我们通过完成一些任务，让同学们真正认清“搜索技巧”的真面目，认识搜索技巧在搜索信息和学习过程中的重要性。

教师：(呈现任务)搜索下列内容：

任务1 几何画板程序下载。(必做)

任务2 中国的人口普查有着悠久的历史，最早的中国人口普查数字大约是多少？

---

① 选自江苏省南京市第一中学张宏老师的案例《搜索技巧》。

（可选）

任务3 如何评价拿破仑的功过（可以根据历史课程的教学进度、学生的学习经验和网络资源更换为其他学生熟悉的历史人物）。（可选）

任务4 余光中《乡愁》的英语译稿（可以根据语文课程的教学进度、学生的学习经验和网络资源更换为其他学生熟悉的诗歌）。（可选）

要求如下：

分四组，指定每组学生完成一个必选任务和一个自选任务，其余两个任务由学生根据自己的完成情况决定。

每组选择一位组长，本节课指定数学、政治、历史、英语课代表为组长。

同座位的学生用不同的方法完成同一任务，并填写表格。组长对本组完成的情况进行统计并填写表格。

环节二 共同讨论，分析任务，发现问题

教师：大家知道，上面的任务其实并不难，但要既快又准确地找到有关信息应该怎么办？

学生：掌握恰当的搜索技巧。

教师：你搜索信息时使用过哪些搜索技巧？

学生：用两个以上的关键词，缩小搜索范围。

学生：选择适当的关键词。

教师：搜索技巧只有这些吗？这两个技巧能保证快速、准确地找到上面的信息吗？如何才能更快、更准确地找到这些信息？

学生：联系任务，相互讨论有关的搜索技巧。

环节三 针对问题，明确思路，提示重点

教师：大家已经知道更快、更准确地搜索信息的关键就是采用恰当的搜索技巧，那么如何知道和应用恰当的搜索技巧呢？

教师：为了方便大家在搜索信息的过程中检验自己的搜索速度，请同学们用不同的搜索引擎下载计时程序。

首先展示计时程序，然后由老师运行计时程序为同学们的搜索计时。

教师：将学生分成四组，要求用不同的搜索引擎搜索和下载“计时程序”，下载后迅速将其安装在自己的计算机中，为之后自己的搜索计时。

学生：分别用搜狗搜索、新浪搜索、雅虎搜索、谷歌搜索计时程序，使用较多的关键词是：计时程序、倒计时程序、计时程序下载等。最快的学生仅用40秒就完成了任务，80%的学生在2分钟内完成任务。

教师：为了使大家对“搜索技巧”有一个感性认识，根据刚才的分组，要求使用不同的搜索引擎查找关键词“搜索技巧”。结果如表 3-1-3 所示。

表 3-1-3 查找关键词

	关键词	符合条件的网站个数
搜狗搜索	搜索技巧	4 160
新浪搜索	搜索技巧	7
雅虎搜索	搜索技巧	15
谷歌搜索	搜索技巧	4 720

教师：仅从查找到的符合条件的网站个数这一点，就可以说明“搜索技巧”在信息搜索过程中的重要性。请同学们再浏览搜索到的有关搜索技巧的网页，看看可以发现什么。

学生：有很多搜索小窍门。

教师：它们适用于所有的搜索引擎吗？不同搜索引擎的搜索技巧有什么不同？

教师：好，下面就请同学们联系上面的搜索经验和老师提出的问题，利用搜索技巧完成上面的任务。

环节四　自主探索，领会意图，解决任务

学生：按任务要求进行自主探索，完成任务。

学生：小组长负责将本组任务的完成情况填写到表中。

教师：引导学生分析可能出现的问题。

环节五　检查结果，发现不足，总结经验

教师：任务完成后结合表格归纳、总结出“搜索窍门”。例如：

搜索窍门 1　每个搜索引擎都有自己的帮助系统，遇到困难，首先要求助于帮助系统。

搜索窍门 2　关键词的选择最重要。缩小搜索范围的简单方法就是添加多个关键词，只要在关键词中间留空格就行了，如任务 2、任务 3。

搜索窍门 3　不要局限于一个搜索引擎。当搜索不到理想的结果时，试着用另外一个搜索引擎进行搜索，如任务 1、任务 4。

搜索窍门 4　在结果中查询。在当前搜索结果中做进一步搜索，使搜索精确化，如任务 2、任务 3、任务 4。

本案例的突出特点在于：其一，结合了学生使用信息技术的经验。根据学生以往使用网络搜索信息的习惯，用问卷调查的结果创设情境，从而很好地吸引了学生的注意力，促使学生去思考；然后围绕“搜索技巧”这一根本问题，找准学生的最近发展区，通过完成新的搜索任务，进一步提升学生搜索信息的能力。其二，任务内容与学生的日常学习联系紧密，富有趣味性，由此增加了学生的学习兴趣，调动了学生学习的积极性，而且更为重要的是，培养了学生用信息技术促进其他学科学习的意识和能力。其三，任务的设计具有选择性，学生可以根据自己的兴趣、爱好选择相应的任务。另外，在教学过程中，教师的引导作用也把握得比较好，避免了以往一味讲透讲精的做法，给学生留下了思考和探索的余地，也避免了学生进行毫无目的的网络漫游，使学生的信息素养水平获得切实的提高。但是需要注意的是，教师一定要根据学生的认知发展水平和实际接受能力来指导学生的学习过程，不要一味提高搜索难度，使学生掌握过多的搜索技巧。

案例 3-1-3 学习类微视频制作①

（课时 1）

环节一 确定项目任务

介绍微视频，并提出项目任务：制作一个学习类微视频，注意视频要简单明了，一个视频只说明一个知识点即可。

环节二 制定项目计划

带领学生一起分析此项目可能实现的途径和方法，指导学生分组及完成项目规划书。

（课时 2）

教师利用课间的时间，审阅学生交上来的分工表和项目规划书，在具体开始制作之前和学生共同梳理需要注意的事项。

1. 确立主题

明确准备阐述的知识点。

注意：简单明了，在短短的几分钟内教会大家某一类知识。

学生思路开拓，可能出现的主题大致分为生活常识类、学科学习类、科普知识类等。

2. 规划分工

与小电影一样，学习类微视频同样要有片头、中间影片和片尾。

注意：

（1）片头要描述清楚题目。

（2）片尾可以对知识点做简单小结并介绍制作人。

（3）中间影片可以有以下几种形式：

摄像机 / 手机拍摄 + 视频编辑

---

① 选自江苏省南京市第一中学张钰和余晓珺老师的案例《学习类微视频制作》。

图片 + 视频编辑

演示文稿 + 视频编辑

动画 + 视频编辑

因为课堂时间有限，建议学生采取分工合作的方式。

3. 准备素材

（1）通过提问的方式，帮助学生理清头绪，明确分工：

① 在实现的过程中大量的文字、图片素材是从何而来的？谁来负责收集素材？——上网下载图片，并通过 Photoshop 对这些图片进行修改。（由学生甲完成）

② 用什么形式解析关键知识点？——采用 PowerPoint 演示文稿 /Flash 动画的形式解析关键知识点。（由学生乙完成）

确定由谁来负责学习要用到的软件。由于每个学生最后都要掌握这些软件的使用方法，所以本组负责学习软件使用的学生还要负责推广相关知识，而且要把握好推广的时机。

（2）明确分工后开始准备素材，组长需要在 20 分钟后向教师提交一份小组项目进展汇报书，汇报本组的项目进展情况。各个小组成员在准备素材的过程中，要打开网站通过观看视频学习相关软件的使用方法。其中需要注意以下问题。

PowerPoint 演示文稿：要动静结合、图文并茂（图片占整个内容的 50%~90%）、图片合适（针对主题的插图）。

Flash 动画：要控制好播放时间的长短。

视频：录制视频时要注意分辨率、尺寸，它们直接关系到视频后期播放的清晰度。

网上找视频：可以通过录制屏幕的方式把所找到的视频录下来，录制的时候要注意版权问题。

（后续课时）

环节三 实施项目任务

教师在巡视的过程中，继续分析和反馈分工及项目规划中存在的问题，并引导学生正确解决这些问题。

大约 20 分钟后组长提交项目进展汇报书，教师了解小组项目进展情况，并对需要注意的问题进行总结（如下所示），同时让各小组中负责学习软件使用的学生，向本小组普及相关知识。

录制屏幕：可以利用 Camtasia Studio 录制屏幕。

导入媒体：在导入媒体时，有些媒体的文件格式无法导入，可以利用格式转换工具转换媒体的文件格式。小组内有需要的学生，可以通过观看相关视频，学习格式转换工具的使用。

简单编辑：可以裁剪视频并且在不同的视频间加入转场。

删除媒体：如果在制作过程中部分媒体不满足要求，可以将其删除。

在项目实施过程中各小组成员可以互帮互助，共同完成相关任务。

在项目实施阶段，教师对各小组存在的共同问题，以及遇到的主要困难进行集中指导和分析。

环节四　交流和评价项目

自评：对照项目规划书，你认为本小组制作的项目合格吗？在项目实施的过程中，你认为让自己最满意或最成功的地方是什么？还有哪些地方可以再提高？你遇到的最大困难是什么？你是如何解决的？

互评：每个小组派出一名成员对其他小组完成的项目从内容、技术、艺术、组员合作情况及目标达成度等方面进行点评。每个小组的作品必须得到教师和两组或两组以上学生的点评。各小组要依据点评意见对项目进行修改。

交流和汇报：展示优秀项目，并交流心得。

本案例按着基于项目的学习这种教学方法，从提出项目任务，到制定项目计划，再到实施项目。在这一过程中，教师引导学生选择合适的主题并规划分工，带领学生分析准备素材所需要的技能，了解需要注意的问题。整个教学过程让学生置身具体的情境之中，让学生学会合作与规划。

案例片段：网页制作[1]

实践方案1：用Internet Explorer浏览器分别打开三个网页，第一个网页是空白没有内容的页面，第2个网页是只有1张图片的页面，第3个网页是有2张图片的页面，对比它们的源代码，找出两者不同的部分。

结果对比：______________________________（学生比较）

得出结论：______________________________（学生回答）

实践方案2：

（1）在空白网页中插入最简单的一行一列表格，将该网页的源代码与空白网页的源代码进行比较，找出其中表示表格的代码。

______________________________（学生总结）

验证：复制这段代码，如果网页中的表格变成两个，说明这段代码确实是用于表示一个一行一列表格的代码。

[1] 叶胜利．“探究”在网页制作教学中的尝试［M］// 李艺，钟柏昌．走进课堂：高中信息技术新课程案例与评析（必修）．北京：高等教育出版社，2007：251.

________________________（学生总结）

（2）在空白网页中插入一个二行一列的表格（注意：为了不受前面插入的表格影响，在一个空白的网页中插入表格），将其源代码与前面插入一行一列表格的网页源代码进行比较，找出表示行的代码。

________________________（学生总结）

验证：复制这段代码，如果网页中表格的行增加了，说明这段代码确实是用于表示行的代码。（也可以删除这段代码，如果表格少了一行，也可以说明问题）

学生思考：

在上述案例片段中，你看到了怎样的教学情境？对该案例片段进行分析，写出点评。

案例片段点评：

拓展阅读

材料一　讨　论　法

讨论法是一种历史悠久的教学方法，中国古代书院就有学术讨论的传统，而现代学校教学的讨论法则起源于美国大学的课堂讨论。对于信息技术教师来讲，讨论法也并不陌生，特别是在提倡发展学生主体性、培养学生创造性的今天，讨论法更是频繁地出现在合作教学、分层教学以及问题教学等各种形式的课堂教学中。同时，电子公告板（BBS）、电子邮箱等也成为信息技术教师运用讨论法的有效阵地，使得讨论法这种共同参与、给予学习主体更多机会的方法有了用武之地。

所谓讨论法，是指在教师的组织和指导下，学生以小组或班级为单位，围绕着一定的问题和内容各抒己见，展开讨论、对话或辩论等。在这个过程中，学生们彼此之间进行知识和思想的交流，互相启发，共同探讨、切磋，以求辨明是非，提高认识能力。讨论法的目的是提高学生分析问题的能力，鼓励他们阐述意见，形成或改变看法。

讨论的内容有多种。其一，根据教材的重点和难点，为便于学生掌握并加深理解而精心设置的题目。例如，因特网中的信息资源的主要特征是什么？各类信息资源分别有哪些局限性？网络信息检索的主要策略与技巧有哪些？在实际操作中，如何根据检索的内容运用这些策略和技巧？等等。

其二，探讨性的题目。例如，在教学中，不同学生对某个问题的认识产生分歧，或者学生对课本结论提出怀疑时，教师不做正面回答，将分歧点和怀疑点交给学生讨论。此类讨论内容具有很大的随机性，教师要及时捕捉学生的想法，并对他们进行适当的引导。

其三，针对学生态度、行为、价值观而设置的题目。这类讨论内容旨在培养学生正确看待与信息技术相关的问题，培养良好的行为习惯和正确的价值观等。下面举几个简单的例子。

例 1 某同学性格内向，平时很少与同学说话，老师组织发言时也很少发表意见。但是在网上，他不但能敞开心扉，畅所欲言，甚至有时还是讨论的发起者和组织者。你的周围有这样的同学吗？请同学们对此现象进行讨论。

例 2 许多人都认为电子邮箱极大地提高了交流效率，然而有人则认为它减少了人与人之间面对面的交流，限制了思想的自由共享，你如何看待这一问题？

例 3 学生可以玩计算机游戏吗？如何处理它与学习任务的关系？

例 4 网络对中学生的影响是利大于弊，还是弊大于利？

另外，像计算机与人的关系、网络的实用性与娱乐性等题目都可以设置成教学中讨论的话题。

总之，要根据讨论的内容和学生的特点综合运用各种形式的讨论，但是切忌过分依赖电子邮箱、电子公告板等基于网络的讨论形式，以避免减少学生面对面交流的机会。

材料二 基于项目的学习与学科教学融合研究的发展方向[1]

基于项目的学习与学科教学融合研究的发展方向体现在以下几点。

1. 基于项目的学习在学校实施的困难和解决方案

在实际教学中，采用基于项目的学习方法会遇到很多困难。例如，如何处理低年级学生自制力较弱的问题、大班教学如何实施基于项目的学习，如何把握教师的指导力度等。培养具有批判性思维和创造性思维、能够生产和创造知识的人才，是知识经济社会对教育和学校最迫切的要求，因此随着理论研究与教学应用的不断深入，基于项目的学习与学科教学融合必然朝着跨学科性、长期性、层次性和开放性的方向发展。

---

[1] 黄明燕，赵建华．项目学习研究综述：基于与学科教学融合的视角［J］．远程教育杂志，2014（2）：90-98.

2．基于项目的学习与学科教师发展关系的研究

在基于项目的学习与学科教学融合的过程中，教师的作用主要体现在基于项目的学习的前期，他们与学生共同制定项目计划，在项目实施过程中充当监督者、指导者或领导者的角色。基于项目的学习的应用和推广需要教师有较高的专业能力水平，在实践这种教学方法的同时也将促进校本研修，促进教师的专业发展。

3．基于项目的学习与学科教学融合的课程设计

针对课程的基于项目的学习实践，需要学者与一线教师对课程标准和评价进行深入的思考，提供以课程标准为核心的项目设计与计划过程。这使得基于项目的学习与课程标准紧密联系，不再是常规课程的附属品，而是教学的中心。

4．基于项目的学习融合于学科教学中的形成性评价的研究

改善学科教学的效果是基于项目的学习的附带成效之一，如何评价和认定学生的发展能力、知识获取与创造能力将成为学者与教师共同关注的问题。

材料三　任务驱动教学的误区及浅析[1]

1．关于“任务”的误区

（1）任务的庸俗化

将任务等同于练习，把传统课堂中的作业当作任务，如教师讲授完教学内容后，在教学将结束时布置一些“任务”让学生去完成，认为这样的教学就是任务驱动式教学，由此导致将任务驱动异化为作业的“海洋”，加重了学生的负担，影响了学生学习的积极性。这一误区在于：这些所谓“任务”不论是在大小上，还是在功能（巩固知识之用）上，都只能称为作业；此外，这些“任务”提出的时机，以及教师在其中的作用都与任务驱动教学法的理念相违背。

（2）任务分类不清晰

任务有开放式和封闭式两种，它们各有各的作用，当前任务驱动教学中占主导的是封闭式任务。封闭式任务的一个主要缺点就是任务设计的单向度，主要表现在任务设计的工作由教师垄断，缺乏学生的参与，学生面对的是一个设计好的不可更改的任务，这

[1] 钟柏昌．“任务驱动”教学中的误区及浅析［J］．中小学信息技术教育，2003（10）：31-32.

样的任务很可能不切合学生的兴趣，不能有效激发其学习的主动性。另外，就是完成封闭式任务的方案往往是预设的和可模仿的，并不需要学生的发散思维和积极探索，学生很容易陷入低层次的“模仿学习”。

2. 关于“任务驱动教学”的误区

（1）教学目标片面化

强调技能的训练，忽视文化素养的提升。实际上，任务的完成不仅是对学生进行技能上的训练，还有对学生信息文化感受与内化的要求。

（2）教学评价简单化

重视对任务完成的结果或作品的评价，忽视对学生任务完成过程的评价；重视对“成品”的评价，忽视对“半成品”的评价，重视对好的结果或作品的评价和褒扬，忽视对不佳结果或作品的评价和鼓励。一言以蔽之，评价缺乏灵活性和个性化。事实上，即使学生有时出现未能完成任务或任务完成质量较差的情况也是允许的，一方面，如果给予他们充足的时间，也许他们就能完成任务甚至将任务完成得很好；另一方面，学生只要经过了自己的研究和探索，做出了努力和尝试，积累了一定的经验（失败的经验也是一种非常重要的经验），就是一种成功。因此，要适时挖掘学生的闪光点，肯定学生的努力：“这样的任务，你（们）能做到，已经相当不错了”，安慰和鼓励学生，避免他们产生“乘兴而来，败兴而归”的情绪，鼓励他们做出进一步的努力。

（3）“任务驱动”扩大化

不管教学内容是否适合，都试图用任务驱动来教学。信息技术教材任务化编写模式的泛滥即是一个值得反思的现象。教学有法，教无定法，任何一种教学方法都有其适用的范围，而不可能具有完全的普适性。

（4）组内和组间的伪合作

任务驱动教学一般需要进行小组合作，目前一个突出的问题就是合作的虚假性，要么小组成员各自单干，小组形同虚设；要么个别能力强的学生帮小组其他成员或其他组完成任务。这样必然会导致不少学生搭便车，滥竽充数，蒙混过关。教师应该加强这方面的监督，这也是教师主导作用的重要体现。

（5）对任务驱动教学的负面影响缺乏重视

学生如果能较好地完成任务，就可以获得一种成就感，有益于后续的学习。但是学生如果没完成任务，则会产生心理压力，甚至会影响自尊心。如果不认真对待这一点，势必会影响任务驱动教学的效果。

学生活动

在信息技术教育网上阅读一些优秀案例，从中找出以讲授法、讨论法、任务驱动教学法为主的案例各一个，并指出体现相应教学方法的案例片段，填写表3-1-4。

表3-1-4 案例表格

案例名称	使用的教学方法	体现该教学方法的案例片段

参考文献

[1] 李艺，李冬梅. 信息技术教学方法：继承与创新 [M]. 北京：高等教育出版社，2003.
[2] 李艺，等. 书写智慧共同成长：全国信息技术课程教学案例大赛优秀作品与点评：义务教育分册 [M]. 北京：北京师范大学出版社，2009.
[3] 李艺，钟柏昌. 走进课堂：高中信息技术新课程案例与评析（必修）[M]. 北京：高等教育出版社，2007.
[4] 李艺，朱彩兰. 走进课堂：高中信息技术新课程案例与评析（选修）[M]. 北京：高等教育出版社，2007.

3.2 理论课教学方法设计

问题提出

信息技术课程的每一节课都会涉及理论知识的讲授，不过所占比重有所不同。本节将介绍理论课教学方法设计，需要说明的是，本书中所指的理论课，是指一种以知识为主要内容的课型。

比较典型的信息技术课程涉及的理论性内容包括：其一，基础性知识，如信息技术第一节课“信息及其特征”、网络知识基础，此类内容简单易懂，但却难以激发学生的学习兴趣，也较难借助实践或操作辅助学生理解相关内容；其二，原理性知识，如动画原理、网络通信的工作原理等，此类内容抽象性强，相对深奥，不易理解；其三，与“情感态度与价值观”相关的知识，如网络应用中的安全、信息道德等，此类内容并不难懂，其典型特征是需要附着于知识与技能之上，体现于过程与方法之中，但在教学中，对于这类知识还需要采用讲授、说明等方法进行必要的拓展或巩固。由上述分析可知，理论课所要讲授的多是一些信息技术的基本概念、原理，或者与理解和运用信息技术相关的理论知识，是信息技术其他课型的基础和支持。在信息技术课程中，理论课的学时所占的比例很小。

讲授法是理论课最常用的教学方法，为了提升教学效率和教学效果，也有教师在实践中探索了多种不同的理论课教学方法。

要将信息技术理论课上出特色来，需要一定的技巧，那么可以通过哪些途径来上好一节理论课呢?

○ 学习引导

理论课主要存在枯燥乏味、知识点讲解不透彻等问题。造成这些问题的原因有内容上的、教学方法上的以及组织形式上的。信息技术教师可以从教学内容出发，将知识点进一步细化，采取合适的、多样的教学方法来组织课堂教学，并积累自己的理论课教学经验。信息技术教师可以主要从以下几个方面来优化理论课的教学。首先，可以从激发学生兴趣入手，让课本上的知识点和学生的兴趣结合起来。其次，对于原理性知识可以通过组织活动等形式将抽象的概念形象化，以达到好的教学效果。再次，可以将信息技术的理论知识与学生的实际生活联系起来，引导学生产生情感态度等的变化，以获得更好的教学效果。

正如前面所提到的，信息技术课程涉及的理论性内容，主要包括基础性知识、原理性知识、与“情感态度与价值观”相关的知识。这三类知识各有特点，为了获得更好的教学效果，需要结合各类知识的特点来进行教学。本节将分别从激发兴趣、知识的形象化以及与实际生活联系等几个角度，介绍典型案例，以对理论课教学进行探讨。

案例分析

案例3-2-1 网络知识竞赛[1]

本案例的具体内容如表3-2-1所示。

表3-2-1 网络知识竞赛

步骤	教师活动	学生活动	设计意图
分组收集和整理题目	1. 将全班分为四组（按教室座位表安排）。 2. 组织学生进行分组活动，围绕着“互联网相关知识及应用”的主题，通过互联网收集本次网络知识竞赛的题目，每个小组上交一份网络题目，以形成题库，作为网络知识竞赛的素材。 3. 在论坛公布五道综合应用题，让学生围绕着这些题目探讨回答问题的方法与策略	1. 在小组长的带领下，每个学生把自己在互联网上找的题目发布到论坛上，同组成员共同讨论、回答问题，最后汇总，向教师上交一份题目。 2. 共同探讨综合应用题	通过收集—发布—讨论—探究—上交等环节，激发学生的学习热情，培养学生分析与解决问题的能力，增加其成就感，提升他们的信息素养
赛前准备	每个小组选出四名比赛代表，确定小组长，在竞赛时安排坐在每一组的前两排，小组其他成员作为啦啦队员。针对女同学信息技术应用水平普遍比男同学差的现象，强调至少有一名女同学参加竞赛，比较理想的搭配是两男两女	选出四名比赛代表，参赛学生根据竞赛范围和复习资料认真准备知识竞赛。其他学生作为啦啦队员积极准备，为参赛的学生服务	培养集体荣誉感，让他们意识到能为小组尽一份力是非常光荣的事情

对于基础性知识，教学的关键是激发并保持学生的学习兴趣。激发学生学习兴趣的方法有多种，如竞赛法。本案例就采用了竞赛法。通过教师的巧妙设计，竞赛没有流于形式，达到了以赛促学的效果。具体来说，每个小组在收集题目时会相互讨论，明确答案，使得准备题目的过程变成学习的过程。论坛中事先公布了综合应用题，小组需要围绕着题目进行讨论，这一过程也成为学习的过程。这样的设计，使竞赛的作用能够得到保证。

在基础性知识的教学中，还可以通过有趣的情境激发学生的学习兴趣。例如，在案例“信息及其特征”[2]中，教师通过“海军陆战队员原始森林生存实验”情境，巧妙地引出物质、能量、信息是构成世界的三大要素，任务具体，难度适中，具有挑战性、富有创造性，一下子就引起了学生的兴趣。通过引入一个好的情境，将学生自然而然地带

[1] 吴国华．信息技术网络知识竞赛［M］//李艺，朱彩兰．走进课堂：高中信息技术新课程案例与评析（选修）．北京：高等教育出版社，2007：153-163.

[2] 唐海平．信息及其特征［M］//李艺，钟柏昌．走进课堂：高中信息技术新课程案例与评析（必修）．北京：高等教育出版社，2007：22-30.

入信息世界，对于后面的教学起到了很好的铺垫作用。

在具体教学时，还可以尝试更多的方法，如游戏法；应用多种类型的教学素材，如视频、图片、任务单等。在运用这些教学方法时，要注意与课堂教学的衔接和关联，在内容上具有科学性、关联性，在认知上要讲究启发性、直观性，在形式上要体现新颖性、趣味性。

案例片段：了解历史，展望未来①

1. 新授课

教师：同学们，计算机的历史其实并不长远，只有70多年的时间，但是发展却十分迅速。现在，让我们把时间往回倒退一下，看看最早的计算机是什么样子的，以及它有多大。把你觉得有用的信息记录在纸上，我们一起来交流。

（播放视频：第一台计算机）

教师：同学们都记录了哪些信息呢？我们一起来交流一下。

教师：从计算机的发展历程来看，计算机经历了四个发展阶段，请同学们自行阅读课本164~166页的内容，并完成学习单上任务2的练习。

师生汇总：计算机的发展到目前为止经历了四个阶段：电子管计算机、晶体管计算机、集成电路计算机和大规模集成电路计算机。（通过击鼓传花的形式反馈）

教师：我们今天使用的计算机体积能够这么小，是因为它的大量的电子元件集中在芯片上，使计算机的体积更小，运行速度更快。（出示图片）

教师播放课件，进一步介绍计算机的发展。

……

2.（略）

3. 新一代信息技术

教师：计算机具备了一些超过人类的能力，而且不断更新的技术也在不断地改变着人们的生活。（播放视频）请你结合生活中遇到的不方便的情况，先设计一下应用技术进行改进的方案，所应用的技术有哪些特殊功能呢？

学生思考：

在上述案例片段中，你看到了怎样的教学情境？对该案例片段进行分析，写出点评。

---

① 选自南京师范大学附属中学仙林学校小学部韩语嫣老师的案例《了解历史，展望未来》。

案例片段点评：

案例 3-2-2　网关、代理服务器及其 DNS 服务器的工作过程 [1]

……

教师：在座的各位同学如果要走出校门，到校外活动，必须经过哪些地方呢？

学生：校门、窗口、关口、接口、出口等。

教师：我们学校是社会中的一个群体，校门外面的社会群体又是由许许多多的群体组成的，如果将这许许多多的群体的集合比作因特网，那么我们学校就是一个局域网，校门就是一个网关。

教师：我们要与校门外面的社会群体进行交流必须经过这个“网关”。

教师：那么网关起到了什么作用呢？

共同得出：网关是一个网络与外界联系的出口。

教师：学校有学校的规章制度，学校的每个成员在学校这个群体里进行交流和活动都必须遵循学校的规章制度和日常行为规范，这些制度和规范就是学校活动的“协议”，而校门外面的社会群体同样存在着约束和管理它们自身的制度和规范，这些制度和规范也是这些群体的活动“协议”。我们可以通过网关与外面的群体进行信息交流。

教师：从中可见网关在这里承担着什么任务。

教师：了解了网关，接下来我们探讨代理服务器和 DNS 服务器的作用。请看图 3-2-1 所示的网络功能图示，简述因特网中的两种重要的服务器：DNS 服务器和 Web 服务器。

教师：下面请 8 位同学和我一起来做一个游戏，模拟网络中这些设备的工作过程，其他同学注意其中的游戏规则，监督游戏过程是否规范，并填写手中的表格（学生手中持有所有表格，以随时记录数据，便于进行数据分析和总结）。

---

[1] 刘其政．网关、代理服务器及其 DNS 服务器的工作过程［M］// 李艺，朱彩兰．走进课堂：高中信息技术新课程案例与评析（选修）．北京：高等教育出版社，2007：163-174.

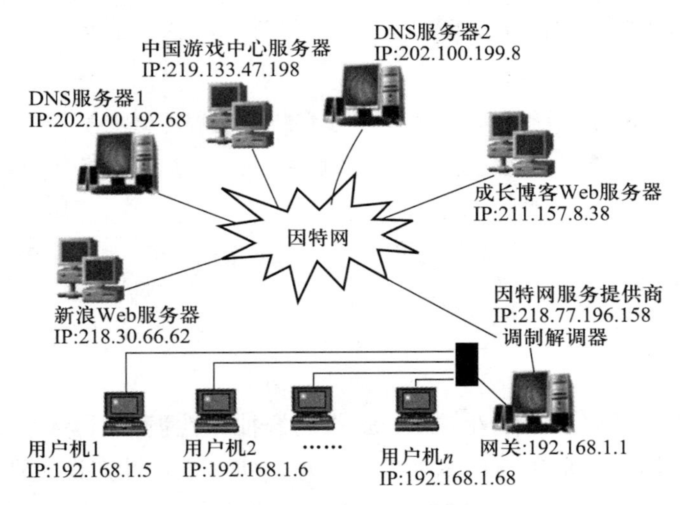

图 3-2-1 网络功能图示

给参与游戏的同学分发活动表，并指导他们按照要求进行游戏。

开始（教师参与并充当代理服务器的角色）：

1. 用户机 1，向网关 192.168.1.1 申请成长博客页面服务。（学生：网关 192.168.1.1，我的身份是用户机 1，IP 地址是 192.168.1.5，指定 DNS 服务器 202.100.192.68，我要申请成长博客页面服务）

2. 代理服务器向 DNS 服务器 202.100.192.68 查询成长博客 Web 服务器的 IP 地址（教师：DNS 服务器 202.100.192.68，我的身份是因特网服务提供商，IP 地址是 218.77.196.158，我要查询成长博客 Web 服务器的 IP 地址），DNS 服务器查询域名表（持有域名表的学生：成长博客 Web 服务器的 IP 地址是 211.157.8.38），将结果返回给代理服务器，并记录有关操作，代理服务器向 IP 地址 211.157.8.38 申请页面服务）。

3. IP 地址为 211.157.8.38 的成长 Web 服务器博客提供页面服务，并记录代理服务器的 IP 地址。

4. 代理服务器将获得的页面交给提出申请的用户机 1，IP 地址是 192.168.1.5（教师：我的身份是网关 192.168.1.1，给你成长博客页面）。

（以下活动就按照上述对话和记录的形式展开）

5. 用户机 2，向网关 192.168.1.1 申请新浪页面服务。

6. 代理服务器向 DNS 服务器 202.100.192.68 查询新浪 Web 服务器的 IP 地址，DNS 服务器 202.100.192.68 查询域名表发现没有此域名对应的 IP 地址，就向 DNS 服务器 202.100.199.8 查询，并将结果 218.30.66.62 返回代理服务器，同时将相关记录补充在自己的域名表中，代理服务器向地址 218.30.66.62 申请页面服务。

7. IP 地址为 218.30.66.62 的新浪 Web 服务器提供页面服务，并记录代理服务器的 IP 地址。

8. 代理服务器将获得的页面交给提出申请的用户机 2，IP 地址是 192.168.1.6。

9. 用户机 3 向网关申请中国游戏中心页面服务，代理服务器拒绝服务，并做记录（限制游戏网站服务）。

10. 用户 4 向网关申请成长博客页面服务，代理服务器将自身缓存中的页面直接提供用户 4，并做详细记录。

……

网络通信的工作原理属于原理性知识，这类内容抽象性强，不易理解。在教学中，可以借助图形或动画演示等形象地展示抽象的原理，使得原理性知识直观化、外显化，以促进学生理解。在上述案例中，教师将原理性知识融入一个角色扮演的情境中，设计了一出“舞台剧”，学生们分别扮演代理服务器、DNS 服务器、Web 服务器等，从发出申请到完成任务，使网络通信的工作过程得以通过学生的语言描述表现出来。表演的学生通过填写手中的表格很好地掌握了相关知识点。同时，将网络中数据传递这一不可见的过程通过人的行为外显化，使其他学生可以在感性认识的基础上对相关知识达到理性理解。如果直接描述每一个网络设备的作用，学生则不容易记住，也难以理解相关知识。

在讲授原理性知识的过程中，可以与具体生活情境进行类比以促进学生的理解。例如，在案例“网络通信原理”[1]中，一开始教师引导学生分析生活中邮政局发信的情境，如图 3-2-2 所示，并由学生归纳出图示化的送信过程，接着进行概念类比、模型对照，然后进入开放系统互联（OSI）参考模型的学习。最后又利用一个动画，形象地模拟在 TCP/IP 协议族的支持下，一封电子邮件（E-mail）在网络中的传输过程，让学生体会层次化的 TCP/IP 协议模型在实际应用中的工作原理，使学生在脑海中建立起相关模型的概念。这样借助形象的、贴近生活的实例及动画演示，帮助学生形成直观的认识。

还可以利用游戏等方式促进学生对原理性知识的理解。例如，在案例《巧学二进制》①中利用“读心术”游戏引入对二进制知识的学习。

---

① 选自江苏省南京市第二十九中学栾富海老师的案例《巧学二进制及应用》。

[1] 雍桂春，杨宏轩. 网络通信工作原理：数据的传输过程［M］// 李艺，朱彩兰. 走进课堂：高中信息技术新课程案例与评析（选修）. 北京：高等教育出版社，2007：175-185.

图 3-2-2　两封信的旅程

创设情境

教师：最近老师学习了一个魔术——读心术，今天我决定给大家秀一秀。所谓“读心术”，《广辞林》有一段描述：读心术，是握住人的手，根据其无意识的活动所引起的反应来探测其物品隐藏的地方的一种技术。表演这个魔术我需要一名助手。

魔术过程：教师呈现含有 15 个景点的幻灯片（如图 3-2-3 所示），邀请学生上台选择其中一个景点。随后教师分别呈现四张含有部分景点的幻灯片（如图 3-2-4 所示），依次询问其中是否含有学生选择的景点，通过学生的回答来猜测其选择。

图 3-2-3　含有 15 个景点的幻灯片

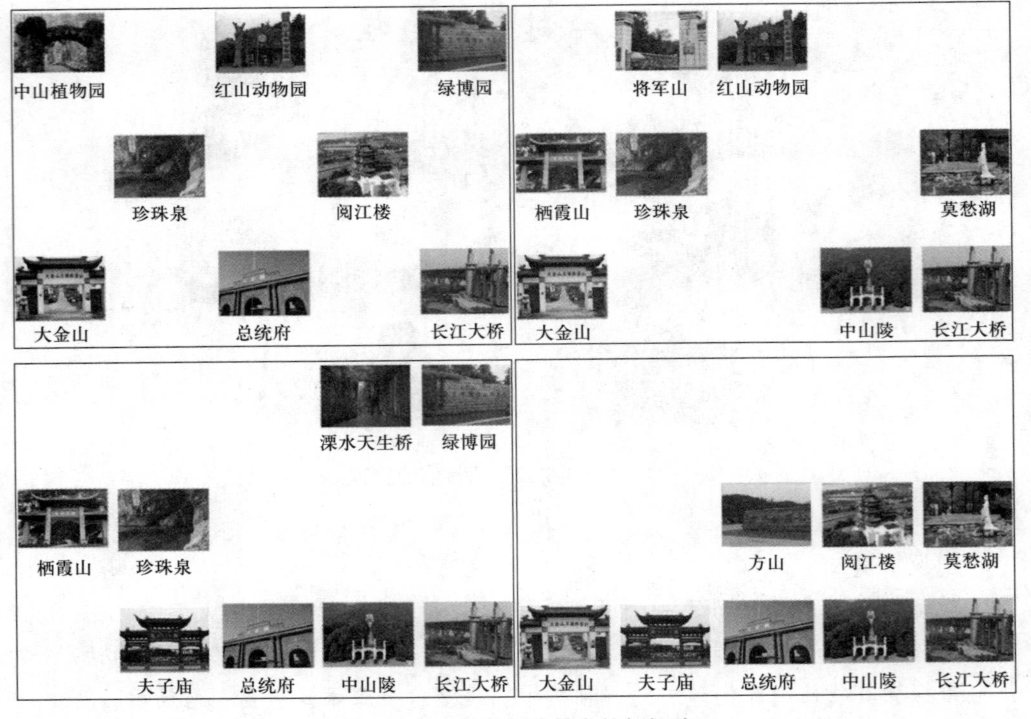

图 3-2-4 含有部分景点的幻灯片

二进制及进制转换知识属于原理性知识，在本案例中教师精心设计了“读心术”魔术。教师对学生选择景点的准确判断激发了学生的好奇心，借此引入对二进制的学习。学习二进制及进制转换知识后，教师揭示“读心术”的秘密：将15个景点有序排列，每个景点的十进制序号用二进制表示。根据四张幻灯片中景点图片的状态“有”（对应于1）和“无”（对应于0），即可算出景点序号，进而得出对应的景点。学生明确原理后相互之间尝试玩“读心术”，玩游戏的过程变成应用二进制与进制转换的过程，游戏与知识应用巧妙结合，使枯燥的知识变得有趣。

案例 3-2-3 信 息 安 全[①]

在课堂上，教师计算机中的“关机”程序被远程计算机定时启动，此时大屏幕投影被打开，“屏幕广播”教师计算机的桌面。教师和学生共同发现教师的计算机出现了“倒计时关机”的提醒画面。

① 选自江苏省南京市第一中学陈雅蓉老师的案例《信息安全》。

教师：糟糕！我的计算机是不是有问题了？提示系统即将关机，请保存所有正在运行的工作，未保存的改动将会丢失。离关机还有 ×× 秒了，你们有没有遇到这样的情况？

学生：老师的计算机中毒了。

教师：我先退出屏幕广播，大家赶快到网络上查找一下，这种病毒的名称是什么，怎样来解决。

学生：尝试上网查找病毒名称和解决方法。

教师：唉，我的计算机已经被关机了。大家抓紧时间，帮帮我。(重新打开教师计算机)

教师：(巡视学生的操作情况，隔一段时间)先询问学生查找的关键词，再视情况进行提示：查找时可以把病毒爆发的迹象作为关键词，在搜索的结果中选择权威网站的信息。

学生上台演示查找过程，教师解说操作步骤。

教师：可能是哪种病毒？

学生：回答。

教师：病毒的爆发迹象有哪些？

学生：回答。

教师：查杀病毒的方法是什么？

学生：回答。

教师：×× 同学查找病毒的方法就是一般解决病毒的方法。

教师：展示“计算机感染不明病毒的解决方法”幻灯片。

教师：感染不明病毒时，我们会根据病毒爆发的迹象提炼出搜索的关键词，利用其他计算机在网络上找到该病毒的名称、查杀方法，下载病毒专杀工具，进而做出相应的处理。

教师：最近一段时间很多班级的计算机都感染了一种很厉害的病毒，请大家说说都给你们带来了哪些危害。

学生：根据自己的经历回答。

教师：这就提醒我们不能等到病毒爆发才想办法解决，要把防护做在前面。平时大家都是怎么来防范病毒的？

教师：展示“计算机病毒的防范”的幻灯片。

……

教师：对了，我的计算机安装了杀毒软件，也升级到了最高版本，怎么上课时还是被感染了？

教师：刚才“倒计时关机”画面的出现，其实上不是病毒，是我当了一次黑客，是上课前用办公室的计算机通过远程调用关机程序实现的。看来计算机的危险不仅仅来自于病毒，还有黑客的入侵。下面我就重现一下远程登录的过程。

教师：作为黑客首先会利用工具扫描网络中的计算机，由于时间有限，我们设定计算机的IP地址范围为172.16.190.1~172.16.190.56，正在工作的计算机的IP地址就会出现在扫描结果中。打开Windows自带的远程桌面连接，先从第一个IP地址开始试，如果出现登录对话框，就说明已经成功了一半，登录对话框是要核对用户的身份对不对，先按照默认的用户名试试，密码大家猜猜看。现在进入了，现在看到的就是××桌面了，大家可以预想接下来可能发生的事情。可见黑客入侵对计算机的威胁很大。

教师：远程登录同一台计算机时，先登录的就会被“踢出局”。为了使每位同学都有足够的时间尝试远程登录攻击，我们采用一对一的方式，例如，1号同学要登录的计算机的IP地址就是172.16.190.1。

教师：每位同学尝试攻击一台计算机，思考防范的方法。

学生：尝试。（教师进行巡视，轮流监看）

……

该案例是一节有关信息安全的理论课。这类与情感态度与价值观相关的理论知识，其典型特征是需要附着于知识与技能之上，体现于过程与方法之中，但是在教学中，还需要采用讲授、说明等方法对其进行必要的拓展或巩固。因此，在教学过程中可以引导学生通过模拟操作提升认识。在该案例中，应对计算机病毒、防范黑客入侵是本节课的重点与难点，病毒和黑客的知识在小学和初中的信息技术教材中均有涉及，而单纯的理论讲解则难以激发学生的学习兴趣，因此教师独具匠心地设计了“倒计时关机”的情境，将病毒与黑客这两部分内容有机地联系起来。学生起初认为是病毒，积极搜索病毒名称和解决方法。教师适时揭示不是病毒，是由计算机远程调用内部程序实现的，相当于“黑客入侵”，把学生关注的焦点一下子转到黑客入侵，再通过探究找到防范方法。另外，该案例中的一些处理方式，如结合班级计算机感染病毒，让学生谈病毒造成的危害，以及通过实践让学生了解黑客破坏网络安全的违法行为，一方面会使学生对网络道德与网络安全形成深刻的印象，另一方面也起到了思想教育引导的作用，对学生的情感态度与价值观会产生一定的影响。

对于和情感态度与价值观相关的理论知识，可以通过内容设计让学生在解决具体问题的过程中加深认识。例如，在案例《计算机病毒与防治》[①]中，教师事先准备了四台带

① 选自辽宁省抚顺市第二中学李清华老师的案例《计算机病毒与防治》（曾获2007全国高中信息技术优质课评比一等奖）。

有计算机病毒的笔记本电脑，每台笔记本电脑都有不同情况的中毒症状（如不停重新启动、鼠标不听使唤等），然后对学生进行分组，让他们结合已有的知识，利用互联网查找这些病毒的名称，并查杀病毒；最后分组展示本组成果，并介绍自己曾经遇到的病毒经历，以及对所使用的杀毒软件的更新情况。该案例的教学内容是病毒及防治，是一节非常典型的理论课。对于这种理论知识，教师们以往的教学经验是“纸上谈兵”，即通过多方面的资料和图片来说明病毒的特征及其危害。但在该案例中，教师则打破了传统的授课形式，将理论知识和具体问题紧密结合起来，这样安排极大地调动了学生的积极性，因为一些学生遇到过类似的问题，所以他们能够去深入地了解病毒和病毒发作特征，尝试杀毒方案，这样在解决问题的过程中，学生在情感态度与价值观上得到了进一步的提升，对维护个人计算机的重要性也有了更深的认识。

对于和情感态度与价值观相关的理论知识，还可以通过讨论、辩论等方法促进学生的理解。例如，在案例《上网利弊》中，教师宣布辩论的题目是：“上网对中学生的影响是利大于弊，还是弊大于利”。正方观点是上网对中学生的影响利大于弊；反方观点：上网对中学生的影响弊大于利。学生思考辩论题目，确立自己的观点，然后教师要求学生转换观点，根据提供的素材做辩论准备。通过观点反转、立场转换，引导学生以一种新的视角看待问题，辩证地认识上网利弊问题。

综上所述，理论课覆盖的范围较广，基础性知识、原理性知识以及和情感态度与价值观相关的理论知识是需要通过“讲”来传授给学生的，但是怎么讲，如何讲，是需要教师仔细揣摩的。可以创设一定的情境，加入学生活动，还可以与学生的实际生活相结合，通过多种教学方法让学生深入地理解相关的知识。

拓展阅读

材料一　浅议理论课中讲授法的优势和局限性[1]

讲授法是课堂中较为常用的教学方法，这种教学方法存在着一定的优势和局限性。

1．优势

首先，有利于传授基础知识。学生需要系统学习基础知识，以为后继的学习做铺垫，而学习这些前人的经验，虽然不排除某种创造性，但是仍然以接受和掌握为主，在此基础上再进行批判和更新。综观中小学信息技术课程，我们不能否认，很多知识仍然属于

[1] 李艺，李冬梅. 信息技术教学方法：继承与创新［M］. 北京：高等教育出版社，2003.

基础知识的范畴。因此，学生听教师讲授，即传授—接受式学习，仍然是重要的学习途径，占有很重要的地位。

其次，适于班级教学。班级授课制还是目前我国教育教学中主要采用的教学方法，大班额现象还很普遍。而且在相当长的时期内，这种现象难以发生较大的改变。虽然综合实践课的开设使得出现了分组教学和个别化教学等灵活的教学方法，但是班级教学仍然是主流的教学方法。同时，教师面向全体学生讲授普遍存在的问题，不但节省教学时间，而且教学效果显著。

第三，讲授法阐明了感性经验与理性经验、直接经验与间接经验的辩证关系，使知识得以有效传授，教师的主导作用得以充分发挥。

第四，讲授法是指教师向学生教授前人已获得的知识成果，它主要运用于系统性知识和技能的传授与学习，适用于以传授知识为目的的教学情境，有利于学生掌握不易理解的内容。由于它是以确保学生获得准确、稳定和系统的知识体系为目标的，因此有助于学生循序渐进地掌握知识及技能。讲授法反映了人们掌握知识的客观规律。

第五，讲授法对教学内容、课堂编排、教学时间安排等方面的要求比较严格，这使得教学工作具有严密的组织性和计划性，从而保证了教学秩序及教学质量。

最后，讲授法有利于教师与学生间、学生与学生间在学习上相互切磋与观摩，有利于提高教学质量。在教学过程中，教师要对学生进行知识讲析、思维启迪、思想教育，以及方法和语言的示范，并要能感染学生的情绪，因而比较集中地体现了教师的主导作用。

2．局限性

现代教学论认为，教学应该是教师与学生、教材与学生、学生与学生之间的多向信息传递，而讲授法更多的是教师与学生间的单向信息传递，这就客观上使学生处于接受教师所提供的知识信息的地位，这使得教师和学生之间不易形成讨论。因此，如果讲授法运用不当，讲授就很容易变成“满堂灌”，降低了教学的效率。

此外，教师在教学时，大多是面向全体学生进行讲授，而很难实施个别化教学，这就很难顾及学生的个别差异，因材施教原则难以得到贯彻。

讲授法和其他教学方法，如基于问题的学习、任务驱动教学法等相比，缺乏直观的教学活动，学生自主活动的机会较少，不利于培养学生的创新能力，发展学生的问题解决能力以及促进学生发挥学习主动性等，甚至会影响教学质量。需要指出的是，利用讲授法进行教学时，学生的学习效果受教师讲授水平的影响较大。

上述事实表明，讲授法的优势和局限性，既相互对立又相互关联，二者相生相克，相辅相成。在使用讲授法时，要把握其优势和局限性之间的界限，防止走向极端。

材料二 理论课课堂呼唤情境化教学

理论课中存在的普遍现象是枯燥，因此可以利用一些情境化教学来取得好的教学效果。

1．故事情境

教师可以以课本为蓝本，将一些故事情境作为开场白。例如，某教师在讲解“信息的类型”这部分内容时，利用一个“凶杀案”的故事作为线索，将各种信息类型融入其中。通过故事，学生的学习热情被激发出来，学习积极性有所提高，对信息类型的理解也就加深了。

2．竞争情境

竞争无疑是触发学生学习激情的手段之一。在教学中，应为全体学生创造竞争和成功的机会，恰当地开展一些有益的比赛活动，用竞赛来消除学习的枯燥感，保持学生的学习兴趣。例如，在讲“合理使用信息技术”这一节时，可以举行主题为“上网对中学生的影响利大于弊，还是弊大于利”的辩论赛。这种辩论式讨论的教学方法，有利于调动学生的积极性，发挥学生的主观能动性。

3．悬念情境

在理论课中，可以根据教学内容设置合适的悬念情境，以取得好的教学效果。例如，某教师在讲授 Visual Basic 程序设计中的分支结构这部分内容时，设置了一个猜单双号的场景，学生无论如何也没有办法赢计算机。这样的悬念情境能够有效地将学生的注意力吸引过来，对理论教学起到了很好的推进作用。

○ 学生活动

1. 请以“信息及其特征”为主题，分别面向小学、初中学生设计一节理论课，给出简要的设计思路。

2. 结合高中信息技术课程中“信息社会”部分的内容设计一节理论课，给出设计思路，并写出简单的教学流程。

○ 参考文献

[1] 马宏伟. 无所不在的信息 [M] // 李艺，钟柏昌. 走进课堂：高中信息技术新课程

案例与评析（必修）. 北京：高等教育出版社，2007：32–37.
[2] 刘超. 信息的智能化加工 [M] // 李艺，钟柏昌. 走进课堂：高中信息技术新课程案例与评析（必修）. 北京：高等教育出版社，2007：181–185.

3.3 技能课教学方法设计

○ 问题提出

技能课是一种以计算机和应用软件的基本操作技能为主要教学内容的课型，其主要目的是培养和提升学生使用计算机及操作各类应用软件的能力。

技能课的主要任务是技能训练，即在反复练习（不同性质、不同层次的练习）的过程中掌握技巧，总结规律并形成能力迁移。技能课虽然以技能训练为主要任务，但也强调在教学中将学生置于实际问题和具体的工作情境之中，因为只有通过实际应用才能使学生实现能力迁移，体验过程与方法，获得丰富的情感。

一节技能课中可能只涉及单一的技能，如搜索技巧，也可能涉及多种技能。例如，训练文字的格式调整技能时涉及字体、字号、行距等的调整技能。技能课强调在对学生进行基本技能训练的过程中培养学生的信息技术应用意识，即要求学生在习得与熟练掌握技能的过程中明确过程与方法，经历过程与方法，体验过程与方法，感悟其意义，使将其内化到自己的意识当中，并在某种程度上达到自动化。

技能课常用的方法是讲练法（先讲后练、边讲边练等），也有教师尝试任务驱动教学法等。从信息技术课程的总学时来看，技能课的学时所占的比例较高。技能课中要解决的是技能问题，那么采用怎样的教学方法能够实现技能课的优化呢？

○ 学习引导

技能课是信息技术课程教学中最常见的一种课型，然而在实践中常常将技能课狭隘地理解为软件操作课。实际上，技能课关注技能训练并不等同于技能化倾向，技能化倾向是指崇尚“工具主义”“技术至上”，以掌握技术为第一要义，重视离散的、孤立的技能训练，忽视学生的能力发展与提高，以及情感态度的养成。根据训练内容的不同，以及学生基础与能力的差异，对于技能课需要采取有针对性的授课设计。

技能课是信息技术课程教学中最常见的课型，体现了信息技术课程的应用特征。在技能课的教学中，需要关注对象及其属性设置；需要把握技术本质，提炼规律性的认识，促进所学技能的迁移；需要在技能训练的基础上培养学生的学科思维；为了提高每个学生的能力，还需要考虑分层次教学。本节将结合案例对这几个方面加以阐述。

案例分析

案例 3–3–1 诗画四季——Photoshop 笔刷工具[1]（节选）

1. 创设情境，游戏引入

教师：大家有没有看过“中国诗词大会”节目？在节目的擂主争霸赛中有一个猜画谜的环节，画家现场作画，一边画，选手一边抢答，最先猜对者胜出。今天，我们也来猜一个画谜，老师一边用 Photoshop 软件画，大家一起抢答，看谁最快猜出来。

教师：现场作画。

学生抢答：（枯藤老树昏鸦……）

教师：大家一起朗诵。

教师：细心的同学会发现，老师一直用一个工具来作画，回忆一下小学时候学的画图软件，想一想看，它是什么工具？引出本节课学习的内容。

2. 讲授新课，掌握新知

教师：接下来，我们就以一幅半成品的图画为基础，一起用笔刷工具画出完整的作品。

（1）夕阳西下

【需求分析】教师引导学生分析夕阳的特点（形状、颜色：圆形、橙色），分析词的意境（萧索、惨淡：光晕昏黄）

【实践尝试】教师简要演示操作方法（夕阳和光晕），学生观摩后自主进行操作。

【回顾反思】（连连看）通过一道连线题，师生共同总结出笔刷工具的常用属性——直径、硬度、不透明度、流量等的设置方法，并回顾夕阳和光晕的处理办法。

（2）枯叶纷飞

【需求分析】教师引导学生分析要表现枯叶纷飞意境应该选择什么样的笔刷？叶子形状、叶子颜色（枯黄）、分布特点（散乱）。

【实践尝试】教师简要演示操作方法并强调绘制要点（基本参数设置：颜色、直径、不透明度、流量等的设置），学生自主进行操作。

---

[1] 柳馨雅，吴迪莉.《诗画四季——PS 笔刷工具》教学设计［J］. 中国信息技术教育，2017（22）：18–20.

【回顾反思】（猜猜看）通过现场演示，师生共同猜测枫叶笔刷的预设默认状态，再观察依次去掉形状动态、散布、颜色动态之后的效果，总结笔刷预设的常用属性设置方法。

（3）村落人家

【需求分析】引导学生分析如果默认画笔不能满足需求该怎么办？导入笔刷，善于利用已有资源。

【实践尝试】教师演示载入笔刷过程。

学生进行操作，载入合适的笔刷，完成村落的绘制。如果有问题，可以观看教师提供的微视频寻找解决问题的办法。

上述案例围绕着“笔刷”这一工具展开，属于典型的技能课。整个教学过程鲜明地体现了信息技术课程的应用特征，指向对笔刷这一对象及其属性的关注。

第一个任务“夕阳西下”是对笔刷基本属性进行设置。先引导学生分析作品的特点、意境，再演示如何通过调整笔刷的不同属性，获得所需要的效果；然后帮助学生在直观的作品效果中感受对象属性设置的必要性，理解属性的设置是为表达服务的。

第二个任务“枯叶纷飞”是对预设的相关属性进行调整。与第一个任务中的对象（太阳）相比，枫叶的形状更有利于学生体会笔尖形状这一属性的优势，体现学科的技术属性。

当目前的系统预设笔刷和已载入的笔刷无法满足需求时，引入第三个任务“村落人家”，指导学生载入合适的笔刷。由此，教师通过三个任务的设计，涉及笔刷及其属性调整的各种方法，环环相扣，逐步对学生展示笔刷属性调整、笔刷笔尖形状选择、笔刷载入等方面的技能训练。

案例 3–3–2 我行我素秀图片[1]

情境一：防御灰太狼

教师配合幻灯片讲述故事：灰太狼攻击羊村，采用克隆技术，变出很多只同样的灰太狼，如图 3–3–1 所示。

[1] 张鹏.《我行我素秀图片》教学设计［J］. 中国信息技术教育，2013（3）：33–35.

图 3-3-1 防御灰太狼

情境二：共进午餐

教师配合幻灯片讲述故事：灰太狼运用一种特殊的装置将青青草原上的草都铲除了。小羊们饿坏了，它们的午餐怎么办呢？好吃的懒羊羊发现了另一片草地上长的青草，如图 3-3-2 所示，怎样才能解决午餐的问题呢？

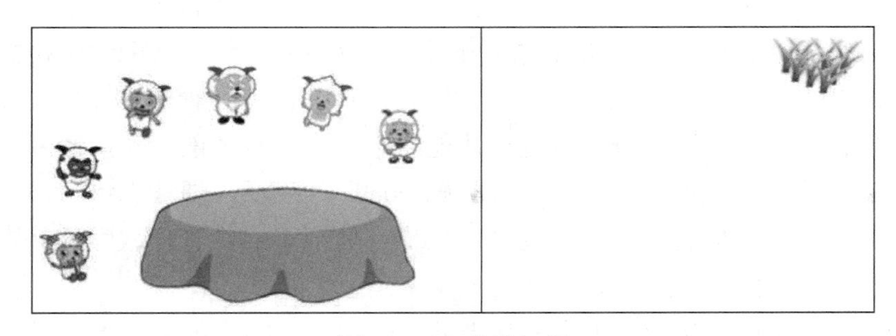

图 3-3-2 共进午餐

情境三：大战灰太狼

教师展示幻灯片并讲述故事：灰太狼组成攻击狼队前来攻击羊村，小羊们要种植植物，组建植物反击队，大战灰太狼。你能帮助它们将图片中的植物“种植”到幻灯片中吗？

本节课是校本教材《小学信息技术》第一册第九课，主要内容是在 Windows 画图软件中对对象进行移动和复制。作为一节典型的技能课，该案例的特点是，引导学生在不同情境的操作中把握技术本质，提炼规律性的认识，促进所学技能的迁移。具体来说：第一个情境“防御灰太狼”，涉及图片内对象的复制与移动；第二个情境“共进午餐”，将一个图片中的对象复制到另一个图片中，涉及图片间（同一类型的文件）对象的复制与移动；第三个情境“大战灰太狼”，将图片中的素材复制到幻灯片中，涉及的是图片与幻灯片间（不同类型的文件间）对象的复制与移动。通过这三个情境引导学生在实际操作的基础上，对复制与移动操作有较为深入的认识，反映出教师对教学内容及技术本质的深刻理解与准确把握。

根据学科核心素养的要求，技能课教学中尤其要关注学科思维。例如，人们较为熟悉的设计思维。案例《设计与制作表格》① 关注设计思维。这节课的主要内容是在 Word 文档中插入简单表格。在教学过程中，首先，通过对比文本和表格表达信息的效果，帮助学生了解结构化表达方式的特点和优势，体现了“为何做的技术”。在学生了解表格的基本组成后，教师要求学生设计包含指定内容的表格。在设计表格前，需要先用铅笔在学习卡上绘制表格草图。用铅笔绘制表格，没有技术操作方面的障碍，减少了学生在技术操作方面的认知负担，使他们不必纠缠技术细节，而聚焦于表格设计本身。在此基础上，教师通过展示发现的错误，总结注意事项，使学生形成正确、规范的表格设计观念。这一个过程凸显了“如何做的技术”。在学生掌握了正确、规范的表格设计观念之后，就可以开始在计算机上绘制表格了，这涉及“动手做的技术”。由此，在关注设计思维的同时，信息技术课程中的技术的三层内涵（即为何做、如何做、动手做）得以体现。

又如文件管理中涉及的管理思维。在案例《管理文件和文件夹》[1] 中，教师从交流整理房间的心得入手，引导学生明确物品分门别类存放的优势，帮助学生树立有序存放和管理物品的意识，然后迁移至对文件与文件夹的管理，明确对于文件与文件夹也需要进行分类管理，在对它们进行分类管理后才能对它们进行具体的操作。教师在进行课堂总结时提醒学生要“养成做事有条理、分类勤整理”的生活习惯和思维习惯。该案例旨在说明为什么管理、如何管理及管理的具体操作，体现了文件管理教学的基本要求，同时也反映了教师对文件管理的理解。

在案例《文件夹的使用》[2] 中，教师借助具体问题，循序渐进地引导学生关注并理解几个对象管理的核心概念，即对象、属性、关系、结构。在本案例中，文件（夹）即为对象；“如何对文件夹中的文件进行进一步的分类管理”，是引导学生关注“属性”，不同的分类方式会使文件所处的位置发生变化，但是文件的属性并没有改变；“文件夹之间是一种什么关系”则是对“关系”的提示。此时，教师为学生提供几个用纸片做的文件夹，让学生按照归属关系从下到上地将其粘贴在黑板上，粘贴了几层之后，一棵“树”的形状就呈现出来了，这就是“结构”问题。这时再通过问题“这种结构像人们日常生活中的什么事物？”引出“树”的概念。在学生形成了基本概念之后，利用问题“自

① 选自云南大学附属第一小学宋玮老师的案例《设计与制作表格》（曾获第四届全国小学信息技术优质课展评特等奖）。

[1] 朱彩兰．再谈技能课的教学［J］．中小学信息技术教育，2012（4）：36–38.
[2] 朱彩兰，李艺．走向课程思想的信息技术教学变迁路径分析［J］．中国电化教育，2015（9）：12–16.

己身边还有哪些地方体现了分类思想”引申出图书馆、超市等书籍或货品的“类”“分类”“子类”等概念，并又得到了一棵棵抽象的“树”。学生会发现，处处有“树”，从而形成一种自觉意识。通过不断接触对象管理的相关概念，培养学生的管理思维。

案例 3–3–3　图像的合成与表达[1]（节选）

本案例的任务设计如图 3–3–3 所示。

<table>
<tr><th>任务层次</th><th>任务要求</th></tr>
<tr><td>基础任务</td><td>参考教师讲解的样例来完成简单的图像合成（请下载样例素材）</td></tr>
<tr><td>进阶任务</td><td>选择教师提供的参考主题和素材，完成图像的简单合成，以更好地表达主题信息。
<table>
<tr><th>参考主题</th><th>素材来源</th></tr>
<tr><td>北京奥运（样例）</td><td>素材下载</td></tr>
<tr><td>校园文化（样例）</td><td>素材下载</td></tr>
<tr><td>哈里波特 4 与火焰杯（样例）</td><td>素材下载</td></tr>
</table></td></tr>
<tr><td>拓展任务</td><td>自己获取图像素材，完成图像的简单合成，突出主题，很好地表达主题信息</td></tr>
</table>

图 3–3–3　“图像的合成与表达”任务布置

技能课教学中常见的问题是如何适应学生的差异。案例《图像的合成与表达》的做法是进行任务分层，即将任务分为基础任务、进阶任务和拓展任务，学生根据自己的能力水平，选择不同的方式完成任务。这种教学方法能够保证具有不同能力基础的学生都有所收获，是绝大多数信息技术教师在技能课上经常使用的教学策略。

与理论课相比，技能课中学生的差异性更加显著，除了兴趣、态度和技能等方面的差异之外，还有区别于其他课程的特殊差异，主要表现在：一部分学生因为家庭条件、生活环境等因素接触计算机较早，有较好的计算机操作基础，学习兴趣高，接受能力强，自学能力也相当好，已经是某一方面的“小专家”；而有的学生从未接触过计算机，或

[1] 郑文云．图像的合成与表达［M］// 李艺，钟柏昌．走进课堂：高中信息技术新课程案例与评析（必修）．北京：高等教育出版社，2007：133–137.

者接触计算机的机会少，一切从零开始；有的学生是其他学科的尖子生，但信息技术能力比较弱；有的学生尽管对计算机有一定兴趣，但接受能力不强；等等。由于以上种种原因，学生的信息技术水平参差不齐。面对这一情况，如果采用一刀切的办法，难以满足全部学生的需求。利用分层教学则可以解决教学内容与学生信息技术水平之间的矛盾，真正做到以学生为出发点，实现因材施教。

实际上，分层次教学在教学实践中屡见不鲜。例如，在案例《download 全接触》① 中，要求学生下载语文课中学过的课文《胡同文化》的相关内容，五个任务分别对应了五个层次，其中四个为必做任务，面向全体学生；一个为选做任务，面向能力较高的学生。

任务一：下载文章——汪曾祺的《胡同文化》（文字类）；

任务二：下载 2~4 张有关胡同文化的图片（图片类）；

任务三：下载 1 个有关于胡同文化的课件（文件类）；

任务四：下载 1 个有关胡同文化的网页（网页类）；

任务五（选做）：下载有关于“胡同文化”的京腔 MP3 歌曲。

以上两个案例中的任务设计都采用了阶梯式的方式。这也是分层次教学的一种常用形式。即本着让学生“站在属于自己的台阶上”的思想，为不同的学生设定不同的成功标准。坚持每个学生都要发展，但不求一样发展；每个学生都要提高，但不是同步提高；每个学生都要合格，但不必相同规格，这就是分层教学的宽容度。这样的教学方法可以让学生根据自己的已有水平和操作技能进行阶梯式的跃进。每一级台阶，都对应着一部分学生群体，只有在相应的台阶上站稳才可以继续向上攀登。利用这种阶梯式的任务设计方式，可以照顾到不同的学生群体需求，从而体现“以发展为本”的教育思想和面向全体学生的教育宗旨。

根据学生间的差异，还可以利用树状分支的任务设计方式照顾学生的不同需求。例如，在表 3–3–1 所示的案例中，任务设计体现了主题、难度等方面的不同，体现了对具有不同水平和不同兴趣的学生的关照。

表 3–3–1 声音的采集与加工 [1]

主题	具体要求	难度系数	小组人数要求
制作配乐故事	编制一段故事，故事中的角色由小组中的各成员扮演，各成员分别在计算机中录制自己所扮演角色的声音，最后配上合适的音乐，并将其合成为一段配乐故事作品	★★★★	四人一组

---

① 选自江苏省南京市第一中学杜娟娟老师的案例《download 全接触》。

[1] 魏小山. 声音的采集与加工［M］// 李艺，朱彩兰. 走进课堂：高中信息技术新课程案例与评析（选修）. 北京：高等教育出版社，2007：121–129.

续表

主题	具体要求	难度系数	小组人数要求
打造自己的音乐专辑	录制一首自己唱的歌曲，可以是独唱，也可以是对唱或合唱，必须有伴奏音乐，有能力的同学还可以将歌曲发布到网上，与大家一起分享	★★★★	四人一组
过把声音剪辑瘾	录制一个童话故事，对声音文件进行剪切和顺序的调整，然后将其剪辑成指定的内容，使故事短小精悍	★★	两人一组

案例片段：设计文字[①]

本节课主要学习删除键和空格键等主要功能键的使用。教师为学生提供了一个走迷宫的情境（如图 3–3–4 所示），其中迷宫入口是确定的，对出口及中间过程不做限定，由学生自己设计迷宫。学生可以根据自己设想的故事情节来设计迷宫路径，但需要使用删除键、退格键、空格键等。

我是奥特曼，我已经先到了．绿人好像躲在迷宫里面．
迷宫迷宫　宫迷宫迷宫迷宫迷宫迷宫迷宫迷宫迷宫
迷宫迷宫　宫迷宫迷宫迷宫迷宫迷宫迷宫迷宫迷宫
迷宫迷宫　宫迷宫迷宫迷宫迷宫迷宫迷宫迷宫迷宫
迷宫迷宫　宫迷宫迷宫迷宫迷宫迷宫迷宫迷宫迷宫
迷宫迷宫　　　　　　　　　　　　　　迷宫迷宫
迷宫迷宫迷宫迷宫迷宫迷宫迷宫迷宫迷宫迷宫迷宫
迷宫迷宫迷宫迷宫迷宫迷宫迷宫迷宫迷宫迷宫迷宫
迷宫迷宫迷宫迷宫迷宫迷宫迷宫迷宫迷宫迷宫迷宫
迷宫迷宫迷宫迷宫迷宫迷宫迷宫迷宫迷宫迷宫迷宫
迷宫迷宫迷宫迷宫迷宫迷宫迷宫迷宫迷宫迷宫迷宫
迷宫迷宫迷宫迷宫迷宫迷宫迷宫迷宫迷宫迷宫迷宫
迷宫迷宫迷宫迷宫迷宫迷宫迷宫迷宫迷宫迷宫迷宫
迷宫迷宫迷宫迷宫迷宫迷宫迷宫迷宫迷宫迷宫迷宫
迷宫迷宫迷宫迷宫迷宫迷宫迷宫迷宫迷宫迷宫迷宫
迷宫迷宫迷宫迷宫迷宫迷宫迷宫迷宫迷宫迷宫迷宫
迷宫迷宫迷宫迷宫迷宫迷宫迷宫迷宫迷宫迷宫迷宫
迷宫迷宫迷宫迷宫迷宫迷宫迷宫迷宫迷宫迷宫迷宫
迷宫迷宫迷宫迷宫迷宫迷宫迷宫迷宫迷宫迷宫迷宫
故事接龙：

图 3–3–4　文字迷宫

学生思考：

在上述案例片段中，你看到了什么样的教学情境？对该案例片段进行分析，写出点评。

---

① 选自江苏省南京市夫子庙小学徐婷老师的案例《设计文字》。

案例片段点评：

拓展阅读

材料一 融入计算思维的软件应用教学研究[1]

该研究以“表格信息加工——让数据说话”为例，探讨计算思维在教学中的实施。

根据计算思维的操作性定义，整个教学经历了“分解形成问题—建构模型—逻辑化组织数据—自动化计算—推广”的过程，引导学生像计算机科学家一样思考解决问题的方式。

1. 分解形成问题

根据主题“让数据指导人们健康生活”，首先引导学生思考什么样的数据可以指导人们健康生活，利用计算思维中的关注点分离法，将问题分解成两个能够用计算机解决的子问题：一是通过计算身体质量指数（BMI）来判别胖瘦程度；另一个是通过计算一日食物提供的热量，分析胖瘦产生的原因。

2. 建构模型

在建构模型的过程中，引导学生不断思考，并对各种信息进行加工、转换，以及对当前问题进行分析、推论、综合、概括。第一个问题的模型是“胖瘦程度”，其功能是，根据给定的年级、身高、体重，计算出 BMI 的具体数值，并参照评分表给出等级。

模型建立后，引导学生发现问题：在缺少“性别”信息的情况下无法判断等级，所以需要回溯，得到胖瘦程度和身高、体重、年龄、性别都有关系，从而建构出“胖瘦程度”的数学模型。

---

[1] 高士娟，曹恒来，丁婧. 融入计算思维的软件应用教学研究［J］. 中小学信息技术教育，2017（5）：53-56.

3．逻辑化组织数据

有了模型就可以有针对性地组织数据，思考需要收集哪些数据。建立表格的过程就是逻辑化组织数据的过程，其目的就是将实际问题转化成能被进一步处理的结构化组织形式，以便利用电子表格解决问题。

逻辑化组织数据的活动设计如下。

① 创建全班学生的体质健康状况表，确定所需的字段。

② 在线收集体质健康状况表中的数据。

4．自动化计算

学生利用公式和函数计算个人的 BMI 时，已经将具体的数值用单元格地址表示出来了，因此参与运算的是单元格地址，因为计算关系不变，通过拖动填充柄即可自动计算出全班同学的 BMI，在这个过程中学生经历了自动化计算的过程，体会到自动化计算的优势。自动化计算中的调试过程，也是体现计算思维的一个重要方面。

至此，按照计算思维的思考方式，通过建构模型、逻辑化组织数据和自动化计算这几个环节，得到每个学生的 BMI 和胖瘦等级。

5．推广

针对第二个子问题：通过计算一日食物提供的热量，分析人胖瘦产生的原因。这一问题的解决过程是计算思维的推广，同样经历了建构模型、逻辑化组织数据、自动化计算这一系列环节。

材料二　打开编程之门[1]

1．探讨解决问题的计算方式

《孙子算经》记载："今有雉（鸡）兔同笼，上有三十五头，下有九十四足，问雉兔各几何"，请思考解决该问题的计算方式。

探究 1：通过人工计算解决"鸡兔同笼"问题。

对于"鸡兔同笼"问题，学生可以利用熟悉的方程、公式等计算鸡和兔的数量。

---

[1] 余晓珺. 指向深度学习的"学历案"应用与思考：以《打开编程之门》为例［J］. 中国信息技术教育，2017（15）：32−36.

探究2：运用Excel解决“鸡兔同笼”问题。

随着计算机的发明，人们可以把复杂的或机械的运算交给计算机去实现。对于该问题，可以利用列表法把35个头和94只脚的鸡和兔的数量组合都罗列出来，从中选出符合条件的鸡和兔的数量组合。Excel可以帮助人们完成这项工作。“鸡兔同笼”表格如图3-3-5所示，请在Excel中计算各单元格的值，并用红色标识求得的鸡兔数量。需要说明的是，可以将计算公式填入图3-3-5中深灰色的单元格中，然后通过拖动填充柄的方式自动完成其他单元格值的计算。

	A	B	C	D	E
1	鸡兔同笼问题(35个头，94只脚)				
2	兔的只数	鸡的只数	兔脚总数	鸡脚总数	共有的脚数
3	1				
4	2				
5	3				
……	……	……	……	……	……
35	33				
36	34				

图3-3-5 “鸡兔同笼”表格

探究3：用程序解决“鸡兔同笼”问题。

“鸡兔同笼.py”文件是一个用Python语言编写的小程序，双击该文件运行此程序。思考用程序解决此问题和运用Excel解决此问题有何不同。

2．三种计算方式的比较

面对“鸡兔同笼问题”，学生体验了“人工计算”“大众软件计算”和“编程计算”三种计算方式，请对这三种计算方式的特点进行比较，填写表3-3-2。

表3-3-2 不同计算方式的比较

计算方式	使用成本	使用方便性	计算速度	方法通用性
人工计算				
大众软件计算				
编程计算				

教学反思（节选）：

程序设计是信息技术学科的核心知识，但对于很多学生来说可谓又爱又怕。“打开编程之门”是程序设计的第一节课，学历案①中设置的一系列探究活动，都是围绕“鸡兔同笼”问题展开的，学生可以利用熟悉的方程、公式等人工计算方式解决该问题。但是，如果把问题的难度加大，学生就能够切身感受到计算机解决问题的优势。对比这三种计算方式各自的特点，教师并不着急让学生接受利用编程计算方式解决问题最优的结论，而是让学生体会到在合适的条件下可以选择合适的问题解决方式，在学习过程中逐步将学生引向编程，使编程的大门渐渐向学生打开，学生也渐渐明白原来编程的世界虽然神秘，但并不可怕。

材料三　基于合作思维的初中信息技术教学内容设计[1]

下面以在线协作绘制思维导图为例，介绍如何在初中阶段培养学生的合作思维。

ProcessOn 是在线协作思维导图工具，其优势在于可以通过团队协作绘制思维导图。对于一张思维导图，每个小组成员都可以实时协作对其进行修改。在利用 ProcessOn 协作绘制思维导图时，教师需要引导学生了解该工具的操作方法，如访问网站，注册并登录。教师新建文件，邀请各小组组长为协作者，组长在进入协作绘制思维导图界面后，再邀请小组成员作为协作者进入绘制界面。

小组协作绘制思维导图时，最好选择一个有多个分支的主题，如“信息技术”。围绕该主题，可以进行应用梳理、导图绘制、拓展搜索等，思维导图绘制完成后可以安排发布与评价环节，以不断完善思维导图。

在教学过程中，在应用梳理环节，各小组在组长的带领下讨论和交流可能的信息技术分类方式，并选择其中一种分类方式。教师在教学中可以给学生提供几种参考的信息技术分类方式，也可以鼓励学生主动思考，提出合理的信息技术分类方式。确定分类方式后就可以进入导图绘制环节。教师可以在 ProcessOn 界面中插入“信息技术”中心主题，邀请全班学生作为协作者进入绘制界面，各小组成员可以根据本小组的分类方式同时在线协作绘制“信息技术”思维导图。学生在绘制思维导图的过程中，可以对所学的信息技术应用知识进行梳理，该过程属于自下向上的梳理；也可以通过上网搜索补充相应类别下的信息技术应用，该过程属于自上向下的补充。至此，不同分类方式的思维导

---

① 学历案是指在班级教学情境下，基于学生立场，围绕某一具体学习内容（主题、单元），从期望“学会什么”出发，设计并展示“学生何以学会”的过程，以便学生自主建构或社会建构经验与知识的专业方案。

[1] 陈丽丽．基于合作思维的初中信息技术教学内容设计［J］．中国信息技术教育，2016（6）：27-29.

图就整合成同一张思维导图。

○ 学生活动

1. 围绕技能课中的分层次任务设计，查找相关的案例，体会任务设计中的层次性。

2. 学校运动会需要一份基于 Excel 的比赛评分表，以随时知晓各个项目中运动员的比赛成绩及名次。根据此需求，在表 3-3-3 中填入相应的知识点及设计思路。

表 3-3-3　知识点与设计思路

比赛评分表中可能涉及的知识点	相应的设计思路

○ 参考文献

[1] 朱彩兰. 把握学科属性，凸显学科特征:《诗画四季——PS 笔刷工具》一课分析 [J]. 中国信息技术教育，2017 (22)：21-22.

[2] 朱彩兰. 基于技术应用品质的信息技术教学设计：兼评《我行我素秀图片》教学设计 [J]. 中国信息技术教育，2013 (3)：35-37.

[3] 叶红，朱彩兰. 基于设计思维的教学案例分析 [J]. 中国信息技术教育，2016 (7)：34-36.

[4] 朱彩兰，李艺. 走向课程思想的信息技术教学变迁路径分析 [J]. 中国电化教育，2015 (9)：12-16.

[5] 朱彩兰，李艺. 信息技术课程思想树的结构及思维品质讨论 [J]. 电化教育研究，2014 (5)：76-81.

3.4 实验课教学方法设计

○ 问题提出

实验课是指以规范的实验课管理方式实施的信息技术课程，强调实验条件的准备、实验过程的记录、实验数据的处理，以及实验报告的撰写等环节。以实验课的方式实施信息技术课程教学，旨在促使信息技术课程教学的实施更规范、更严谨并不断优化。

实验课在生物、化学、物理等课程教学中较为常见，但在信息技术课程中尚属于一种尝试，推广实验课的目的在于为信息技术课程带来一种新型的教学管理方式、一种不同于惯常机房授课的管理方式。实验课会涉及诸如实验条件、实验内容、实验时间、实验报告、实验过程、实验安全（设备安全、学生安全）等方面的问题，实验必须按照严格的管理流程来进行。严格的管理流程在一般的信息技术教学中是不多见的，甚至是缺乏的。因此，把实验课引入信息技术课程将会促进信息技术课程教学规范与严谨地实施。

信息技术课程的教学大多是在计算机机房里进行的，而计算机机房就可以被看成是一个“实验室”，但并不是说信息技术课程中所有与操作及应用有关的内容都适合采用实验课的方式来上。也就是说，实验课是有适应性问题的。信息技术课程中有些内容涉及硬件操作，如局域网的组建、双绞线的制作、计算机的硬件组成等，如果单纯地讲授理论，学生难以形成直观的认识，动手能力的培养也无从谈起。即使在机房中以实物介绍的方式进行讲授，也难以使学生对相关知识有清晰和深入的认识。而这类内容如果以实验课的方式来进行讲授，学生可以通过实践与操作验证所学的理论知识，加深对这些知识的理解；也可以在操作中习得、强化专项技能，提高动手能力。那么，要取得更好的实验课教学效果，有哪些途径呢？

○ 学习引导

信息技术课程开展实验课教学的时间较短。而实验课教学是中学物理、化学、生物课程教学中不可缺少的组成部分，因此可以模仿物理、化学、生物实验课，建立适合信息技术课程教学的相对独立、正规的实验室和完善的实验室管理制度。在实验课教学中，要关注实验内容、实验条件、实验时间以及实验报告等因素。本节将通过案例对信息技术实验课进行介绍。

本节的三个案例分别选取自实验课的类型、实验课的规范流程、实验报告的撰写，突出了实验课科学性、准确性、可操作性的特征。

案例分析

案例 3–4–1 光电传感器的使用——机器人聪明吗？[1]（节选）

实验条件：

学校有 7+1 套乐高 RCX（9794）机器人小车，使用 RobLab 2.9 软件。上课时 4 名学生一组，最多可支持 32 名学生使用。教室内共有 7 台计算机，其中 6 台学生机，1 台教师机（学生也可以使用）。有 4 张机器人实验桌，每张桌子能够围坐 8 人。

……

教师：RCX（机器人指令系统）是机器人的大脑，光电传感器是机器人的眼睛。今天我们就来说一说光电传感器的应用。

学生：回忆 RCX 与光电传感器的关系。

活动 A：使用光电传感器进行测量（实验）

（1）初步测量（分清黑、白）

教师：你会使用光电传感器进行测量吗?

教师：请你用机器人车上的光电传感器测量一下桌面（白色）与黑线的光强度值是多少？（提示：记录员记录）

学生：测量桌面与黑线的光强度值，记录员记录数据。

（2）分析测量数据

教师：请记录员说一说，自己记录的测量结果是什么？

学生：记录员汇报测量结果，并将数据写到黑板上。

教师：虽然各组的数据略有不同，但它们共同的规律是什么？

学生：总结规律，即浅色的光强度值高，黑色的光强度值低。

活动 B：遇黑线停的机器人小车

教师：从得到的测量数值上来看，光电传感器能够区别出黑线与桌面（教师摆图），这样机器人小车就有区别、判断的能力，在白色的桌面上行驶时遇到黑线就可以自动停下来。我们来看一看这样的机器人小车是怎样制作出来的。

---

[1] 武健. 光电传感器的使用：机器人聪明吗［M］// 李艺. 书写智慧共同成长：全国信息技术课堂教学案例大赛优秀作品与点评：义务教育分册. 北京：北京师范大学出版社，2009：120–124.

（1）演示：遇黑线停的机器人小车

请一个学生当记录员，一个学生当操作员，演示“遇黑线停止”。

学生：操作过程具体如下。

① 测量桌面光强度值和黑线光强度值，测量后计算。

② 编程序。

③ 桌面实验：试验不同的角度遇黑线停止。

（2）分析与讨论

教师：制作这样的机器人小车的步骤是什么？

教师：在这一过程中，大多数同学会在哪个部分遇到困难？程序中哪一部分的问题最多？

学生：思考。

（3）根据学生的情况分析出现的问题

教师：机器人小车在白色桌面上行驶，光强度值较高，当遇到黑线时，光强度值就会变低。

教师：总结端口、符号、数值的确定方法。

（4）尝试与操作

教师：做这样一个机器人小车的步骤是什么？刚才测量的数值可以用吗？

学生：分析程序中的变化。

学生：说明光电传感器、RCX、机器人小车三者之间的关系。

活动 C：拓展活动

教师：我们已经能够应用光电传感器制作自动控制的机器人小车了。自动控制/无人驾驶在未来的社会生活中将会发挥重要的作用。作为科研人员，你能解决一些将来可能出现的问题吗？

（1）布置任务

任务一：未来的自动驾驶汽车在经过十字路口时需要减速行驶。

任务二：未来的自动驾驶汽车回家后，要能自动进入自己的车库。

任务三：遇到过马路的行人，自动驾驶汽车要能够停下来。

任务四：未来的自动控制车展示。

提示：记录员要做好记录。

（2）组织活动

最后要对活动进行评价。

（3）活动展示与汇报

本案例选自小学四年级信息技术课程校本教材《机器人》。在本案例中，教师通过让学生进行实验操作，测量数据，观察和发现数据中隐含的规律，把深奥的控制原理转化为小学生可以接受的知识，培养学生的动手能力和实验探究能力。该案例的教学过程设计以“活动”为主线，详细、完整，各项活动的教学目标非常明确，活动环节的可操作性强。小组合作、团队协作在教学设计中得到充分的体现；教师的问题设计精辟，具有启发性，能够有效地调动学生的思维活动，提高学生参与教学活动的积极性。本案例的教学内容对学生的技术水平、动手能力，以及教师的课堂引导和调控能力要求较高，教师应给学生留有充分的动手实验、动脑思考、规律总结的时间。

依据内容的不同，信息技术课程教学的实验课可以分为探究型实验课、演练型实验课和设计型实验课等类型。本案例属于探究型实验课，它是学生在教师的引导下，以小组协作实验的形式，灵活运用已有的知识和技能进行实验操作，探索和解决问题的一种实验教学。这类实验课通常以问题启动课程。例如，本案例是以光电传感器如何使用为问题，让学生根据对问题的理解分小组开展调查，进行探究。在最后的拓展活动中让学生了解问题解决的思路与过程，灵活掌握相关概念和知识，进一步培养学生理解问题、分析问题和解决问题的能力，从中获得解决实际问题的经验，最终形成自主学习的意识和能力。

在探究型实验课的教学中，教师的角色不再只是提供知识，而是创设实验问题情境。例如，本案例创设的“RCX是机器人的大脑，光电传感器是机器人的眼睛”情境，通过提问等方式引导、促进学生进行实验。又如，在《IP地址与多机互联》案例[1]中，有教师通过“警方成功地利用IP地址作为线索，抓获了犯罪分子”的真实情境，引导学生学习IP地址的概念，并将此概念进一步应用到实验中。

演练型实验课被广泛应用于当前的信息技术实验教学中，它主要由教师或学生的演示环节及学生的操练环节构成。计算机硬件结构与组装、网线的制作等教学内容都可以被设计成演练型实验课。以“计算机硬件结构与组装”实验课为例。在演示环节中，主要由教师进行操作演示，并借助实物投影讲解及帮助学生识别不同的硬件（如网卡、声卡、显卡），然后再演示这些硬件的安装方法；也可以请学生充当助手，或在教师的指导下让学生上讲台进行操作。在操练环节中，学生根据实验步骤和实验要求模仿教师进行实验操作。

在演练型实验课的教学中，教师需要注意以下问题：① 授课前，要深入钻研教材，亲自做好实验准备，并做好预实验，预估可能会出现的问题，准备应对措施；② 在演示

---

[1] 余晓珺. IP地址与多机互联［M］// 李艺，朱彩兰. 走进课堂：高中信息技术新课程案例与评析（选修）. 北京：高等教育出版社，2007：185–196.

环节，教师的操作一定要规范，解说要突出实验要点。此外，还需要注意，主要的观察对象，如已经打开主机箱的计算机，应放在实物投影的最佳视角下，教师的身体和手不能挡住学生的视线等；③ 在操练环节，教师要注意巡视观察，随时对学生进行辅导，及时解决课堂中出现的问题。

设计型实验课强调综合运用信息技术的知识解决生活中的具体问题。该类实验课教学的基本模式是，教师为学生提供实验器材，提出实验的内容和要求，但对实验的操作不做规定，学生自行设计实验方案，组织实验系统，独立进行操作并得出结果。例如，对于“动手组建小型局域网”实验课就可以考虑采用设计型实验课的形式。但前提是，学生已经了解网线的类型和制作方法、计算机 IP 地址的配置、组网的基本方法等知识。在实验过程中，可以要求学生先查阅和搜索相关的网络实验原理与实验配置资料，确定实验项目名称，设计实验网络的拓扑结构，选择网络设备，规划与分配计算机的 IP 地址，形成初步方案，然后由教师审阅方案。方案通过后学生按照拟定的方案开始实验操作，进行硬件连接和软件设置，验证其可行性。

由于设计型实验课的教学过程一般比较复杂，因此多用于知识的综合应用阶段，它是演练型与探究型实验课的综合和发展，具有实验技能的综合性、实验操作的独立性、实验过程的研究性等特点。在设计型实验课中，需要学生独立地、创新性地开展和开发实验，是学生进行科学实验、体验全过程的一种初步训练。这类实验课的关键是实验方案的设计和选择。

案例 3-4-2　动手组建小型局域网[1]

教学准备

硬件：

1. 淘汰的教学用机 12 台（其中，双网络适配器计算机两台，其他计算机具备单个网络适配器，机器类型可以不一样）。

2. 淘汰的教学用 8 口（也可用 16 口或 24 口）集线器（或交换机）两台。

3. 568B 标准的网线（合适长度）15 条（两条备用，一条供学生探究使用）。

4. 568A 标准的网线 1 条（用于集线器级联）。

5. 多媒体投影仪、教师用计算机一套。

软件：

[1] 蒋汉生. 动手组建小型局域网［M］// 李艺，朱彩兰. 走进课堂：高中信息技术新课程案例与评析（选修）. 北京：高等教育出版社，2007：196-202.

1. 每台计算机安装有 Windows 98 系统。

2. CCproxy 6.0 代理服务器软件。

教学过程

1. 引导学生按照如图 3-4-1 所示的布置图布置实验室，运用前几节所学的内容设计网络，画出网络结构拓扑图，并确定本实验中每台机器的 IP 地址。

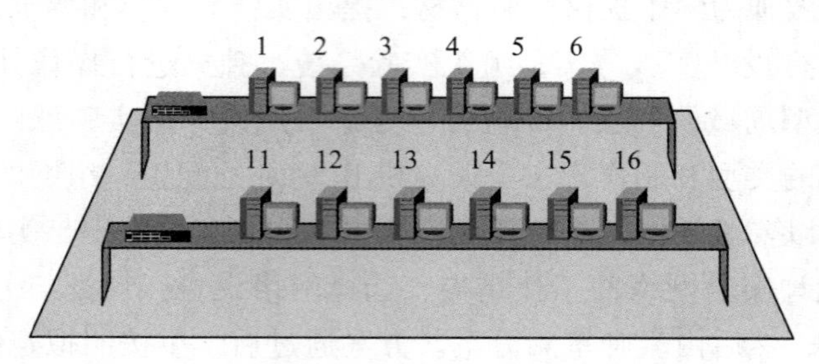

图 3-4-1 实验室布置图

学生可能出现以下问题：

① 集线器之间的连接问题。

② 仅有一个外网 IP 地址，却要安装两台代理服务器。

③ 两组 IP 地址设置协调问题（最好在同一网段）。

2. 学生在教师的引导下，按照实验室中现有的网络设备、计算机设备、网线等器材填写表格。

3. 连接硬件设备。将网线分成两组，对交叉线（即网线的一端为 568A 标准；一端为 568B 标准）作特殊标记；学生完成组网。

学生可能出现以下问题：

① 网线混乱。对于这类问题可以在实验桌上设置网线的路线，如线槽等。

② 所用的线型出错（如果出错，则告诉学生判断出错方法。例如，加电后网络适配器指示灯不亮等）

4. 教师演示 IP 地址的设置方法（对于多种系统的情况，讲解共性的方法）。

5. 设置代理服务器的 IP 地址与工作站的 IP 地址，教师首先检查两组网线的网络规划及 IP 地址设置表，及时发现错误，引导学生进行修正。

6. 学生完成实验后，自由上网冲浪。这时教师也可以组织讨论如何设置网络使用限制问题，如屏蔽不健康网站、屏蔽 QQ、设置上网权限、控制流量等内容。

本案例选自教育科学出版社出版的教材《网络技术应用》第 3 章第 4 节。学生由于已经学习了这本教材第 3 章前三节的内容，对网络的基本知识，如 IP 地址、网络规划、组网操作方法等已经有所了解，可以在教师的引导下分组完成局域网的组建实验。本实验中涉及的实验器材众多，需要同时使用多台计算机、若干网络设备，乃至备用网线、探究用网线等。教材中只要求使用一台网络设备，而本案例中使用了两台集线器，这就涉及网络设备之间的互联问题，因而提高了实验的难度。在本实验课中，开始先是安排复习前面所学的理论知识，接着教师为学生创设了一个认知冲突，即有两台集线器，但却只有一个外网 IP 地址，这引发了学生的思考。在通过实验解决问题前，教师先安排学生对网络进行整体规划。最后一部分任务的设置，体现了分层教学的思想，使得部分能力较强的学生能有更多的收获。在实验课的每个环节中，教师都预先估计出学生可能遇到的问题，这是本案例设计得最精彩的地方。由于预估得充分，因此教师能够很好地把握实验教学的全局与进度。

专门拿出一个计算机机房作为网络实验机房，对于很多学校来说是比较困难的。本案例是一种积极的尝试，其基本思路是网络实验对计算机配置的要求并不高，这些计算机只需要装有最基本的操作系统即可。因此，学校淘汰的、配置较低的计算机就可以作为网络实验机房中的实验设备。这对于很多学校来说，实现起来是比较容易的。

从本案例不难看出，实验课有着不同于其他课型的教学规范。

（1）实验的准备

目前信息技术教材中很少有专门的实验设计，因此教师要根据自己的理解、所处的环境与学生的实际情况对教材进行改造和再加工，确定实验内容。例如，本案例中网络设备之间的连接不在教材的范围之内，但是教师在对学生能力与基础有足够把握的情况下，安排了网络线的使用、代理服务器的使用等实验内容。

实验内容确定之后，教师应充分领会实验课的目标，并根据内容的特点及目标要求，选择合适的实验类型，设计实验过程及步骤，明确实验的指导重点及学生的操作难点，建立切实可行的评价指标。

根据实验的需要，教师应事先准备好所用的实验设备，保证这些实验设备能正常使用。各类物品的标签应明确、规范，摆放合理、整齐。实验设备的准备要留有余地，可以按照超过实验所需的数目和种类准备实验设备，让学生根据实验内容选择合适的实验设备。在条件允许的情况下，可以让学生参与实验的准备工作，调动其主观能动性，提高其学习的主动性。此外，还应制定实验设备的操作规程。

实验准备工作就绪后，教师应进行预实验，详细记录预实验的结果及实验中出现的问题等，以便对整个实验过程、操作难点、结果、现象、时间及可能出现的意外情况有充分的了解。对意外情况应有合理的解释，以保障实验的顺利进行及良好的教学效果。

另外，还需要加强学生的实验预习工作，引导学生复习相关理论知识，查阅资料，讨论、预测实验结果及可能出现的问题，以及解决问题的对策等。

（2）实验的讲授

实验课类型、实验内容不同，教学的侧重点及教学方法也有所不同。在实验课讲授的过程中，不应只对实验步骤进行逐步、全面的讲解，而应有适当的提问，由学生来回答，以围绕实验项目、实验过程、可能的实验现象等展开讨论，让学生不仅知道怎么做，更要明确为什么这么做。若为演练型实验课，则教师应着重讲授实验原理、对理论课的认识、对结果的分析和解释，以及设备的性能、工作流程、操作规范等；若为探究型实验课，则教师应主要讲解原理、注意事项、目的和要求等，以充分调动学生的积极性，让学生带着问题去做实验，提升动手能力和思维能力；在设计型实验课中，主要由学生设计实验方案，选用适当的实验设备，处理和分析数据，得出结果和结论，并对结果进行讨论等，教师则着重培养学生综合运用所学知识分析问题、解决问题的能力，以及科学实验能力和科学思维。

（3）实验的指导

学生进行实验是整个实验教学过程的核心，教师可以直接或间接地参与实验的过程，并通过谈话、观察、提问、解答、纠正等方式，对学生的实验过程予以监测和考核，确保学生掌握实验的基本原理、关键的实验步骤和基本的操作技能。

实验强调严谨、规范，因此教师一方面要确保自身能够依据实验室管理制度，对实验过程进行规范管理，培养学生的科学态度和科学作风；另一方面，需要提醒和要求学生严格按照标准的操作规程使用设备，做好原始记录。

在实验课中，教师需要引导学生把理论与实际联系起来，用所学的知识解释实验现象及实验中出现的异常问题。在实验完成后，教师要针对在实验过程中观察和掌握的情况，提出问题让学生进行讨论。或者由教师对实验进行归纳和总结，以加深学生对实验过程和实验操作的印象，巩固实验效果，在归纳和总结的基础上对发现的共性问题进行归类和强化，并分析原因。

实验结束后教师要布置实验报告，并针对每节课的内容布置适当的思考题或讨论题。同时，应指导学生做好实验设备的维护和整理工作。

案例 3-4-3 不同网络间的互访①

《网络技术应用》实验报告（节选）

实验组号______ 学号______ 姓名________ 班级________ 日期________

① 选自江苏省南京市第一中学陈雅蓉老师的案例《不同网络间的互访》。

实验五 不同网络间的互访

一、实验目的

1. 认识将多台计算机接成两个子网的设备。

2. 掌握不同网络间互访的设置方法，特别是网关设置方法。

二、实验项目

1. 实现计算机与交换机的物理连接。

2. 进行网络设置，包括设置计算机名、IP 地址、子网掩码、网关。

3. 接入因特网。

三、实验器材

每组有两台计算机，以及网卡、直通线、交换机、路由器。

四、实验注意事项

进行物理连接时要理顺直通线，使其尽量贴近地面走线。在走动时要小心被直通线绊脚。

五、实验步骤（根据实验情况在实线上填写相应的内容）

1. 用直通线连接计算机与交换机，实现计算机与交换机的物理连接，如图 3-4-2 所示。

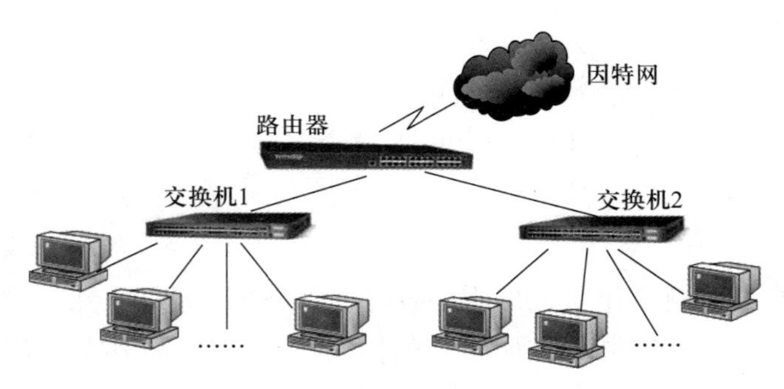

图 3-4-2 硬件的物理连接图

2. 对实验计算机进行网络设置，注意网关设置（将本组两台计算机的配置都填写出来，如表 3-4-1 所示）。

表 3-4-1 两台计算机的网络（机房子网）设置

设置项	计算机 1	计算机 2
计算机名		
IP 地址		

续表

设置项	计算机 1	计算机 2
子网掩码		
网关		

3. 验证是否能访问其他子网。在实验计算机Windows系统中的“开始”菜单→“运行”中执行“\\192.168.2.20”命令，看看是否能连通教师机，并将教师机共享文件夹“接入Internet”中的“上网锦囊.doc”文件复制到实验计算机上。执行“\\192.168.1.10”命令，看看是否能连通另一台计算机，并打开该计算机共享文件夹中的“密码”文件，获取打开“上网锦囊.doc”文件的密码。你获取的密码是什么？

____

____

4. 尝试访问因特网。按照“上网锦囊.doc”文件中的提示设置实验计算机，访问因特网。你设置的DNS服务器地址是什么？

____

____

六、实验自评

IP地址设置：　　A. 熟练　B. 较熟练　C. 一般　D. 不会

网关的设置：　　A. 熟练　B. 较熟练　C. 一般　D. 不会

DNS服务器地址设置：A. 熟练　B. 较熟练　C. 一般　D. 不会

本案例节选自教育科学出版社出版的教材《网络技术应用》第2章“因特网的组织与管理”第3节的内容。按照该教师的教学计划，这是学生网络技术实验的最后一节课。教师展示计算机与网络设备的线路连接图，如图3-4-2所示。教师提问“连接图中分别与交换机1和交换机2相连的计算机能否直接互访”，学生运用双机互连的知识得出不能直接互访的结论，这与实际上这两台计算机可以互访发生冲突，由此引导学生自己发现“网关”。接着，教师再提问“连接图中的计算机能访问因特网吗”。教师设置IP地址后可以访问因特网，学生在同一台计算机上尝试却无法访问因特网，与教师的实验结果发生冲突，由此引导学生发现“DNS服务器”。两个问题，引发了两个冲突，促使学生通过实验来解决问题，在实验中探究“网关”与“DNS服务器”的工作原理与设置方法。通过这样的方式，学生明确了实验目标，实验的每一个步骤都是学生对所学知识的测试与巩固，成功完成实验会使学生获得极大的成就感。

本案例的特点是使用实验报告。实验报告，使得学生能够明确本实验要完成的任务、具体的实验项目、需要使用的实验器材、需要注意的细节等。实验报告中描述了具体的实验步骤，在各个实验步骤中，学生需要在空白处填写相应的实验数据、实验结果，这有助于加深学生对关键点的理解，也便于教师通过数据与纸质报告检查教学效果。

实验报告是实验的重要组成部分。设计实验报告时可以借鉴物理、化学等课程实验报告的形式。

实验报告的基本信息部分可以包括以下项目。

实验名称____

班级________________ 姓名________________ 学号________________

实验时间______________ 实验地点______________ 实验类型______________

实验组号______________ 同组人________________________________

实验报告可以包括以下项目。

（1）实验目的

实验目的要明确，在理论上要说明学生对知识点的掌握程度，在实践上则要说明学生对实验设备使用技能或程序调试方法的掌握程度。此外，通常还需要说明实验课的类型，即是演练型实验课、探究型实验课，还是设计型实验课。

（2）实验项目与原理

这是实验报告中极其重要的内容。在这一部分要从理论和实践两个方面写明实验的具体内容。

（3）实验器材

实验器材是指实验用的软件和硬件，要提供实验用的器材清单。

（4）实验步骤

实验步骤只描述主要的实验操作步骤，必要时还要画出实验流程图（包括实验装置的结构示意图），再配以相应的文字说明。这样可以使实验报告简明扼要，清楚明确。

（5）实验过程及实验数据记录

实验过程及实验数据记录主要是指实验现象的描述、实验数据的处理等。原始资料应附在本次实验主要操作者的实验报告上。

（6）实验数据处理与分析，并得出结论

根据相关的理论知识对所得到的实验结果进行解释和分析。结论不是对具体实验结果的再次罗列，也不是对今后研究的展望，而是针对本次实验所能验证的概念、原则或理论的简要总结，是从实验结果中归纳出的一般性、概括性的判断，要简练、准确、严谨、客观。

（7）思考题

思考题旨在帮助学生复习实验涉及的知识点，并对实验中存在的问题进行思考与总结。

（8）实验评价

实验评价包括实验心得与体会。如果所得到的实验结果与预期的结果一致，那么它可以验证什么理论，实验结果有什么意义，说明了什么问题，这些都是实验报告应该讨论的。如果本次实验失败了，应找出失败的原因及以后实验应注意的事项，也可以写出本次实验的心得以及提出一些问题或建议等。需要提醒学生，不能由于所得到的实验结果与预期的结果不符就随意取舍甚至修改实验结果，应该分析发生异常的可能原因。

实验报告的撰写是对整个实验过程的思考和总结。通过梳理实验步骤，使实验操作过程得以在学生的头脑中预演，从而提高学生的实验操作能力；通过改进实验设计，培养学生分析和解决问题的能力，以及独立思考、勇于创新的精神；通过如实记录实验结果，培养学生实事求是的科学态度；通过分析和处理实验结果，以及对实验进行总结，提高学生的分析能力和综合能力。此外，撰写实验报告，还可以提高学生的表达能力。

实验报告的格式基本固定，但表现形式是可以变化的。例如，案例3-4-3中的实验报告还可以采用如下所示的形式，帮助学生回顾实验的内容，巩固相应的理论知识。

根据实验情况在横线上填写相应的内容。

1. 区分直通线与交叉线，直通线两端标准________，交叉线两端标准________（选择“相同”或“不同”）；

2. 用________线的两端分别与两台计算机的网卡接口相连，实现两台计算机的物理连接。

3. 对操作系统进行网络设置。

（1）计算机名设置

一台计算机名为________________；另一台计算机名为________________

思考：互联的两台计算机名必须________（选择“相同”或“不同”）

（2）IP地址设置

一台计算机的IP地址为________________；子网掩码为________________

另一台计算机的IP地址为________________；子网掩码为________________

思考：互联的两台计算机的IP地址必须________（选择“相同”或“不同”）；如果一台计算机的IP地址为192.168.200.10，另一台计算机的IP地址为192.168.210.2，两台计算机________（选择“能”或“不能”）互联；如果另一台计算机的IP地址为192.168.268.10，系统会提示________

（3）共享文件夹实现数据交换

在一台计算机的D盘根目录下新建“网络技术应用”文件夹，安装网络向导，共享该文件夹，有以下三个方法可以在另一台计算机上看到该共享文件夹。

① 在另一台计算机的“网上邻居”窗口中可以看到被共享的文件夹。

② 在另一台计算机中选择“开始”→“运行”命令，在打开的运行框中输入\\对方计算机的IP地址，再按下键盘上的Enter键，可以看到被共享的文件夹。

③ 在另一台计算机中选择“开始”→“运行”命令，在打开的运行框中输入\\对方计算机名，再按下键盘上的Enter键，可以看到被共享的文件夹。

思考：要在另一台计算机上对看到的共享文件夹进行操作（如将文件复制到共享文件夹中），在设置共享文件夹时，________（选择“要”或“不要”）选中“允许网络用户更改我的文件”复选框。

在案例“过把‘网管’瘾——常见的网络故障排查”[1]中，也是通过精心设计实验报告来引导学生观察设备，记录网络故障，并分析原因的。

网络故障排查实验记录

组别：________ 小组成员：________________

活动一：观察设备			
设备名称	功能	设备名称	功能

猜想问题可能出现在：

计划的解决方案：

尝试结果：

活动二：线路故障排查		
步骤	排查设备	结果
1		
2		

[1] 任友群，黄荣怀．普通高中信息技术课程标准（2017年版）解读［M］．北京：高等教育出版社，2018：104-105.

进一步猜想问题可能出现在：

活动三：配置参数			
教师机的 IP 地址	实验计算机的 IP 地址	原因分析	解决方法

进一步猜想问题可能出现在：

活动四：测试连接				
步骤	测试命令	结果	故障分析	解决方法

另外，也可以将练习题融入实验报告。例如，在“计算机硬件结构与组装”实验课的实验报告中设置练习题，帮助学生复习常见的计算机硬件及安装位置，掌握计算机的内部构造，如表 3-4-2 所示。

表 3-4-2　常见的计算机硬件与组装

主板	主要硬件	名称	连接位置（填数字）

续表

主板	主要硬件	名称	连接位置（填数字）
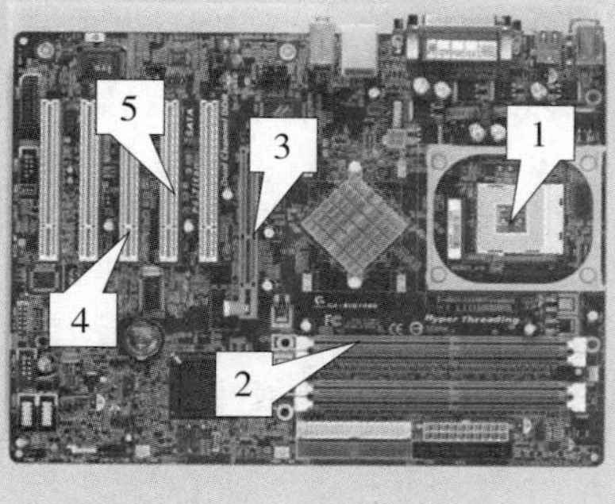			

还可以撰写论文形式的实验报告，这种形式的实验报告主要应用于设计型实验课。在设计型实验课中，一般为学生提供某种情境，要求学生用所学的知识设计实验方案，完成论文形式的实验报告。例如，实验情境：

小明家中有四台计算机，父亲、母亲和小明每人都有一台不带网卡的台式计算机，另外还有一台全家公用的内置网卡的笔记本电脑。小明家已经接入电信宽带。为了实现资源共享，小明准备组建一个家庭局域网，要求采用静态 C 类 IP 地址，使任意两台计算机间可以通过局域网复制文件，使得全家人都能在因特网上自由遨游。请设计一套家庭局域网组建方案，需要写清楚：① 需要购买的硬件设备；② 家庭局域网采用的拓扑结构；③ 计算机上需要安装的网络协议；④ 每台计算机配置的 IP 地址、子网掩码、网关和工作组；⑤ 网络组建以后如何检验网络的连通情况。

论文形式的实验报告，需要学生具备相关的基础知识，能够从全局考虑实验需要注意的问题和需要进行的操作，知识考查得比较全面。但是由于要求学生设计一套完整的实验方案，难度较大。

案例片段：多机互联①

一、实验目的

1. 初步了解小型局域网的构建方法。

2. 熟练掌握 IP 地址的设置。

① 选自江苏省南京市第一中学张钰老师的案例《多机互联》。

二、实验项目

某旅游产品销售公司的工作场所比较简单，只有 4 间办公室，彼此之间距离较近，其平面图如图 3-4-3 所示。公司财务部有 4 台计算机，业务部有 8 台计算机，总经理室和接待处各有 1 台计算机，现在需要将它们连接成网络。目前公司的规模较小，对安全性的要求一般，除了部分公司员工的笔记本电脑及手机等设备可能会接入局域网外，暂时不会有较大的扩展需求。请根据该公司需求为其完成网络设计。

三、实验器材

思科模拟器（Cisco Packet Tracer 6.0）。

四、实验步骤

1. 在思科模拟器中依据拓扑结构图搭建实验设备。

2. 为各个实验设备配置 IP 地址，使它们彼此之间能够互相访问。将你的配置方案填写在表 3-4-3 中。

表 3-4-3　IP 地址配置表

设备	IP 地址	子网掩码
总经理室		
接待处		
财务部 1		
财务部 2		
……		
业务部 1		
业务部 2		
……		

五、你在本实验中遇到哪些困难需要教师帮助

学生思考：

在上述案例片段中，你看到了什么样的教学情境？对该案例片段进行分析，写出点评。

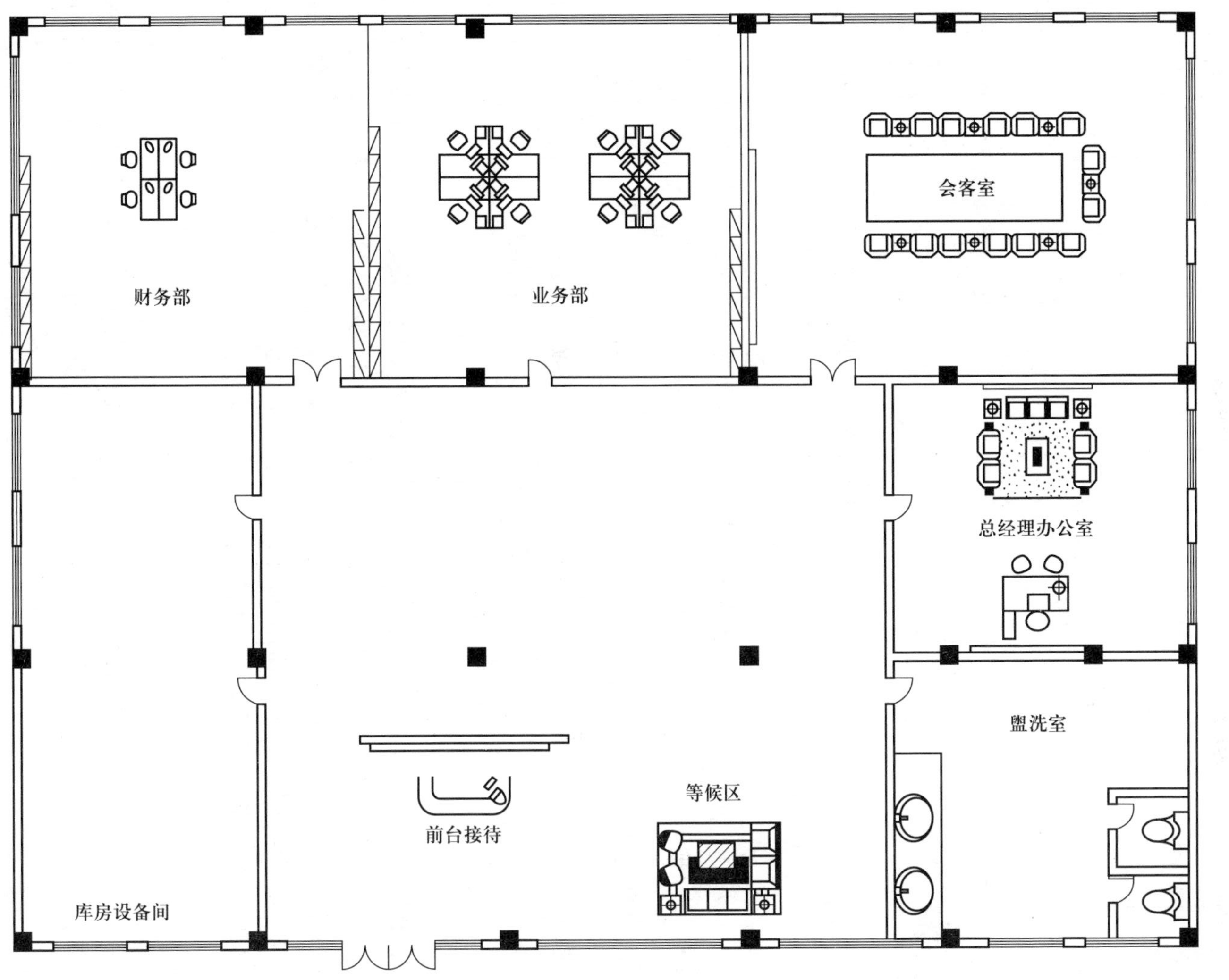

图 3-4-3 某旅游产品销售公司平面图

案例片段点评：

拓展阅读

材料一 中小学机器人教育的核心理论研究
——论实验模拟型教学模式[1]

该研究以“智能风扇”作为实验模拟型教学的典型教学案例，下面从教学实施的六个环节进行描述。

1．把玩和摆弄

教师介绍智能风扇的相关背景知识，并安排学生观察生活中的智能风扇，让学生在把玩和摆弄的过程中了解智能风扇的功能，并熟悉智能风扇的使用方法。

2．产品解构与复原

教师组织学生拆卸教学用的智能风扇，并发给学生观察记录表，让学生在拆卸过程中记录智能风扇的组成部分、各组成部分的功能、各零部件的连接方式等，并推测智能风扇的各项功能是如何实现的。学生拆卸和记录完后，教师讲解智能风扇各项功能实现的原理，启发学生思考如何用机器人去实现这些功能：怎样编写程序、需要用到哪些器材、器材的连接等，最后要求学生按照记录表复原智能风扇。

3．产品需求分析

学生开始构思自己的智能风扇。在具体设计之前，教师需要引导学生思考：与拆卸过的智能风扇相比，我要设计怎样的智能风扇？这个风扇应该具有什么样的功能和

[1] 李婷婷，钟柏昌．中小学机器人教育的核心理论研究——论实验模拟型教学模式［J］．电化教育研究，2017（9）：96-101.

价值？例如，设计利用距离控制电机转速的风扇，或者设计利用温度控制电机转速的风扇。

4．设计可选方案

通过需求分析，学生可以从距离控制和温度控制两个角度出发设计智能风扇，形成可能的初步方案。在这些方案中，有的使用热释电红外传感器，有的使用红外距离传感器，有的使用超声波传感器。

5．制作原型

首先要引导学生分析各种方案的可行性。

从学习内容的难度来看，使用热释电红外传感器的方案，还涉及选择结构的嵌套，学习的难度较大，其他方案的难度比较适中；从趣味性的角度看，距离控制比温度控制更有趣一些；从成本的角度看，使用红外距离传感器的成本要高于使用超声波传感器的成本。因此，基于工程设计思想，在综合考虑学习难度、趣味性和成本等因素后，选择一种方案作为最终的实施方案。

要实现这个方案，首先需要让小风扇转起来。因为这是一个原型作品，因此可以采用小型的直流电机来驱动风扇。其中的关键问题在于如何使风速随着人与风扇的距离变化而自动变化，这又涉及两个问题，一是距离信息的自动检测，二是距离与风扇速度的对应关系，前者可以采用超声波传感器来获取，后者则需要使用映射函数来为电机赋值。

接下来根据最终的实施方案制作自动变速的智能风扇原型，包括硬件搭建和程序编写，具体的操作过程这里不再赘述。

6．测试与评价

电机载重不同，其转动的最小 PWM（脉冲宽度调制）值也会不同，让学生自己检测一下使风扇转动的最小 PWM 值是多少，并记录下来。在实验过程中，还可能出现因映射范围过大而导致风扇转速变化不明显的问题，要引导学生积极测试并找出问题的原因和解决办法。此外，还可以让学生举一反三，实现不同的功能。例如，距离风扇越近，风扇转动得越快。当然，学生也可以根据自己的理解和需求，添加或修改既有的智能风扇设计方案，形成有一定个性色彩的作品。最后，引导学生对作品进行评价。

材料二 家园安防[1]

1．学科核心素养

针对给定的任务进行需求分析，明确需要解决的关键问题，尝试运用适当的方法设计解决问题的方案，并建立结构模型。（计算思维）

让学生认识智能安防系统给人们生活带来的影响及其可能引发的一些潜在问题，使学生初步建立起信息安全意识，能够采用简单的策略或方法，保护个人隐私。（信息社会责任）

2．课程纲要要求

让学生知道生活中常见的信息类型；知道常见的用于感知信息的传感技术；知道常见的用于信息传输的网络通信技术；使学生能够体验和了解身边的物联网应用，并能够进行恰当的评价；能够利用教师提供的实验器材进行探究实验。

3．教学内容分析

教材以住房平面图为基础，让学生讨论不同区域可能存在的安全隐患，明确这些安全隐患的特征及类型。通过模拟布防，让学生了解常见的智能安防探测设备，了解家居智能安防系统及其工作流程，并能够结合实验器材，基于真实问题进行安防系统的初步设计和搭建。

4．学情分析

小学六年级学生对于家居环境中的安全隐患和常见的智能安防探测设备有一定的认知和了解，具有一定的物联网实验传感器及相应的联动设备的设计、组装基础。

5．教学目标

（1）对于家居的不同区域，知道对应的安全隐患类型和探测设备。

（2）通过模拟防护体验，尝试建立安防系统模型，了解其工作流程。

（3）通过设计简易的防护方案，尝试利用学科的思维方式去解决问题和设计方案。

（4）通过搭建与运行实验模型，培养团队合作意识，提高学生动手能力。

---

① 选自江苏省无锡市洛社中心小学钱志坚老师的案例《家园安防》。

6．教学重难点

重点：家园安防系统及工作流程。
难点：家园安防系统的安防策略。

7．教学准备

演示文稿、各种家园安防设备、配套的实验器材。

8．教学环境

网络多媒体教室。

9．教学过程设计

（1）情境引入

2018 年 3 月，无锡市某居民楼发生了一起燃气安全事故，事发单元的楼顶被炸穿（课件中播放燃气泄漏爆炸的现场照片）。像这种由于燃气泄漏引发的家园安全事故在生活中并不少见，因此对家居环境的安全要警钟长鸣。除了燃气泄漏，家居环境还存在哪些安全隐患呢?

设计意图：通过燃气泄漏这个接近学生生活实际的安全事故，引发学生对家园安全的思考，带着问题进入课堂。

（2）家园守护——安全隐患探测器

活动一：安全隐患分析

知识与技能：了解家居中常见的安全隐患类型及主要分布区域。

① 根据生活经验说说家居环境中除了燃气泄漏还存在哪些安全隐患?

② 通过课件呈现卧室进水、房屋着火、家中被盗等事故。

③ 出示家居平面图，如图 3-4-4 所示。这些安全隐患最容易在家中的哪个区域存在?

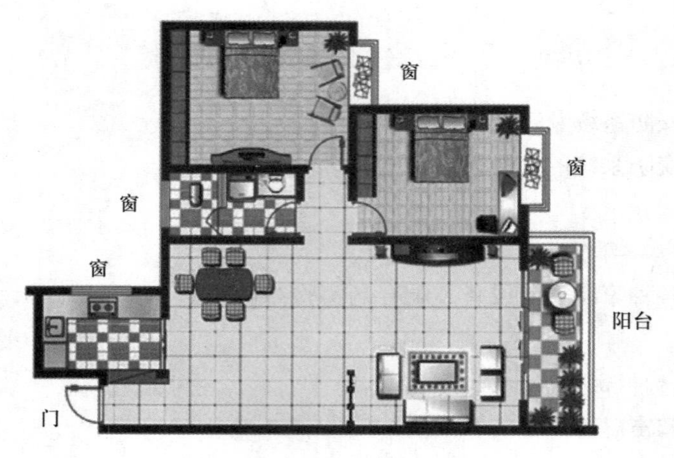

图 3-4-4　家居平面图

教师根据学生的交流情况总结形成安全隐患表，如表 3-4-4 所示。

表 3-4-4　安全隐患表

安全隐患	所在位置	解决手段
燃气泄漏	厨房	
漏水	卫生间	
火灾	厨房、卧室、客厅	
外部入侵	门窗、阳台	
……	……	

设计意图：通过介绍现实生活中发生的各种家园安全事故并结合学生的生活经验，使学生了解家居环境中存在安全隐患的位置、特征及类型，明确需要解决的关键问题。

活动二：安全隐患防范

知识与技能：了解不同安全隐患对应的探测器。

对于这些安全隐患可以采取哪些措施来解决呢？如果要防止外部人员入侵，可以采取怎样的防护措施？

交流分析：

① 人体红外探测器、摄像头在解决外部人员入侵这个安全隐患时，与传统措施相比有什么优势？（实时、快速地采集入侵信息）

② 对于其他安全隐患可以采取什么措施解决？（各种探测器，如燃气泄漏探测器、

水浸探测器、烟雾探测器等）

要杜绝安全隐患，首先需要能实时、快速地采集到安全隐患的信息。各种探测器之所以具有这样的信息采集功能，是因为它们内部有相应的传感器。

设计意图：通过将各种探测器与传统防护措施进行对比，凸显探测器的优势；使学生了解智能安防系统的实现基础，以及传感器在家园安防中的价值。

（3）智能安防——报警联动

活动一：智能报警

知识与技能：了解智能处理中心的信息管理和控制功能。

在人们利用各种探测器采集到安全隐患信息后，又是如何保障家居安全的呢？

学生体验：门窗磁感应器、烟雾探测器、燃气泄漏探测器的报警。

交流分析：

① 烟雾探测器探测到烟雾但没有发出警报，为什么？

② 谁来判别采集到的安全隐患信息是否满足报警条件？

智能处理中心能够把探测器采集到的安全隐患信息与它里面预设的数据进行对比和分析，如果满足报警条件，就会向报警控制设备传递信息进行报警。

设计意图：根据报警控制设备工作与否，了解智能安防中的数据分析与管理，使学生初步了解智能安防的工作流程。

活动二：联动组网

知识与技能：了解家园智能安防系统及其工作流程。

警报声起什么作用？（提醒在家的人采取相应的防护措施）如果家里没人怎么办？

模拟体验：

① 模拟燃气泄漏防护。模拟燃气泄漏，如图3-4-5所示。在家里没人的情况下，首要的防护任务是什么？（关闭燃气）智能处理中心会让排风扇、机械手（电磁阀）等控制设备进行联动防护，实现家园安防。可见，要实现家园安防，除了探测器，联动控制设备也是必需的。

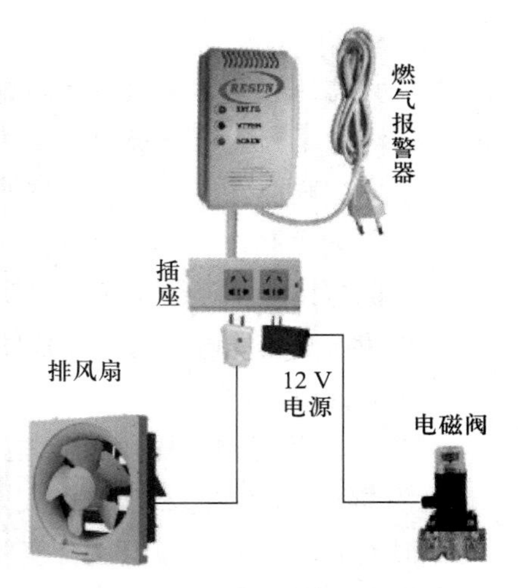

图 3-4-5 模拟燃气泄漏图

② 模拟入侵防护（小米人体探测器、多功能网关、摄像头、手机联动防护）

在进行外部入侵防护时，探测器首先需要联动什么设备？联动设备间的信息依靠什么传递？燃气泄漏探测器报警联动时，信息依靠什么传递？因此，在实现家园的智能防护时，信息传递的通信网络也是非常关键的，如果网络不畅就会导致智能防护失效。

要使家园更安全，除了各种探测器外，还需要通信网络、报警控制器、控制设备和智能处理中心联动工作，这就形成了一个以多种探测器为核心的立体家园智能安防系统。在这个系统中，多种探测器通过网络连接起来形成了一个探测网络，使防护更加有效，并减少防护漏洞的出现。根据图 3-4-6 说说家园智能安防系统是如何工作的？

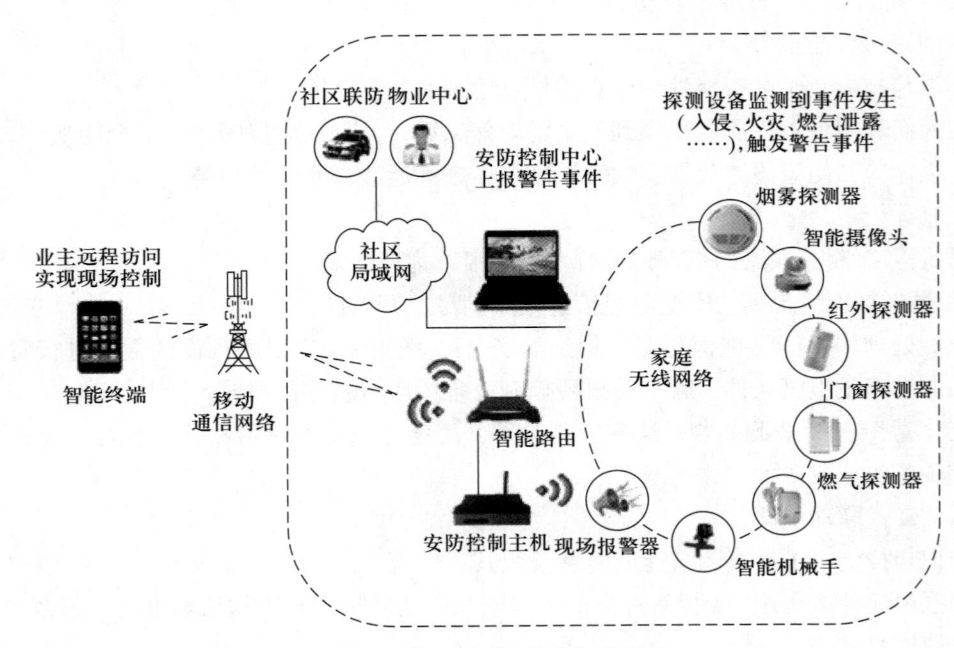

图 3-4-6 家园智能安防系统

设计意图：通过对燃气泄漏防护和入侵防护的体验，用“首要防护任务”的方式让学生认识到家园安防系统因安全隐患类型及使用环境等的差异而会涉及不同的防护策略，包括不同的联动控制设备及通信网络，从而了解家园智能安防系统及其完整的工作流程。

（4）动手制作——简易安防设计与搭建

知识与技能：设计区域简易防护方案并搭建实验模型。

要使探测器能够更好地完成防护任务，还需要对这些探测器进行合理的选择和布防。

交流分析：

① 红外传感器有探测角度与距离的缺陷。

② 摄像头存在隐私泄露的安全风险，不是什么地方都能布防的。

根据前面学习的知识结合实验器材配置的传感器类型，设计并完成具有报警功能的安全隐患点简易防护方案。

交流汇报：布防区域、主要器材、方案特点。

搭建模型并展示。

设计意图：通过对家园安防的布防分析及简易防护方案实验模型的设计与搭建，使学生进一步了解家园安防系统及其工作流程，展示自己的问题解决方法和思路，加深学生对所学知识的理解，同时也指向学生学科核心素养的培养。

（5）知识梳理

归纳总结本节课的学习内容。

○ 参考文献

[1] 李婷婷，钟柏昌．中小学机器人教育的核心理论研究：论实验模拟型教学模式 [J]．电化教育研究，2017（9）：96–101．

[2] 方明．机器人的眼睛 [M] // 李艺，钟柏昌．书写智慧共同成长：全国信息技术课堂教学案例大赛优秀作品与点评：义务教育分册．北京：北京师范大学出版社，2009：113–116．

[3] 唐付燕．计算机硬件的认识和安装 [M] // 李艺，钟柏昌．书写智慧共同成长：全国信息技术课堂教学案例大赛优秀作品与点评：义务教育分册．北京：北京师范大学出版社，2009：215–218．

[4] 余晓珺．IP 地址与多机互联 [M] // 李艺，朱彩兰．走进课堂：高中信息技术新课程案例与评析（选修）．北京：高等教育出版社，2007：185–196．

[5] 任友群，黄荣怀．普通高中信息技术课程标准（2017 年版）解读 [M]．北京：高等教育出版社，2018．

3.5 作品制作课教学方法设计

○ 问题提出

作品制作课是把作品制作作为授课的主要任务来进行教学的一种课型。

高中信息技术课程标准中强调让学生经历信息技术过程，该过程大致可以分为两类，一类是局部的和微观的，包括接触信息技术、操作与使用信息技术、将信息技术应用于解决问题的某个阶段或者某个具体环节等；另一类是相对完整的，指根据实际问题的要求，应用信息技术去完成一个相对完整的作品，或者完成其规划、设计、制作等。前者主要体现在技能课中，后者则是作品制作课关注的重点，这也是作品制作课的目的。

文本作品的加工、多媒体作品的制作、网页信息的集成等都可以作为作品制作课的内容。工作对象不同，对应的信息技术过程所包含的阶段也有所不同。例如，创作多媒体作品以实现某种交流效果，实际过程可以细化为分析需求—规划内容—选择媒体—策划创意—设计信息呈现方式—制作作品—交流评价；建设网站的具体过程可以细化为分析—规划—设计—创作—发布—评价这样的工作过程。总体而言，较为完整的信息技术过程都包括规划、制作、评价等部分，所以作品制作课的基本模式是，学生从某一现实问题或主题出发，经历完整的作品规划设计、制作和评价的过程，最终呈现出一定容量的作品。

作品制作课中也会涉及技能学习与训练。与技能课相比，作品制作课侧重于让学生经历较为完整的信息技术过程（规划、制作、评价过程），在此过程中的技能学习与训练是为作品服务的，是指向作品的。相对而言，作品的规划与制作是整体，技能训练是局部与基础。

作品制作课中常用的方法是任务驱动法，常见的教学组织形式是分组合作。作品制作课相对于理论课来说，学生的积极性比较高，但是出现的问题也往往比较多。那么如何上好作品制作课呢?

○ 学习引导

作品制作课是在制作作品的过程中帮助学生掌握基础理论、提高实际操作技能的常见课。与技能课相比，作品制作课能让学生体验作品制作的完整过程。那么在实践教学时如何保证作品规划落到实处？如何展开评价以对学生形成更好的引导？本节的一些案例可以给读者带来一定的启发。

作品制作课强调学生经历作品的规划、设计、制作、评价的整体流程。本节将分别从作品的规划设计、作品的制作、作品的评价等方面选取典型案例，以展现作品制作课教学的过程。

案例分析

案例 3-5-1　建站规划[①]（节选）

教师通过引导学生观摩“中华傲三峡”和“机器人”网站，讲解并剖析网站的基本概念，以及规划网站的步骤和技巧，启发学生去思考。通过让学生填写“我喜爱的网站”分析表（如图 3-5-1 所示），引导学生切实从网站主题、网站布局、网站风格及网站导

<table>
<tr><td>网站地址</td><td colspan="2"></td><td>网站类型</td><td></td></tr>
<tr><td rowspan="4">网页风格及创意</td><td>版面布局</td><td></td><td rowspan="4">网站主题名称</td><td rowspan="4"></td></tr>
<tr><td>主色调</td><td></td></tr>
<tr><td>标志与字体</td><td></td></tr>
<tr><td>设计特色</td><td></td></tr>
<tr><td rowspan="4">导航栏的设计</td><td colspan="2"></td><td rowspan="4">网页元素</td><td></td></tr>
<tr><td colspan="2"></td><td></td></tr>
<tr><td colspan="2"></td><td></td></tr>
<tr><td colspan="2"></td><td></td></tr>
<tr><td>超链接形式</td><td colspan="4"></td></tr>
</table>

<table>
<tr><td>一级栏目名</td><td>二级栏目名</td><td>三级栏目名</td><td>内容描述</td></tr>
<tr><td rowspan="9"></td><td rowspan="3"></td><td></td><td rowspan="3"></td></tr>
<tr><td></td></tr>
<tr><td></td></tr>
<tr><td rowspan="3"></td><td></td><td rowspan="3"></td></tr>
<tr><td></td></tr>
<tr><td></td></tr>
<tr><td rowspan="3"></td><td></td><td rowspan="3"></td></tr>
<tr><td></td></tr>
<tr><td></td></tr>
<tr><td>……</td><td>……</td><td>……</td><td>……</td></tr>
</table>

图 3-5-1　“我喜爱的网站”分析表

① 选自江苏省南京市六合高中张涓老师的案例《建站规划》。

航、链接设计等多个方面多角度地赏析并感悟教师提供的优秀网站作品，在赏析的同时学习优秀的网站是如何规划的，从而为分小组合作规划主题网站奠定基础。

组织学生在课前以兴趣爱好为原则组建建站小组（以3~5人为宜），课上小组成员参照教师提供的网站类型及名称参考表从网站选题及网站名称入手，通过讨论、协商完成网站规划分工计划表（如图3-5-2所示）和小组主题网站栏目设计分工表（如图

网站主题名称			
主题网站名称拼音缩写(建立虚拟目录时使用)			
主要内容			
选择理由			
具体任务	时间安排	负责人	备注
总体规划(主题制定、栏目设计、网站超链接)			
风格设计(版面设计、标志设计、模板文件)			
收集资料			
撰写文稿			
网页制作			
组长		机号	
小组成员及机号			

图3-5-2 网站规划分工计划表

3-5-3 所示）的填写。通过填写表格，激发学生的规划意识，启发并引领学生学习一步一步“脚踏实地”地规划网站，并讨论任务分工，规划建站进度，设计网站布局、网站导航及网站的各级栏目等。在填表的过程中，学生们逐步学会分工，学会合作，学会网站的规划及设计，理解并掌握网站建设之初——进行网站整体设计规划时需要考虑的问题，如主题、风格、结构、运行环境和开发工具等，激发学生的规划意识，进而培养学生良好的学习方法，提升学生的规划能力。

<table>
<tr><td>网站名称</td><td></td><td colspan="2">组长</td><td></td><td colspan="2">所在机号</td><td></td></tr>
<tr><td>成员、机号</td><td colspan="4"></td><td colspan="2">填表人</td><td></td></tr>
<tr><td rowspan="4">网页风格及创意</td><td colspan="2">版面布局</td><td colspan="5"></td></tr>
<tr><td colspan="2">主色调</td><td colspan="5"></td></tr>
<tr><td colspan="2">标志与字体</td><td colspan="5"></td></tr>
<tr><td colspan="2">设计特色</td><td colspan="5"></td></tr>
<tr><td>一级栏目</td><td>二级栏目</td><td colspan="2">三级栏目</td><td colspan="2">内容描述</td><td colspan="2">负责人</td></tr>
<tr><td rowspan="9"></td><td rowspan="3"></td><td colspan="2"></td><td colspan="2"></td><td colspan="2" rowspan="9"></td></tr>
<tr><td colspan="2"></td><td colspan="2"></td></tr>
<tr><td colspan="2"></td><td colspan="2"></td></tr>
<tr><td rowspan="3"></td><td colspan="2"></td><td colspan="2"></td></tr>
<tr><td colspan="2"></td><td colspan="2"></td></tr>
<tr><td colspan="2"></td><td colspan="2"></td></tr>
<tr><td rowspan="3"></td><td colspan="2"></td><td colspan="2"></td></tr>
<tr><td colspan="2"></td><td colspan="2"></td></tr>
<tr><td colspan="2"></td><td colspan="2"></td></tr>
<tr><td>……</td><td>……</td><td colspan="2">……</td><td colspan="2">……</td><td colspan="2">……</td></tr>
</table>

图 3-5-3　小组主题网站栏目设计分工表

作品制作课的开端通常是一个具体的规划。这部分内容对学生来说往往比较空洞，如何将其落到实处？该案例提供了一个很好的思路和借鉴。在本案例中，教师通过让学生赏析网站作品，再填写规划网站的系列表格，把看起来“空洞”的网站规划逐步落到实处。本案例用了两个课时，学生把在第 1 课时中学到的规划网站的相关知识，应用于规划一个具体的小组合作主题网站，这是一个创作实践的过程。当然学生的规划能力不可能通过一两节课明显提升，这需要一个过程。因此，培养学生良好的学习方法，激发学生的规划意识，是本案例教学的关键。

对于作品的规划，教师需要明确规划只是作品制作的准备工作，但是对于作品的制作实践来说，作品的规划设计却是教学的重点，因为规划和设计是制作作品的前提。本案例中的网站规划就是希望学生能够通过体验完整的建站过程，体会到规划的重要性。信息技术教材从确定网站主题、设计网站风格、规划网站结构、了解网站运行环境及选择网站开发工具五个方面进行了阐述，同时还从标志、主色调、文字效果及版面设计四个层面对网站风格进行了相关描述，但是对高一学生而言显得有些抽象。在教学中，教师可以通过让学生观察实例，进行比较和思考，真正理解网站的独特风格是标志、色调、文字及版面多个层面共同作用的结果，这样学生在规划自己的网站、设计网站风格时才会主动地从这几个层面进行考虑，将网站的规划及设计落到实处。

借助表格将“虚”的作品规划和设计落到“实”处，这种方法简单，易于操作，不受内容限制。例如，如图 3–5–4 所示，上课时可以引导学生先观察，注意天空、草地、蘑菇房子、小松鼠等的形状，明确这些都可以用“画图”中已有的形状来完成。表 3–5–1 可以帮助学生将形状使用的规划落到实处。就规划而言，还需要引导学生规划好绘图顺序，设想不同顺序下可能的绘制结果，明确形状与顺序之后，再进行具体的操作。

图 3–5–4 美丽的天空

表 3–5–1 美丽的天空

图案	用到的形状
渐变色的天空	
草地	
蘑菇房子	
小松鼠	

根据需要还可以借助更多的形式展开作品规划。例如，在案例《制作故事封面》中，教师为学生提供各种格式的文字贴纸，学生分组在展板上粘贴，形成了不同的排版方式。这种粘贴方式简单快速，短时间内即可呈现不同的封面布局，教师再据此引导学生明确布局中需要注意的问题，进而进入实践操作。又如，在对作品进行布局规划时，可以安排学生事先在纸上画出示意框图，使得作品布局的规划结果能够直观地呈现出来。再如，利用思维导图软件规划网站内容结构，直观形象。这些形式都可以保证规划落到实处。

综合作品的制作往往需要通过小组合作来完成，因此规划时需要考虑小组分工。

案例《建站规划》中设计了网站规划分工计划表，按照主题、栏目、风格等进行了分工。案例《建设网络家园》[1] 中，教师设计了小组主题网站栏目设计二维分工表（如表 3-5-2 所示），以保证每个学生在发挥自己特长的同时，都可以在具体的栏目制作中得到应有的操作训练。

表 3-5-2　小组主题网站栏目设计二维分工表

	项目经理	策划	美工	程序员	网页编辑	测试发布
主页			☺			
栏目 1	☺					
栏目 2		☺				
栏目 3				☺		
栏目 4					☺	
栏目 5						☺

案例 3-5-2　小小胸卡　个性飞扬——Word 的综合运用 [2]

1. 创设情境，巧妙导入

教师：展示被涂改的胸卡

教师：大家说说看，这种现象文明吗？

学生：不文明……

教师：是的，老师也觉得不文明，老师私下里询问了一些同学发现，我们的胸卡确实太单调了，因为这是由工厂统一制作的，所以千人一面，展示不出大家的个性。那么大家想不想自己设计和制作个性的胸卡呢？

2. 提出问题，合作探究

教师：播放网上找来的各种胸卡图片，讨论胸卡由哪些元素构成？

学生：校名、班级、姓名等学生的个人信息，照片，还可以有校徽……

教师：了解了胸卡的基本构成元素，我们再来欣赏一下其他班级同学设计的胸卡

---

[1] 夏燕萍. 建设网络家园［M］// 李艺，朱彩兰. 走进课堂：高中信息技术新课程案例与评析（选修）. 北京：高等教育出版社，2007：211−225.

[2] 刘倩. 小小胸卡　个性飞扬：Word 的综合运用［M］// 李艺，钟柏昌. 书写智慧共同成长：全国信息技术课堂教学案例大赛优秀作品与点评：义务教育分册. 北京：北京师范大学出版社，2009：154−157.

（播放胸卡图片），在欣赏的同时，请大家在脑海里构想一下，怎样设计自己的胸卡呢？

3. 巧设任务，循序渐进

下面我们通过五个简单的任务，来学习如何制作一张图文并茂的胸卡，请同学们注意总结胸卡的制作步骤。

任务一：请将页面设置为宽 9 cm，高 13 cm，方向设置为“横向”。

任务二：请插入图片“背景 .jpg”，并设置合适的文字环绕方式。

任务三：请用艺术字插入校名——“掌起初级中学”，设置合适的文字环绕方式。

任务四：请用文本框介绍自己的个人信息（包括班级、姓名、学号）。

任务五：请插入自己的照片，并写下座右铭。

教师、学生：总结胸卡的制作步骤。

4. 展现个性，激情创作

教师：现在同学们已经掌握了制作胸卡的基本步骤，那么你们想不想亲自动手设计和制作一张展示自己个性和才情的胸卡呢？

教师：老师给同学们准备了设计和制作胸卡的素材，请同学们在优美的音乐声中展开你们想象的翅膀，把你的个性用胸卡展现出来。（教师提示学生胸卡素材及参考资料的存放位置，并进行个别辅导）（播放音乐）

……

本案例节选自浙江教育出版社出版的教材《初中信息技术》第 2 单元第 4 节。学生通过前阶段的学习，已经基本了解 Word 中图片、文本框、艺术字的相关知识，同时具备了一定的审美能力。选取胸卡设计和制作题材能够有效地创设情境，引发学生共鸣。这一主题的选择，反映出教师对学生生活的细致观察。这一创意的巧妙之处还在于既张扬了学生的个性，又教会了学生知识，同时又潜移默化地教育了学生。本案例的基础练习部分设计合理，没有简单、直接地进行灌输式讲授，而是借助精心设计的五个任务，引导学生循序渐进地总结设计和制作胸卡的基本步骤，让学生对设计和制作胸卡的过程有了初步的了解与把握，在此基础上再“放飞”学生，让学生自主设计，展示个性。这样，必要的引导与适当的放手相结合，保证了教学的效率与效果。

作品制作课通常需要几个课时来完成，那么如何调动学生学习兴趣，使他们保持学习热情呢？俗话说，“良好的开始是成功的一半”，课堂导入部分起着提纲挈领的重要作用。好的“导入”可以诱发学生的学习愿望，建立起良好的课堂秩序，唤醒学生已有的经验和意识。学生的学习情绪既可因“导入”得当而高涨，也会因“导入”不当而低落。因此，课堂导入时的“情境”创设应符合学生的实际情况，要与学生的生活密切相关，这样才能引起学生的关注。在本案例中，由于学校要求学生每天都要佩戴胸卡，而经常都有学生因为在胸卡上乱涂乱画被批评，所以教师创设的情境一下就引起了学生的共鸣，一听说要自己设计胸卡，学生的学习积极性很快就被调动起来，课堂气氛显得热烈而融洽。

作品制作课中常用的教学方法是任务驱动法，那么如何设置任务呢？技能课上的任务是为技能训练服务的，一节课讲解下来，大多数学生都能通过任务领会和掌握课堂教学的内容。而作品制作课上的任务是为作品制作服务的，让学生设计和制作个性化的作品，学生可能会不知道从何下手。因此，教师在作品制作课上设置任务，要把零碎的知识点联系起来，合理地划分任务的大小，使它们在学生制作作品的过程中层层推进，相辅相成。学生完成任务的过程，即是作品制作的过程，教师在其中始终是一个引导者的角色。例如，教师在本案例的设计过程中，用巧妙设计的五个基本任务，引导学生循序渐进地掌握设计和制作胸卡的步骤。

在作品制作课中，最后呈现出的一定是学生的作品，如何选择作品的内容？是全班模仿有限的几个作品，扎扎实实地掌握技能，还是放手让学生按照个人的意愿自由选择主题完成作品，这是教师们经常面临的选择。在本案例中，教师与学生在总结出设计和制作胸卡的步骤后，教师并不是简单地让学生模仿已经有的胸卡作品，而是放手让学生想象自己的胸卡，进而综合运用已经掌握的方法，个性化地设计和制作属于自己的胸卡。这种方法就给了人们一种启示，先用合适的任务帮助学生学会作品制作的基本方法，再让学生充分发挥创造力。这样可以使学生的作品多元化，不再被教师的思维所局限。等到学生展示作品时，教师会意外地收获学生的创作热情与想象力。

案例 3-5-3 校园英语 DV 作品制作亲密接触——视频的采集与加工[1]

1. 课前准备

（1）根据每个学生的具体情况，对学生进行异质分组，每组学生为 3~5 人。

（2）收集有关 DV 制作方面的学习材料和操作技巧。

（3）制作网络环境下“在线课堂”学习平台中本次教学活动的学习内容。

（4）拍摄一些校园视频素材，并制作一个给学生展示的英语 DV 作品《快乐的校园》。

2. 教学过程

第 1 课时：视频文件格式与视频采集方法

---

[1] 徐建刚. 校园英语 DV 作品制作亲密接触：视频的采集与加工［M］// 李艺，朱彩兰. 走进课堂：高中信息技术新课程案例与评析（选修）. 北京：高等教育出版社，2007：140-151.

教学评价	让各小组长参照小组分工与组员评价表（如图3-5-5所示）对其小组内各成员的学习表现进行评价。 将学生的闪光点和学生学习中出现的问题记录到学生成长记录袋中	小组长填写小组内各成员的学习表现情况。 其他同学也填好自评表。 （注：对于学生的表现，系统会自动将其记录到学生成长记录袋中）	激励学生在学习过程中有积极的表现

第2课时：DV拍摄技巧与视频的加工处理

教学评价	让各小组长参照小组分工与组员评价表对其小组内各成员的学习表现进行评价。 将学生的闪光点和学生学习中出现的问题记录到学生成长记录袋中	小组长填写小组内各成员的学习表现情况。 其他同学也填好自评表。 （注：对于学生的表现，系统会自动将其记录到学生成长记录袋中）	激励学生在学习过程中有积极的表现

第3课时：英语DV作品制作与作品评价

作品展示	组织学生以小组形式到讲台上展示他们的作品。 提出任务：记录下各组作品的优缺点，展示完作品后，大家要对这些作品进行投票。 对学生作品中的闪光点和不足之处适当进行点评。 鼓励学生对展示的作品提出自己的看法	展示自己小组的作品。 欣赏各小组的作品。 记录各小组作品的优缺点。 对小组作品进行评论。 组长填写小组内各成员的学习表现情况 （注：对于学生的表现，系统会自动将其记录到学生成长记录袋中）	通过作品展示，提高了学生交流和表达的能力
教学评价	组织学生按照“英语DV作品评价标准”（如图3-5-6所示），在每个作品的评论区中对小组作品进行评论并投票。 根据学生和教师的投票，选出本班的最佳作品	根据“英语DV作品评价标准”，学生可以在每个作品的评论区中对作品进行评论并投票。 （注：对于作品评价结果，系统会自动将其记录到学生成长记录袋中）	评价给了学生自由发展的空间，其最终目的是学生的发展

本案例节选自广东基础教育课程资源研究中心编著的教材《多媒体技术应用》第5章第3节至第4节。在本案例中，教师对教材内容进行了重组，并与英语学习进行了整合，让学生设计和制作一个英语DV作品，目的是让学生亲历完整的信息获取、加工和表达的过程，同时激发学生学习信息技术和英语的兴趣。在教学中，将任务放到学校科技节英语DV作品大赛的背景下，采用异质分组学习的方法，由学生协作完成作品。作品完成之后，由全班学生和教师通过投票的方式选出一个最佳作品，再由全班学生共同

小组任务			组长	
组员名单	分工情况	组员评价		
		工作表现	合作意识	完成任务情况

评定等级：A—典范　B—良好　C—及格　D—还需努力

图 3-5-5　小组分工与组员评价表

评审指标	评价标准	权重
思想性	主题明确，内容积极，健康向上	15%
	能科学、完整地表达主题思想	
	内容契合作者的学习和生活实际	
创造性	主题表达形式新颖，构思独特、巧妙	20%
	具有想象力和个性表现力	
	内容、结构设计独到	
艺术性	反映出作者具有一定的审美能力	15%
	情节、人物、语言等设计上引人入胜	
	角色形象生动活泼，富有艺术想象力	
	音效与主题风格一致，具有艺术表现力	
技术性	选用的制作工具和制作技巧恰当	25%
	技术运用得准确、适当、简洁	
	画面衔接流畅，视听效果好	
英语表达	字幕内容通顺，无错别字	25%
	语言表达流畅，无表达错误	
	能够准确、恰当地运用英语进行表达	

图 3-5-6　英语 DV 作品评价标准

出谋划策对其进行修改和完善，以作为参加全校“英语 DV 作品”比赛的作品。

教师在作品评价中充分运用了过程性评价来激励学生积极参与学习的全过程。同时，评价中采用了学生自评、组长评价、教师评价，实现了评价主体的多元化；还充分利用“成长记录系统”平台全程记录学生的学习情况，记录学生的成长历程，使评价更加全面，以此来激发和保持学生的学习热情和培养学生的诚信意识。教师还注重学生的个体差异，力求做到每次评价都对学生进行分层次评价，体现以学生发展为本的教育理念。此外，还为学生提供了精心设计的小组分工与组员评价表，既对学生的小组分工有指导意义，又避免了小组合作学习中搭顺风车的现象。而英语 DV 作品评价标准表则使得对作品的评价更加规范。

在该案例中，学生表现、作品等的评价是分别进行的，也可以将它们综合到一个评价表中。例如，在案例《建设网络家园》[1] 中，小组合作及专题网站评价量规（如表 3–5–3 所示）关注了对学生的表现评价及网站评价，评价主体包括教师（“综合评价”一栏由教师完成）和学生，体现出设计者对评价的综合考虑。

表 3–5–3　小组合作及专题网站评价量规

被评价的小组：____________　网站名称：____________

评价对象	评价项目	评价标准	评估等级（请打“√”）			
			优秀A	良好B	一般C	较差D
小组表现	积极参与合理分工	所有成员都积极参与小组活动，任务被合理地分配给每一个小组成员				
	团结互助交流互动	小组成员具有极好的倾听能力，能够通过讨论的方式共享他人的观点和想法，互帮互助				
	角色扮演	每个小组成员都有自己明确的角色；小组成员能有效地行使自己的角色				
成员表现	工作态度	积极、认真、持续地为小组目的工作				
	顾及他人	顾及小组其他成员的感受并且能够了解小组其他成员的需求，愿意为他人提供帮助				
	讨论和交流能力	在小组内交流、辩护并对自己的观点进行反思，鼓励并支持他人的观点和努力				

[1] 夏燕萍. 建设网络家园［M］// 李艺，朱彩兰. 走进课堂：高中信息技术新课程案例与评析（选修）. 北京：高等教育出版社，2007：211–225.

续表

评价对象	评价项目	评价标准	评估等级（请打“√”）			
			优秀A	良好B	一般C	较差D
成员表现	对小组的贡献	积极、持续地贡献出自己的资料、知识、观点和技能				
	评估能力	评估小组所有成员的知识、观点和技能的价值并且鼓励他们用这些才能为小组做贡献				
	鉴定能力	积极帮助小组鉴定必要的改变并且鼓励其他成员参与这一改变				
网页评价	选题	选题新颖，主题明确，重点突出，有独创性				
	内容	积极健康，有一定的深度和广度，适于阅读和使用，无明显错误				
	首页	页面富有吸引力，有清晰的目标，包括索引或目录，并列出了作者的名字				
	版权保护	信息来源可靠，出处明确				
	布局	版面设计合理，区域划分清晰，风格一致，格式统一				
	导航	导航清楚且富有层次，超链接设计友好，所有链接都有效；每个栏目都有主题页和分支页，至少有四页				
	多媒体	图片、动画显示正常，浏览速度正常，增强了对主题的表达				
	风格创意	网站标志、横幅富有创意，文本、图像、背景和谐统一				
	动态网页	使用动态网页技术，增强网站交互功能				
综合评价						

作品的评价是作品制作课的最后一步，也是关键的一步，但是常常被忽视，能不能让学生在学习的过程中学会评价，是衡量作品评价是否成功的标志。评价表的设计可以由教师来完成，也可以在教师的引导下由学生来完成，评价的内容可以根据任务的性质和评价的要求来确定。在以教师为主的评价表的设计过程中，建议鼓励学生加入到评价表的制定中来。一方面，可以激发学生的主动意识，提高他们的积极性；另一方面，通

过介入评价表的制定，学生能够更加深入地把握评价的内容。这样学生能够有意识地根据评价的内容来反思自己的学习，促进自己进步。如果评价表由学生来制定，效果往往不够理想。为此，可以这样操作：展示一个制作好的作品，让学生粗略地进行评价，好在哪里，不好在哪里。教师将学生点评的文字记录下来，提炼出几个角度，形成初步的评价表。在此基础上，学生分别从这些角度对作品做深入的分析，目的在于让学生挖掘每个角度下的更多方面。教师记录学生深入点评的文字，细化原有的评价表，引导学生构建评价表。这样可以体现评价主体的多元性，提高学生的评价能力。

在对作品进行评价的过程中，教师需要指出：即使依据同一张评价表对同一个作品进行评价，不同的人给出的评价结果未必相同，这说明评价会受到主观影响。因此，评价表在设计的过程中要规范、细致，评价者在评价的过程中要客观、公正。教师还需要引导学生了解评价的目的：通过评价，可以学会如何去评价，从哪些方面去评价；同时，通过评价反馈的意见，可以认识到自己的不足，进一步修改和完善作品。因此，评价是一个自我提高的过程。

案例片段：网页的风格与创意 ①

环节一　王熙凤的人物描写，感受人物风格。

在《红楼梦》中，作者用了极浓的笔调写了王熙凤的出场：“她满身锦绣，珠光宝气”“一双丹凤三角眼，两弯柳叶吊梢眉”“粉面含春威不露，丹唇未启笑先闻”，“恍若神妃仙子”，但是她又“面艳心狠”。正如兴儿形容：她是“嘴甜心苦，两面三刀，上头一脸笑，脚下使绊子，明是一盆火，暗是一把刀”。

环节二　小游戏，描述身边的同伴，体验风格。

布置体验活动：试描述身边的某一个同学。

1. 任意选择班里的一个同学A，让大家来描述。

2. 同学A任意描述班级里的一个同学，请大家根据描述猜猜所描述的是谁。

环节三　电子作品欣赏，体验作品风格。

作品的名称	
作品反映的主题	
表述的内容	
实现的工具软件	
这个作品具有交互性吗？	

① 选自江苏省南京市第一中学余晓珺老师的案例《网页的风格与创意》。

续表

体会作品的风格	
如果用一句话描述这个作品，应该是：	
想到这个作品，可以联想到的颜色是：	
想到这个作品，可以联想到的画面是：	
想到这个作品，可以联想到的动物是：	
如果把这个作品看作一个人，他拥有的个性是：	
这个作品给你的最深印象是：	

环节四　规划自己的网页作品风格。

体现的主题	
要表述的内容	
实现的工具软件	
确定作品的风格	
如果用一句话描述你的作品，应该是：	
想到你的作品，可以联想到的颜色是：	
想到你的作品，可以联想到的画面是：	
想到这个作品，可以联想到的动物是：	
如果把你的作品看作一个人，他拥有的个性是：	
作为设计者，你希望给人的印象是：	

学生思考：

在上述案例片段中，你看到了什么样的教学情境？对该案例片段进行分析，写出点评。

案例片段点评：

拓展阅读

材料一 作品制作课的宏观指导：需要处理好的五对矛盾

第一对矛盾：主动与被动的矛盾。

教师给定虚拟的需求，介绍软件的使用，设计相应的任务让学生练习制作作品，在这一过程中学生处于被动状态。而学生从自身的生活需求出发，选择合适的工具和技术来完成作品的制作，在这一过程中学生则处于主动学习的状态。学生究竟是主动学习还是被动接受，归根到底源于对学生学习兴趣的调动。

解决主动与被动的矛盾需要注意以下问题：

① 了解学情，把握共同的兴趣。

② 回归日常生活，符合学生内在的需要。

③ 把握“度”的问题，给学生主动学习的机会。

第二对矛盾：模仿与想象的矛盾。

① 时机的把握。在介绍完软件基本内容之后，及时给出创作的任务，抓住学生的兴趣。

② 重视内容的选择。什么样的内容给学生以想象的空间？“跳一跳，够一够”的内容，符合最近发展区。

③ 不愿想象、不愿创造怎么办？可以通过语言的引导、适当的交代，以及分层次的任务为每个人提供发挥的空间。

④ 模仿也是必要的。基础薄弱的人可以从模仿开始，教师适时关注学生的状况，把握点拨学生的时机。

第三对矛盾：技能与方法的矛盾。

技术实际上包括三个层面。

① 技能层面：第一层的技术是技能层面上的技术，即动手做的技术。例如，作品制作课中操作所选用的软件的过程就是技能层面上的技术。

② 方法层面：第二层是方法层面上的技术，即如何做的技术。例如，不同软件之间的差异，同一类软件有何共性，不同软件各自有什么优势，在处理的过程中各有什么规律等。

③ 思想层面：第三层是思想层面上的技术，即为何做的技术，是作为一个意识、一种思想、一种思维方式存在的技术。例如，在作品规划中，需要凸显的设计思维。

在教学中，要把对学生技术的培养从静态使用上升到动态选择，再迁移到适当的高度，使学生不仅学会软件的使用，还要学会在不同的情况下选择合适的软件，面对日新月异的技术，要具备一定的适应性，在多种方法均可使用的情况下要选择最优的方法去解决问题。也就是说，在技能传授的基础上，要注重提升学生在方法与思想上的认识。

第四对矛盾：整体与局部的矛盾。

作品制作课具有其独有的过程，对于作品制作课，不同的教材描述不同，但总的来说可以将其分为规划设计、实际制作和评价修改这几部分，每一个部分相辅相成，互相联系。从教的角度来说，要注意任务的大小及连贯性。从学的角度来说，要形成全局意识，注意时间的分配。

第五对矛盾：教师与学生的矛盾。

在教师与学生的角色定位中，教师是主导，学生是主体。

材料二　典型的作品设计作业评价

典型的作品设计作业可以是在课堂中随机选择的学生作品，也可以是在课后作业或考试、测评中，围绕某一知识内容所设置的作品设计任务。在对这些作业进行评价的过程中，不要简单地对它们进行等级的划分和优劣的评述，而要综合考虑知识和技能之外的诸多其他能力。例如，在学习演示文稿的制作时，要求学生自选主题设计和制作演示文稿，并在评价时要求学生用所制作的演示文稿面向全班同学进行讲演。在评价实施的过程中需要考虑到：每一个学生的审美观和讲演能力都有所差异，只要能够独立完成任务就应该给予肯定；要看到每一个学生的进步，并要给予鼓励，还要提倡创新精神，对有特色和创新性的作品给予积极的鼓励。

材料三　谈信息技术教学评价中的"作品评价法"[1]

所谓作品评价法，简单说就是由学生根据所学的知识创作一幅作品，教师再根据作品对学生的认知、技能和情感等做出客观、公正的评价。在进行作品评价时应注意以下几个原则。

1．全面性原则

作品评价法要以促进学生全面发展为目的。不能单纯就作品的好坏做简单评价，要依据作品对学生的操作过程、解决问题的思路以及通过作品反映出来的学生的思维品质、个性及潜在的能力进行全面评价。

---

[1] 王坤敏，刘红艳．谈信息技术课程教学评价中的"作品评价法"[J]．中国电化教育，2003（5）：35-36.

2．个体性原则

采用作品评价法时要根据学生个体差别采取不同的评价标准，尊重每一个学生的发展需要和个性特长，在学生取得进步时给予及时的鼓励。

3．动态性原则

动态性原则或称发展性原则，主要是指要随着学生的发展对评价的标准及时进行调整。评价的目的是促进学生发展，学生进步了，评价要求也要相应提高。

○ 学生活动

1. 学校每年一次的艺术节即将到来，正在全校征集艺术节标志设计方案。假如你是信息技术教师，想在课堂上让每个学生都积极参与，请你设计一个与艺术节标志设计有关的作品制作课案例。

2. 假如学校最后决定由你来制定艺术节标志方案的评价细则，你能引导学生来完成吗？试写出具体的思路。

○ 参考文献

夏燕萍．建设网络家园［M］//李艺，朱彩兰．走进课堂：高中信息技术新课程案例与评析（选修）．北京：高等教育出版社，2007：211-225．

第4章

信息技术课程评价方法

4.1 教学前置评价

○ 问题提出

教学评价对教学工作起着重要的导向和质量监控的作用。在教学准备阶段，通过教学前置评价了解学生基础是开展教学的前提，是确定教学内容、进行教学设计的重要依据。为了更加有效地了解学生的能力基础、更好地开始教学准备，教学中需要遵循哪些方法和准则呢？

○ 学习引导

教学评价有多种不同的分类形式和操作方法，本章根据实际教学开展过程中对评价的需要，分别对前置评价、过程性评价和总结性评价进行了阐述。其中，前置评价是在教学前进行的，旨在了解学生的基础；过程性评价是在教学过程中展开的，以便把握学生的实际操作能力；总结性评价则发生于教学结束时，目的在于检查整体教学质量。

在本节中我们将一起感受现代教学评价的发展历程，近距离接触主要的评价理念，经历教学前置评价的完整过程，以便在教学初始阶段对教学对象有客观、具体的了解。

前置评价、过程性评价、总结性评价属于评价的不同类型，因此在学习前置评价之前，必须先从宏观层面了解评价的基础知识，如定义、作用、发展等。

4.1.1 评价概述

教学评价是依据教学目标对教学过程及结果进行价值判断并为教学决策服务的活动。教学评价是研究教师的教和学生的学的价值的过程。教学评价一般包括对教学过程中教师、学生、教学内容、教学方法与手段、教学环境、教学管理诸因素的评价，但主要是对学生学习效果的评价和对教师教学工作过程的评价。

1．教学评价的作用

（1）诊断作用

教学评价的过程就是评价者通过收集并分析被评对象的有关资料，根据评价标准对被评价对象哪些方面达到了目标，哪些方面没有达到目标做出价值判断，并为其中存在的问题找出原因，再针对这些原因提供改进的途径和措施的过程。

（2）激励作用

评价对教师和学生具有监督和强化作用。通过评价可以反映出教师的教学效果和学生的学习成效，对学生的学习动机具有很大的激发作用，可以有效地推动课堂学习。

（3）调节作用

评价反映出的信息可以使师生知道自己教和学的情况，教师和学生可以根据反馈信息修订教和学的计划。

（4）教学作用

评价本身也是一种教学活动。在这一活动中，学生的知识和技能将获得提高，智力和品德也有所发展。

2．现代教学评价的发展

评价领域是一个古老而又年轻的领域，许多学者都从自己的角度对教育评价的发展阶段进行了划分。其中，印第安纳大学的库巴（Egong Guba）和维德比尔特大学的林肯（Yvonna Session Lincoln）在其著作《第四代教育评价》中提到的四代教育评价理论，引起了评价领域乃至全世界教育界的轰动。

（1）第一代评价理论

在这一时期，教育评价工作的中心是编制各种测验量表，以测量学生的一些心理机能与特征。“智力测验”成了评价学生的唯一标准，这里的评价其实等同于“测量”。“评价者的工作就是测量技术员的工作——选择测量工具，组织测量，提供测量数据。”[1]这个时期在评价发展历史上又称为评价的“测量时代”。

（2）第二代评价理论

其特征是对“测验结果”进行“描述”。这一时期教育评价工作的重心已不再是学生本身，而是什么样的学习目标模式对学生最有效。测验不再是评价学生的唯一手段，评价者也不再仅是“测量技术员”，更主要的是一个“描述者”，但评价的功能仍集中在选拔升学和评比排队。因而，这个时期也被称为评价的“描述时代”。

（3）第三代评价理论

“判断”是这一时期评价理论的特色。第三代评价理论将“价值判断”引入评价，而且将其视为评价工作的关键。评价者不仅要收集各种参数，还要帮助制定一定的判断标准与目标。这个时期也被称为评价的“判断时代”。

（4）第四代评价理论

这一时期的基本观点是由库巴和林肯在对前三代评价理论进行批判的基础上提出的。这一时期的评价理论强调评价者与评价对象的共同构建，突出学生在评价过程中的主体地位，强调评价的多元价值观。

从四代评价理论的递进过程可以看出，随着评价思想的发展，评价的功能日益丰富起来，同时实践中的评价方法、评价手段和评价工具也日渐多样化。表现性评价、成长记录袋、苏格拉底研讨法等新一代评价方法逐渐为教育界所关注。

从教学评价的发展来看，在评价主体上，从一元主体到多元主体，更加强调学生的自评；在评价功能上，从分等鉴定到诊断激励，从重视结果到关注过程，更加注重发挥评价的教育功能；在评价类型上，更加重视实施过程性评价，从重知识到重全面素质；在评价方法上，从定量评价到定量评价与定性评价相结合，从统一性评价发展为多样性评价。

3．几种评价理念

（1）发展性评价

发展性评价是20世纪80年代以来发展起来的一种关于教学评价的理念，是一种重过程、重视评价对象主体性、以促进评价对象的发展为根本目的的教学评价。[2]

发展性评价是指依据一定的教学目标和教育价值观，评价者与学生之间建立起相互信任的关系，共同制定双方认可的发展目标，运用适当的评价技术和方法，对学生的发

---

[1] 李雁冰．质性课程评价：从理论到实践（一）[J]．上海教育，2001（12）：30-32.

[2] 周智慧．发展性教学评价的内涵及其理论基础[J]．内蒙古师范大学学报：教育科学版，2004（8）：35-37.

展进行价值判断，使学生不断认识自我、发展自我、完善自我，不断实现预定发展目标的过程。它的核心思想在于促进学生的发展，一切为了学生的发展，评价标准、内容、过程、方法和手段都要有利于学生的发展。

发展性评价理念强调发展的连续性，重视对对象过去、现在的考察，以促进学生未来的发展；注重评价对象的个体价值，提倡评价者与对象共同协商，确定评价目标；强调对学生多方面能力的评价；重视学习的过程，及时反馈，以促进发展为目标，重视过程性评价的作用。

（2）过程性评价

过程性评价属于个体内差异评价，亦即“一种把每个评价对象个体的过去与现在进行比较，或者把个体的有关侧面相互进行比较，从而得到评价结论的教学评价的类型。”

因此，“过程”是相对于“结果”而言的，过程性评价不是只关注过程而不关注结果的评价，更不是单纯地观察学生的表现。相反，它关注教学过程中学生智能发展的过程性结果，如解决现实问题的能力等。及时地对学生的学习质量水平做出判断，肯定成绩，找出问题，是过程性评价的一个重要内容。

过程性评价的功能不是体现在评价结果的某个等级或者评语上，更不是要区分与比较学生之间的态度和行为表现。评价的功能主要在于及时地反映学生学习的情况，促使学生对学习的过程进行积极的反思和总结，而不是最终给学生下一个结论。

（3）表现性评价

表现性评价是在对传统的学业成就测验进行批判的基础上发展起来的，通过观察学生在完成实际任务时的表现来评价学生已经取得的发展成就。

美国教育评定技术处（The United States Office of Technology Assessment，1992）将表现性评价界定为“通过学生给出的问题答案和展示的作品来判断其所获得的知识和技能。”

表现性评价不仅评价学生“知道什么”，更重要的是评价学生“能做什么”；不仅评价学生行为表现的“结果”，更重要的是评价学生行为表现的“过程”；不仅评价学生在课堂中的表现，更重要的是评价其在模拟真实或完全真实的情境下的表现。可以说，表现性评价体现了重视过程性评价、重视质性评价、重视非学业成就评价等最新评价理念。

4. 评价的分类

教学评价的具体类型很多，如图4-1-1所示，从不同的角度和标准可以划分出不同的评价种类。在具体的运用过程中，不同类型的评价有着不同的特点、内容和用途。

根据评价所依据的基准，可以将评价分为绝对评价、相对评价和个体内差异评价。

根据教学评价在教学过程中发挥的功能，可以将教学评价分为前置评价、过程性评价和总结性评价。

根据教学评价所使用的方法，可以将教学评价分为定量评价和定性评价。

根据评价工具的编制和使用情况，可以将教学评价分为标准化测试评价和教师自编测试评价。

根据评价方式，可以将教学评价分为系统测试评价和日常观察评价。

总之，教学评价的种类很多，从不同的角度可以将其划分为不同的类型，以上所列举的只是其中的一部分。例如，如果从评价的对象来分，还可以将教学评价分为学的评价与教的评价；从评价的内容来分，可以将教学评价分为智力、学业成绩、人格等的测试评价等。

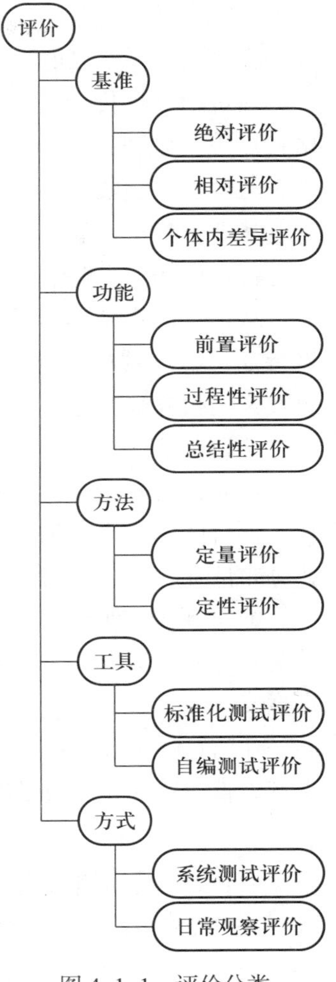

图 4–1–1 评价分类

教育的意义在于引导和促进学生不断发展与完善，而学生的发展与完善需要在学习的过程中逐步实现。因此，评价不仅要关注学生学习的结果，更要关注学生学习的过程，要将前置评价、过程性评价、总结性评价有效地贯穿在整个学习过程之中，将定期的正式评价（如单元考试、表现性评价）和即时评价（如学生作业评价、课堂表现评价）有机地结合起来，有目的、有计划地收集有关学生学习与发展状况的关键资料，判断学生当前的状况，并通过前后资料的分析与比较，形成对学生发展变化的认识，发现学生的优势与不足，提出具体的、有针对性的改进建议，使评价更好地为教学服务，并深深地扎根于教育过程中，成为一个动态、连续的过程。

而当学生意识到自己学习过程中的每一步都在被关注、被评价时，会获得一种无形的动力，促使他们积极、主动、自觉地朝着目标努力。教师也可以在这种动态、连续的评价过程中，更好地把握教学过程中的优点和不足，完成更高质量的教学。

4.1.2 前置评价的概念与方法

前置评价又称为诊断性评价，是指在教学活动开始前，为了确定学习者的学习准备程度而进行的评价。研究前置评价结果，便于教师采取相应的措施使教学计划顺利、有效地实施。教学进程中的前置评价，则主要用来确定妨碍学生学习的原因。前置评价一般在教学活动开始之前进行，如入学时的摸底测验、分班测验。

通过前置评价，教师可以对自己的教育对象，包括学生的已有知识、道德情感、性格特点等，做到心中有数，以便于在下一步的教育教学活动中抓住有利时机，获得更为理想的教育教学效果。

从评价方法来看，前置评价主要采用调查问卷法，当然也可以通过其他一些方式辅助进行。例如，了解学生以前的相关成绩记录、摸底测验、智力测验、观察、访谈等。

从评价内容来看，可以了解学生前一阶段学习中知识储备的数量和质量；学生的性格特征、学习风格、能力倾向及对本学科的态度；学生对学校学习生活的态度、身体状况及家庭教育情况等。

从评价基准来看，在前置评价实施初期，建议采用绝对评价。

绝对评价对个人得分的评价依据某种外部标准，而不是依据与团体内他人得分的比较，评价的结果表示为达到标准或未达到标准。绝对评价的标准不依赖于评价团体的分数分布情况，而是根据教育目标的要求。

绝对评价需要设定客观标准，它用于判断教学目标是否达成，可以促使学生有的放矢，主动学习，并根据评价结果及时发现差距，进行自我调整，因此具有显著的教育意义。

在信息技术课程中，可以将课程标准或者教学大纲作为客观标准，以高一新生为例，义务教育阶段的相关教学纲要就可以作为衡量其学习水平的主要依据。

4.1.3 前置评价的过程

1. 评价方案的设计过程

在信息技术课程开设之前，必须有针对性地了解学生的信息素养现状。例如，从信息意识、信息知识、信息能力、信息道德等方面对学生进行评价，并经过科学的数据分析，对制定好的教学计划进行调整。

前置评价的首要任务是确定教学评价的指标及教学评价的标准。前置评价是具体的，它考虑得更多的还是学生的信息能力，如学生的操作能力、资源利用能力、系统开发能力等。

以江苏某中学高一新生为例。可以参考江苏省义务教育阶段信息技术课程指导纲要，从信息获取、信息管理、信息加工、信息表达四个指标查看学生的能力，具体的评价标准同样可以依据指导纲要的相关内容。

另外，在评价方案中，还应该设法收集三类信息：既有工作的调查信息（如初中阶段是否开设了信息技术课程、使用的教材版本等），入门后的基本起点，以及对上游学生情况的大致判断。

由于前置评价是为后续教学服务的，因此同样要将高中阶段的课程标准及知识体系作为评价依据。

由于评价内容是综合性的，对不同阶段的学生应进行内容不同的评价，对于不同级别的学生应进行具有不同深度和广度的评价。

下面是一份常见的调查问卷（调查问卷1）。

1. 你家里有计算机吗？

A. 有（型号：　　）B. 没有

2. 从何时开始接触计算机？

A. 幼儿园　　B. 小学　　C. 初中

3. 你所具有的计算机知识与技能主要来自（　　）。

A. 自学　　B. 父母或朋友教的　　C. 学校的课堂学习

D. 社会培训班　　E. 上网吧　　F. 其他

4. 目前的计算机操作水平如何？

A. 很棒　　B. 一般　　C. 知道一点　　D. 没有接触过

5. 你经常使用计算机学习吗？

A. 经常　　B. 偶尔　　C. 不用

6. 与看书等学习手段相比，用计算机学习的效果如何？

A. 好　　B. 较好　　C. 一般

7. 你每个星期大约用多少时间上网？

A. 2小时以下　　B. 2~6小时　　C. 6小时以上

8. 你每个星期上网用于学习的时间是多少？

A. 2小时以下　　B. 2~6小时　　C. 6小时以上

9. 你认为学习信息技术（　　）。

A. 很重要　　B. 不是很重要

C. 一般　　D. 浪费时间与生命

10. 您认为开设信息技术课应该注意培养兴趣还是学习技术？

A. 培养兴趣　　B. 学习技术　　C. 二者都有　　D. 二者都不

11. 你掌握何种中文输入法？

A. 不懂　　B. 拼音　　C. 五笔

12. 你掌握因特网的哪些应用？（可多选）

A. QQ聊天　　B. 网络游戏

C. 下载搜集歌曲　　D. 浏览查找信息

E. 收发电子邮件、论坛交流　　F. 辅助学习

G. 全部不懂

13. 你有自己的电子邮箱吗?

A. 有，常用地址是__________　　B. 没有

14. 你认为对学习最有效的交流沟通方式是(　　)。

A. 同学之间的交流　　B. 与教师的交流

C. 网上与同学、教师之间的交流

15. 你最希望用计算机制作的是(　　)。

A. 电脑小报　　B. 网页　　C. 动画

16. 你学习过的软件主要有______________(如多选，请按熟练程度排序，最熟练的排在前面，以此类推)

A. Windows　　B. WPS(文字处理)

C. Word(文字处理)　　D. Excel(电子表格)

E. PowerPoint(演示文稿)　　F. FrontPage(网页制作)

G. VB(编程软件)　　H. Flash(动画制作)

I. Photoshop(图像处理)

17. 在学生操作活动中，完成任务的主要困难是(　　)。

A. 看不懂操作步骤　　B. 操作水平低

C. 得不到同学帮助

18. 信息技术课程对你学习其他课程提供的帮助(　　)。

A. 很大　　B. 一般　　C. 没有

19. 你喜欢上信息技术课吗?

A. 很喜欢　　B. 较喜欢　　C. 一般　　D. 不喜欢

20. 你对课堂教学内容(　　)。

A. 很感兴趣　　B. 感兴趣　　C. 一般　　D. 不太感兴趣

E. 一点儿都不感兴趣

21. 你认为学校的信息技术课能否满足你对信息技术知识的渴求。

A. 能　　B. 基本能　　C. 部分满足

D. 没什么用，情愿不上信息技术课

22. 在初中阶段，你认为在计算机信息处理方面有哪些收获?掌握了哪些技能?

____

23. 你对信息技术课有哪些愿望？

在这份调查问卷中，总共设计了23个问题，分析其知识点分布，如表4-1-1所示。

表4-1-1 调查问卷1的知识点分布

知识点	题号
信息情感及信息意识	1~10、18、19、20、21、22、23
信息获取	12
信息管理	
信息加工	11、15、16、17
信息交流	13、14

可以得出以下结论。

（1）本问卷更侧重于情感态度与价值观的调查，信息情感及信息意识的题目为16道，约占70%。

（2）就信息技术技能而言，该评价标准不够具体，比较浮于表面，针对性不强。

这份调查问卷比较典型，但如果在前置评价阶段使用，则收集到的数据没有太大的使用价值。

再看另一份调查问卷（调查问卷2）。

1. 初中毕业学校

2. 初中有没有开设过“信息技术”这门课？

A. 有　　B. 没有

3. 从何时开始接触计算机？

A. 幼儿园　　B. 小学　　C. 初中　　D. 从未接触过

4. 家中有计算机吗？

A. 有　　B. 没有

5. 请讲述家中的计算机或你使用过的计算机的硬件配置。

6. 请描述你使用过的主要计算机软件。

7. 你会使用下列哪些数码设备？

A. 数码相机　　B. 扫描仪　　C. MP3　　D. 录音笔

E. 其他

8. 一般使用何种软件对文字进行处理？对该软件的掌握程度如何？（仅限于会的同

学填写）

A. 记事本 B. Word C. WPS D. 其他

E. 非常精通 F. 熟练 G. 简单操作

9. 一般使用何种软件对图像进行处理？对该软件的掌握程度如何？（仅限于会的同学填写）

A. 画图 B. Photoshop C. Fireworks D. 不会

E. 其他 F. 非常精通 G. 熟练 H. 简单操作

10. 一般使用何种软件对数据进行处理？对该软件的掌握程度如何？（仅限于会的同学填写）

A. Word 中的表格 B. Excel C. Access D. 不会

E. 其他 F. 非常精通 G. 熟练 H. 简单操作

11. 一般使用何种软件制作网页？对该软件的掌握程度如何？（仅限于会的同学填写）

A. Frontpage B. Dreamweaver C. Flash D. 不会

E. 其他 F. 非常精通 G. 熟练 H. 简单操作

12. 会使用何种编程语言？

A. BASIC B. Pascal C. C D. Visual Basic

E. 什么都不会

上述调查问卷中涉及的知识点分析如表 4-1-2 所示。

表 4-1-2 调查问卷 2 的知识点分布

知识点	题号
既有工作	1、2、3、4
信息获取	7
信息管理	5、6
信息加工	8、9、10、11

对学习准备程度的诊断一般包括对下列因素的确定：家庭背景；前一阶段教育中知识的储备和质量；注意的稳定性和广度；语言发展水平；认知风格；对本学科的态度；对学校学习生活的态度以及身体状况等。教师可以通过研究学生履历、分析学业成绩表，以及实施各种诊断性测试，对上述方面进行诊断。

这份调查问卷中涉及的知识点与义务教育阶段信息技术课程指导纲要的要求比较契

合，同时能够结合高中课程标准，对高中信息技术课程教学中相关软件使用的熟练程度进行调查。通过对调查数据进行分析，可以比较客观地得出学生的实际能力和操作水平，对教学计划的制定有较高的参考价值。

这份调查问卷的缺陷是，对知识与技能的检测过于粗放，在实际使用时可以适当加入一些对具体操作的检测。

2．信息采集与分析

这一阶段的主要任务是在采集和分析信息的基础上，对教学评价信息进行综合性描述与判断，并根据教学评价所要解决的问题和教学评价的目的，对结果做出解释，从而形成综合性的评价意见或建议。

评价包括定性评价与定量评价，而不同的结果或评价要求，将对本阶段的信息采集和分析产生重大的影响。

定性评价是对评价资料做“质”的分析，是运用分析和综合、比较和分类、归纳和演绎等逻辑分析方法，对评价所获得的信息进行分析。分析的结果有两种：一是描述性材料，数量化水平较低甚至没有数量的概念；另一种是与定量分析相结合而产生的，包含数量化水平较高但以描述性为主的材料。一般情况下，定性评价不仅用于对成果或产品进行检测分析，更重视对过程和要素相互关系的动态分析。

定量评价则是从“量”的角度，运用统计分析、多元分析等数学方法，从复杂的评价数据中总结出规律性的结论。由于教学涉及人的因素，各种变量及其相互作用关系比较复杂，为了提示数据的特征和规律性，定量评价的方向、范围必须由定性评价来规定。

采集评价信息是教学评价的基础性工作与重要环节，也是教学评价过程中最为费时、费力的一项工作，它要求评价者具有较高的业务素质，能够准确地把握评价信息的来源和多样化的表现形态。在这一阶段，评价者需要合理地运用上一阶段所选择的定性或定量评价方法，确保信息采集和分析达到一定的质量要求。这一阶段的工作质量将直接关系到评价结果的准确性和可靠性。

图 4-1-2 所示的是利用网页形式进行调查和数据采集，并根据计算机自动统计的结果进行分析的范例。

3．教学计划调整

前置评价的用途主要有以下三个方面。

（1）检查学生的学习准备程度

经常在教学前，如某课程或某单元开始前，进行测验，可以帮助教师了解学生在教

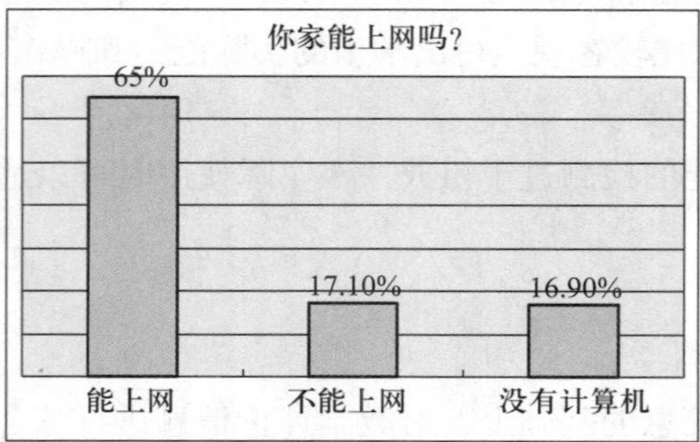

分析结果：
大部分学生都具备获取信息、处理信息的硬件条件。

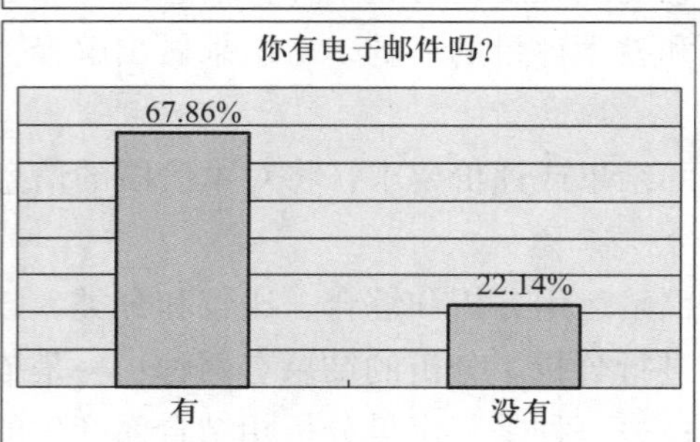

分析结果：
大部分学生都能够运用网络提供的工具获取有用的信息，部分学生的网络运用能力较强，不仅能通过网络获取信息，还能通过它传播信息（例如，收发电子邮件，通过网络进行休闲娱乐活动，聊天交友，网上购物等）。

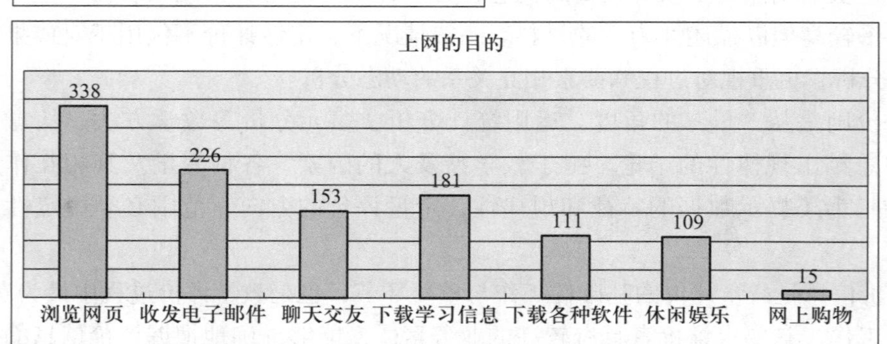

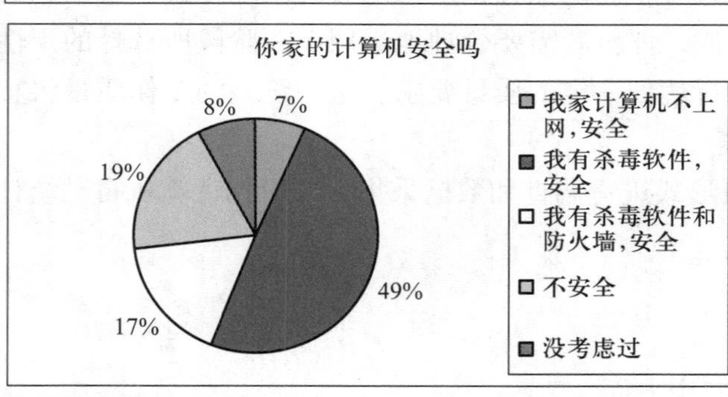

分析结果：
绝大部分学生缺乏信息安全意识，在后期的教学中需要加强。

参与调查学生人数：300人。

图 4-1-2 信息采集与分析（节选）

学开始时所具备的知识、技能程度和发展水平。

诊断出学生在学习准备程度上存在的缺陷或特点后，教师应该对此做详细记录并加以分类，以便选择能帮助学生顺利学习并能照顾到学生个别差异的教学策略。需要注意的是，学习准备程度的诊断结果不应用来推迟对某些学生的教学，更不应用来简单地预测某些学生发展的可能性。

（2）确定对学生的适当安置

通过诊断测验，教师可以对学生学习上的个别差异有较深入的了解，在此基础上对教学方案进行适当调整，以使教学更好地适应学生的多样化学习需要。

（3）辨别造成学生学习困难的原因

在教学过程中进行的前置评价，主要是用来确定妨碍学生学习的原因，尤其是非教育方面的原因。非教育方面的原因可能涉及学生的身体、情绪、所处环境等因素。其中，身体方面的问题，如营养不良和疾病，可能导致学生学习能力的欠缺或低下；情绪方面的问题，如情绪不稳定、自信心降低、伴随青春期而来的紧张等，可能导致学生无法进行正常的学习活动；环境方面的问题，如家庭经济条件差、父母婚姻关系不好、父母文化程度较低、父母对子女的教育期望过高或过低，以及社会环境的消极影响等，均可直接或间接地影响学生的学习效率。

学校和教师如果能通过前置评价辨别出造成学生学习困难的原因，就有可能设计出有针对性的“治疗”方案，采取有效措施，排除干扰学生学习的因素或尽可能降低其消极影响。

例如，南京某中学在高一新生入校前针对信息技术课程制定了如下教学计划，如表4-1-3所示。

表 4-1-3 教学计划（调整前）

周次	主题	主要内容
1	初识信息	无所不在的信息 五彩斑斓的信息社会 拥有我的计算机
2	能力展示	日新月异的信息技术 交流与评价
3	信息数字化	信息获取的渠道
4	获取信息	网上获取信息及策略
5	信息的组织与管理	甄别信息的方法 探讨信息管理

续表

周次	主题	主要内容
6	数据库的基本概念	构建数据库
7	数据库的基本操作	走进数据库
8	电子作品的策划	策划表达方式 网页规划 网页的版面设计
9	网页基本元素	网页中的基本元素
10	网页中多媒体素材的加工	网页中多媒体素材的加工
11	HTML 语言基础	简单 HTML 文档的编辑
12	网页特效及 HTML	网页特效 网页特效程序揭秘
13	人工智能	初识人工智能
14	网页评测与模块介绍	网页测试、上传与评价 畅想我的未来

通过前置评价及数据分析，得到以下结论。

① 学生在课内外具备了学习信息技术课程的基本硬件条件，但是对计算机工作原理的掌握相对薄弱。

② 虽然学生的网络应用能力较强，懂得利用网络收集、整理和加工所需的信息，能够较熟练地利用网络进行信息交流，但获取网络信息的技巧仍需要加强。

③ 学生基本具备简单的信息加工能力，如文字加工、表格加工等，但多媒体信息加工能力较弱。

④ 学生的信息甄别能力及信息安全意识较弱，有待加强。

⑤ 学生具备初步的信息集成能力，能够简单使用 FrontPage、PowerPoint。

根据以上结论，在新学期的教学中，教师将教学重点修正为培养学生的创新精神和实践能力，通过让学生解决问题，使他们理解课程中相应的概念、原理，建立良好的知识结构。

调整后的教学计划如表 4-1-4 所示。

表 4-1-4　教学计划（调整后）

周次	主题	主要内容
1	初识信息	信息、信息技术、信息社会
2	有效获取信息	获取信息的途径、信息的数字化
3	网上获取信息的策略	网上获取信息的策略
4	信息鉴别与安全	信息的甄别、信息的安全
5	信息的管理 / 感受数据库	探讨信息管理、数据库的使用
6	走进数据库	构建数据表
7	表格信息的加工	表格信息加工的实际应用
8	图形图像信息的加工 1	Photoshop 选区、拼贴的相关技术
9	图形图像信息的加工 2	图层特效
10	动画简单设计	Flash 入门
11	信息的编程加工	计算机解决问题的基本过程
12	信息的智能化加工	人工智能初步
13	信息的集成	FrontPage 知识回顾
14	拥有我的计算机 / 选修介绍	计算机工作原理

需要指出的是，根据诊断结果对学生进行安置并不能完全解决学生学习上的个别差异和因材施教问题，它只是使教学适应个别差异的一个基本前提，只能把学生安置在水平大致相当的学生群体中。而解决个别差异问题，促使每个学生都能取得最大进步的方法，还是内容丰富、形式多样的教学活动，以及适应学生自身特点的多样化学习方式。

经过前置评价，就可以在了解学生整体情况的基础上，特别注意那些起点较低的学生，以在教学过程中更有针对性地实施分层次教学、分层次任务、分层次活动等，更好地促进每一个学生的发展。

拓展阅读

材料一　信息技术课程评价原则

“关注学生的发展，促进学生的发展”是第八次基础教育课程改革倡导的学生评价新理念。在这一理念指导下的学生评价应该遵循以下原则。[1]

1．评价功能立体化

2003 年高中信息技术课程标准提出，信息技术课程的总目标是提升学生的信息素养，并将其进一步划分为“基础知识、操作技能、交流与评价、问题解决以及价值观与责任感”等诸多层面。与课程目标相适应，评价的功能从单一走向立体。在关注静态的鉴别、选拔功能的同时，人们更注重评价的动态调整改进功能、激励功能、诊断功能、反馈功能、教育功能、发展功能，力图通过评价及时得到反馈信息。

2．评价标准多维化

新课程理念下的评价标准是以绝对标准为主，绝对标准、相对标准和个体标准相结合的多维标准。采用绝对标准，评价对象可以把握自己的实际水平，明确自己与客观标准之间的差距，但绝对标准只能反映对评价对象共同的、基本的要求，缺乏个性差异方面的考虑。实际上，每一个在已有基础上取得进步的学生都应获得成功的体验。因此，这几类评价标准要相辅相成，使得信息技术课程的评价活动得以科学、合理地开展。

3．评价主体多元化

评价主体的多元化，可以保证从多个方面、多个角度对学生进行更全面、更客观、更科学的评价。同时，作为评价主体的学生，也处于一种主动的积极参与状态，充分体现了他们在教育评价活动中的主体地位，这有利于学生不断地对自己的学习活动进行反思，并进行自我调控、自我完善、自我修正。

4．评价方法多样化

由于信息技术课程的特殊性，人们很难通过单纯的量化评价考核“过程与方法”“情感态度与价值观”这两个层面的培养目标。为此，学生成长记录袋、表现性评价、情境测验、行为观察等质性评价方法得到了广泛关注。

5．评价内容全面化

信息技术课程的评价理念强调评价内容的全面性和综合性，强调对评价对象各方面活动和发展状况的关注，注重对学生综合素质的考查，全面考查学生信息技术操作的熟练程度和利用信息技术解决问题的能力，以及在此过程中体现的交流与合作能力。

---

[1] 李艺．信息技术课程与教学［M］．北京：高等教育出版社，2005：182−185.

6．评价结果的多维归因

评价者在解释信息技术课程的评价结果时应充分尊重学生的智能差异和个性化发展潜能，学生对同一信息作品的不同设计思路和不同设计风格、对同一问题的不同技术解决方案等，都应得到恰当的认可与鼓励。最大限度地以个别化方式进行评价结果的归因，并坚持正面教育的原则，引导学生认识自己的智能优劣，进而采取针对性措施，提高学生的信息素养。

材料二　高中信息技术教学评价原则

根据2017年发布的高中信息技术课程标准，教学评价应遵循以下原则。[1]

1．强调评价对教学的激励、诊断和促进作用，发挥评价的导向功能

教师应注意观察学生实际的技术操作过程及活动过程，分析学生典型的信息技术作品，全面考查学生信息技术操作的熟练程度和利用信息技术解决问题的能力。

在对学生学业进行总结性评价时，应采用多种形式的评价方式，评价内容与手段要有利于学生学习，教师要利用评价结果反思和改进教学，以发挥评价与教学的相互促进作用。

2．评价应面向全体学生，尊重学生的主体地位，促进学生的全面发展

为了促进学生的全面发展，在评价过程中，应尊重学生的水平差异和个体差异，要创造条件让学生甚至家长主动参与到评价中。要以多样化的评价促进学生学科核心素养的提升，不能简单地以分数或者等级来评估学生。

3．评价应公平公正，注重过程性评价与总结性评价的结合

评价方案的设计和实施应考虑全体学生的实际情况，要事先制定并及时公布评价方案。对学生的学业评价要尽量采用过程性评价和总结性评价相结合的方式，要充分利用学科优势，采用电子作品档案袋、学习平台记录表等技术手段记录学生的学习状况，力求全面、公平、公正地评价学生的学业状况。

[1] 中华人民共和国教育部．普通高中信息技术课程标准（2017年版）[M]．北京：人民教育出版社，2017：49-50.

4．评价应科学合理，提高评价的信度和效度

评价内容的选择应从学科的基本要求出发，评价情境的创设要科学、合理，注重评价的信度和效度。信息技术学科具有很强的应用性，因此评价内容的设计与选择应贴近学生的学习和生活，注重评价的实用性和导向性。评价情境的创设既要有利于评价目标的落实，更要有利于学生学习能力的提高。

○ 学生活动

1. 上网搜索表现性评价的典型案例。

2. 请参考下列调查问卷中的问题，从中选出 10 道题，也可自行设计一些问题，组成一份调查问卷，并说明设计思路和适用范围（如年龄段等）。

⊙你家里拥有计算机的情况。(　　)

A. 有　　B. 没有

⊙你家里可以上网吗？(　　)

A. 可以　　B. 还没有

⊙你从何时起开始使用计算机？(　　)

⊙你是否想学计算机技术？(　　)

A. 不愿学习　　B. 无所谓　　C. 愿意学习　　D. 非常想学

⊙你的计算机知识与技能主要来自于（　　）。

A. 自学　　B. 父母教授　　C. 学校的课堂学习　　D. 社会培训班

E. 网吧　　F. 其他

⊙除了学校的信息技术课外，你还在（　　）地方用过计算机。

A. 家里　　B. 同学家里　　C. 亲戚家里　　D. 邻居家里

E. 网吧　　F. 从没用过

⊙当你在学习信息技术的课堂上遇到困难时，你希望（　　）能帮助自己。

A. 信息技术教师　　B. 其他教师　　C. 同学　　D. 自己尝试

⊙在信息技术课上，你曾尝试过以下哪种学习方法？（可多选）

A. 几个同学一起学习（即小组合作）　　B. 帮助其他同学

C. 请教其他同学　　D. 请教教师

E. 展示自己作品，供其他同学欣赏和学习　　F. 欣赏别人的作品，并给出中肯的意见

⊙你喜欢教师用哪一种教学方式。(　　)

A. 教师教了新知识后，你再进行学习

B. 教师只提供有关新知识的学习资料，自己再进行自学和探究

⊙平日里你喜欢用计算机做些什么呢？（可多选）

A. 辅助学习　B. 上网收集资料　C. 录入文档　D. 绘画

E. 玩游戏或娱乐（听歌、看影碟等）　F. 其他

⊙评价一下你目前的计算机操作水平。

A. 很棒　B. 一般　C. 知道一点　D. 没有接触过

⊙通常你上网的目的是（　　）。（可多选）

A. 收发邮件　B. 阅读新闻　C. 查找资料

D. 玩游戏或娱乐（音乐、电影等）　E. 聊天

F. 其他________________

⊙你会在网上搜索资料吗？

A. 不会　B. 会一点　C. 比较熟练

⊙你对字处理软件的掌握程度（　　）。

A. 熟练　B. 一般　C. 不熟练　D. 较差

⊙你对以下哪些内容比较感兴趣？

A. 文字处理　B. 图像处理　C. 动画制作　D. 网站制作

E. 如何上网　F. 小报制作

⊙在信息技术课上，你遇到问题时常常会（　　）。（可多选）：

A. 问教师　B. 问同学　C. 上网找资料

D. 有时就不管了　E. 自己看书

⊙你最喜欢的学习方式是（　　）。

A. 教师边讲，自己边做　B. 与同学一起合作

C. 在教师的指导下完成　D. 独自完成作品

E. 其他________________

⊙你在完成作品后，最希望得到哪方面的评价。

A. 教师评价　B. 小组评价

C. 自己评价　D. 多种评价方式组合

⊙你是否参加过中小学生电脑作品比赛？

A. 是（所获奖项名称________________）　B. 没有

⊙在计算机方面，你还获得过何种奖励（所获奖项名称及等级）？

⊙谈谈目前你在计算机使用方面有哪些收获？掌握了哪些技能？

⊙对于初中阶段的信息技术课程学习，你有哪些愿望？

⊙你是否在网上课堂中学习过？你在网上课堂中都进行了哪些方面的学习？

⊙你是否自己组装过或参与组装过计算机?

○ 参考文献

[1] 李雁冰. 质性课程评价：从理论到实践（一）[J]. 上海教育，2001（12）：30-32.
[2] 李艺. 信息技术课程与教学 [M]. 北京：高等教育出版社，2005.
[3] 中华人民共和国教育部. 普通高中信息技术课程标准（2017 年版）[M]. 北京：人民教育出版社，2017.

4.2 过程性评价

○ 问题提出

注重过程是第八次基础教育课程改革倡导的学生评价理念的基本特点之一。以往只注重结果的评价将注意力集中在学生对问题回答的结果上，忽略了学生在解决问题的过程中，思考问题的方法、认识问题的态度等一系列潜在的东西。其结果导致学生只注重学习的结果而轻视学习的过程；只关心是否到达目标，而不去考虑方法的合理性，以及如何最便捷地达到目的。学生对待信息技术的态度、使用信息技术的习惯以及在信息活动中表现出的社会责任感和价值观，都是在学习和使用信息技术的活动中逐渐形成的。只有深入到过程中，我们才能够关注到学生所遇到的问题，才能关注到学生在学习过程中情感态度、价值观的形成。那么在学习过程中，如何对学生进行评价呢?

○ 学习引导

信息技术课程强调实践性、参与性，要求课程的评价不能仅仅局限在对基本知识和简单操作技能的测试上。新课程标准关注过程性评价，过程性评价在学生的学习过程中起着不可忽视的作用，让学生掌握实际操作、解决问题的能力比分数更重要。本节将结合案例，说明信息技术教学中过程性评价的操作方法、一般操作过程和操作注意事项。

4.2.1 过程性评价的理念与价值

信息技术课程强调实践性、参与性，要求课程的评价不能仅仅局限在对基本知识和简单操作技能的测试上。信息技术课程评价的整体观要求在评价中对课程、教学和评价进行整合，将它们融合为一个有机整体，并贯彻到实践活动中去。一方面，只有结合具体的教学过程，通过适当的过程性评价方式随时诊断，及时获得反馈，教师才能了解到学生在发展过程中所遇到的“知识与技能”方面的问题、取得的进步以及存在的不足，从而给予正确的引导，以真正发挥评价对教学的调控作用。例如，将学生在实践活动中的各种表现和成果——研究报告、制作过程、电子作品等作为评价他们学习情况的依据。对学生活动过程的评价，应该揭示学生在活动过程中的表现以及他们是如何解决问题的，而不仅是针对结果，即使最后结果按计划来说是失败的，也应该从学生获得了宝贵经验的角度视之为重要成果，肯定其活动价值，营造其体验成功的情境。

另一方面，学生对待信息技术的态度、使用信息技术的习惯以及在信息活动中表现出的社会责任感和价值观，也是在学习和使用信息技术的活动中逐渐形成的。只有深入到过程中，教师才能够关注到学生在学习过程中的情感态度、价值观，帮助学生形成积极的学习态度和科学的探究精神，从而真正实现“知识与技能”“过程与方法”“情感态度与价值观”的全面发展。

4.2.2 过程性评价的方法

1．表现性评价

这里的表现性评价是指一种评价方法。表 4-2-1 所示的是与表现性评价有关的几个术语及其解释。表现性评价不同于以往的评价方法，它强调通过真实的行为表现来体现学习成果并实施评价，因此在具体操作层面上，在设计评价任务时要注意把握评价的相关特征，只有任务设置得合理有效，才能够发挥其最大的效用。具体描述如下：一是情境性，即评价的问题应该涉及真实的生活场景，让学生在真实的场景中去应用学过的知识和技能，实现学习的迁移。二是评价的灵活性。表现性评价允许学生用多种方式来展示自己的知识和技能。在这一评价的过程中没有唯一的答案，只有评价的标准，即尊重学生的个性，关注每一个学生的发展。三是整体化。表现性评价所关注的是学生解决问题、处理实际问题的综合能力，而不是支离破碎的技能。总之，过程性评价既关注过程，也关注结果。[1]

表 4-2-1　与表现性评价有关的几个术语及其解释 [2]

术语	解释
表现性评价（performance assessment 或 performance-based assessment）	是要求学生通过实际操作某项任务或一系列任务（如制作一个信息技术作品、利用信息技术开展一项研究等）来表现出他们的理解水平和操作技能水平的评价
另类评价（alternative assessment）	是表现性评价的另外一种称谓，强调这些评价方法提供了有别于传统纸笔考试的评价方式
真实性评价（authentic assessment）	是表现性评价的另外一种称谓，在评价时强调学生将理解和操作技能应用于真实世界中的实际问题

学生在一个真实性的学习任务中的成功表现都是以有关知识为基础的，以临场的各种操作技能为外部表现，并体现了有关的情感态度和价值观。因此，如果把表现性评价内容归结为表现性技能，那么表现性技能就是由知识要素、技能要素和情感要素等各层次的要素构成的。例如，考查学生数据库规划、设计、建立、使用与维护的实际能力，要同时关注学生对数据管理的基本方法、数据管理技术基本概念的掌握，考查学生熟练使用某种数据库软件的技能水平，同时要考虑学生在整个操作中是否自觉遵守相关的法律、法规和道德规范等。表现性评价的主要内容是技能要素，知识性要素可以在对技能进行评定前用测验的方法加以测量或进行部分的评定。同时，表现性评价也不能忽视对情感性要素的评价。因此，在制定表现性评价计划时，要全面考虑一个学生成功表现的所有构成要素，不能有所偏废。[3]

鉴于信息技术教学的特点，信息技术教师可以就学生在完成一个具体任务中的实际表现来进行表现性评价。例如，模仿完成一个任务，或利用现有的知识和技能完成一个任务。按照任务的特点可以将任务分为简单任务和拓展性任务，下面通过具体案例来说明在这两种任务中如何对学生进行过程性评价。

（1）简单任务

例如，仿照样张图 4-2-1 制作电子小报的刊头——《初中信息技术》。

---

[1] Weber E. 有效的学生评价［M］. 国家基础教育课程改革“促进教师发展与学生成长的评价研究”项目组，译. 北京：中国轻工业出版社，2003：38.

[2] 苗逢春. 信息技术教育评价：理念与实施［M］. 北京：高等教育出版社，2003：6.

[3] 苗逢春. 信息技术教育评价：理念与实施［M］. 北京：高等教育出版社，2003：107.

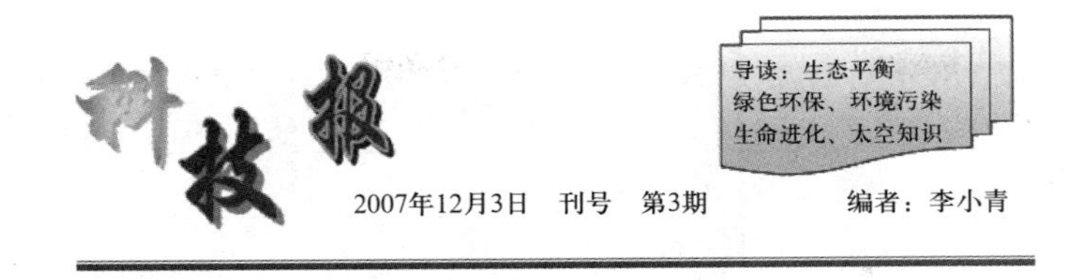

图 4-2-1 任务样图

该任务有明确的任务要求，评价内容也很明确。任务评价表（评价量规）见表 4-2-2。

表 4-2-2 任务评价表

项目	有	无	自评	互评	教师评
报刊名称					
导读					
日期					
作者					
分隔线					

又如，“按照要求写出一段程序语言”“根据提供的关键词使用搜索引擎查找信息”，这些都是简单任务，可以设计相应的过程性评价表。

（2）拓展性任务

例如，设计以母亲节为主题的贺卡，并在母亲节送给自己的母亲。要求：

① 以相邻的两个学生为一个组，共同完成作品。

② 作品至少包括两个页面，要求包含图片、文字，图文并茂，能给人以美的视觉享受。

③ 可以使用教师提供的素材。

该任务属于没有固定格式、带有扩展性质的任务，学生可以根据作业要求创造性地完成自己的作品。任务评价表见表 4-2-3。

表 4-2-3 任务评价表

项目	描述	优秀（5分）	良好（3分）	一般（1分）
内容	主题明确，内容积极	○	○	○
	文字运用准确，无语法错误	○	○	○

续表

项目	描述	优秀（5 分）	良好（3 分）	一般（1 分）
设计和布局	页面设计与主体风格一致	○	○	○
	界面美观	○	○	○
	多媒体素材应用合理，有助于内容的表达	○	○	○
	画面衔接流畅，视听效果好	○	○	○
	交互设计合理	○	○	○
其他	作品完整	○	○	○
	参与活动的积极性高	○	○	○

该评价表不仅涉及技能和知识的掌握，也涉及了对情感态度与价值观目标的评价。

又如，“根据当地生活污水的处理状况，制作一篇关于环境保护的多媒体演示文稿”，“用计算机软件分析当地近百年来的气候变化等”，都属于带有拓展性任务，可以设计相应的过程性评价表对学生进行表现性评价。

2．学程记录袋

学程记录袋是较早被引入我国的一种质性评价方法，也是现在少数在教学实践中付诸实施的质性评价方法之一。

学程记录袋又称为档案袋评价（portfolio assessment），是 20 世纪 80 年代中期在美国教育实践中涌现出的一种学业成就评价方式。它是通过收集学生在某一学科学习过程中的作品，并对学生的这些现实表现进行价值判断的一种评价方法。有学者按照学程记录袋的功能将其分为理想型（ideal）、展示型（showcase）、文件型（documentation）、评价型（evaluation）以及课堂型（class）五种记录袋。而根据入选作品的性质则又可以将其分为最佳成果型、精选型和过程型记录袋。[1]

理想型记录袋主要由三个部分，即作品产生过程的说明（biographies of works）、系列作品（arrange of works）和学生的反思（student reflections）构成。作品产生过程的说明主要是学习计划产生和编制的文件记录；系列作品是学生在完成某一学习计划的过程中创作的各种类型的作品集；学生的反思对学生学习的发展尤其重要。在学习的不同阶段

---

[1] 李雁冰．质性课程评价：从理论到实践（一）[J]．上海教育，2001（12）：30-32.

中，教师要求学生充当专门的批评家或传记作家的角色，让学生描述自己作品的特征、自己在学习发展过程中的进步、已经实现的目标等，这些都可以作为反思的内容。通过这种反思，一方面为学生的发展提供了重要契机，另一方面也培养了学生自我反思和自我教育的习惯。

学程记录袋建立和完善的过程就是教师对学生进行评价的过程。记录在记录袋中的作品可以反映学生学习知识和技能的结果。同样，作为记录袋构成部分的学生对自己作品的评价、对作品完成过程的说明，可以看作是学生情感态度的一种书面反映。而教师通过对记录袋中作品内容的审阅，能够间接地了解学生各方面的能力、情感态度的发展状况，而在与学生共同完善记录袋的相当长的一段时间里，教师又可以通过与学生的交流直接观察到学生的反应能力、研究问题的态度、与其他学生的协作能力，以及面对困难和挫折的态度等情感层面的隐性能力。学程记录袋反映了学生学习发展过程中的信息，每个学生都可以通过记录袋看到自己的进步和努力，学生的个性差异得到了充分的尊重，评价主体也实现了多元化。

例如，以下是一位教师在高中信息技术必修课“初识人工智能”中使用档案袋评价的片段：

学生学习过程的自我总结和评价

（收集我国吴文俊院士在人工智能方面的贡献，并就所查阅的资料写一篇有关“人工智能”的学习体会，放入电子学习档案袋中，以定稿方式发布）

设置 Web1 服务器：192.168.4.133/stu（电子学习档案袋，用于上传作业）

设置 Web2 服务器：192.168.4.133（学习网站，主要是本节课的视频和一些文字素材）

网站：

中国象棋网

自然语言处理网站

…………

使用的评价表如表 4-2-4 所示。

表 4-2-4 评 价 表

水平（得分）	标准
0	没有达到水平 1
1	学生描述了人工智能的相关知识
2	学生展望了人工智能的发展趋势
3	学生能辨别科学与科幻的区别

在上例中，教师利用电子学习档案袋来收集学生的作品，并通过制定的评价表对学生的作品进行评价，体现了档案袋评价的优势和特点，但在设计评价表时要注意各指标的设定，尽量使指标更合理和科学。

当然，作为一种新的评价方法，学程记录袋还存在一些不足，有待进一步的研究和改善。例如，学程记录袋需要记录学生在学习发展过程中的点滴活动，因此积累的记录资料数量巨大。一方面，仅仅是记录用的纸张的消耗就非常惊人，对于一些条件比较差的学校是一个不小的负担；另一方面，由于学生数量较多，教师往往无法在有限的时间里阅读完每个学生的学程记录，利用这些资料进行评价也就无从谈起。鉴于此，在使用这种方法时，一方面要实事求是地设计评价的内容，使得记录下的资料有用且适度；另一方面，可以让学生参与到评价过程中来，通过自我评价以及学生互评、小组互评等方式，减轻教师的负担。另外，还要充分发挥信息技术的优势，结合电子学程档案的使用，将相关的资料存储在计算机中，以节约评价的成本，提高效率。

表 4-2-5 所示的是北大附中李冬梅老师在程序设计课程中使用的一个向全体学生公开的作业评价表，其特点是简洁明了，有利于学生自评、互评，以及在评价过程中相互学习，相互督促。在这个作业中，教师要求学生将完成的作业打包后通过电子邮件发给教师，教师评阅后使用这个表格公布结果。

表 4-2-5　程序设计作业评价表

学生	发邮件	作业客观状态				教师评语			上次作业改错情况	同学评价
		文件打包	建程序文件夹	交作业个数	可打开的个数	Hello	算术平方	是否有创意		
A	√	√	×	2	2	可以运行，没有消除窗口上的两个对象	对		改过	
B	√	√	×	2	2	对	对	有	改过	
C	√	√	√	2	2	可以运行，缺图标	对		改过	
D	√	×	×	1	1	可以运行，窗口没有初始化	错		改过	

除了用直观的评价表进行评价外，还可以采用计分的方式来对学生的表现进行评价。以下就是某教师在高中信息技术课程教学中对学生的学程记录袋用计分方式操作的案例。

操作规则如下。

1. 计分总则

平时成绩满分为 100 分，每个学生起评分为 80 分，根据平时过程性记录予以加减分。

2. 加减分细则

学习常规：作业一贯认真、规范加 2 分；坚持每个阶段进行主动学习和反思加 3 分。反之，适当减 1~3 分。

课堂表现：一贯专注听讲、思维积极加 1 分；经常主动交流与发言加 2 分；按时完成作业的加 1 分；作业质量优秀加 3 分。反之，适当减 1~2 分。

突出表现：信息学竞赛获得省三等奖加 5 分，二等奖加 8 分，一等奖加 10 分。若以信息技术为主题的研究性学习报告，在年级做主题交流受好评，则负责人加 5 分，其他成员每人加 3~5 分；若在学校研究性学习专刊上发表，则负责人加 10 分，其他成员每人加 5~8 分。善于发现问题，问题有一定价值，见解独到，加 5 分。常有创新设计，善于解决问题，加 5 分。

3. 补充说明

一是实行加减分时要有表现记录，各项扣分以该项目总分为上限，不能出现负分情况；二是课堂小练习和学段测验均采用百分制，以便于计算机统计和处理。

4.2.3 过程性评价的一般过程

1. 评价标准或评价量规的制定

过程性评价的内容涉及学生完成任务过程中的各个环节，包括根据任务要求分析问题、收集信息的能力；选择合适的信息工具解决问题的能力；应用信息工具有效分析、处理信息的能力；应用信息工具有效表达相关问题答案的能力；对任务完成过程中相关信息问题的价值判断能力；在任务完成过程中与他人的协作、交流能力等。这些能力涵盖了信息素养的各个方面。培养目标是制定评价标准的直接参照。例如，信息素养培养是信息技术课程的整体目标，需要重新认识和重新分解具体的教学内容，形成更加具体、针对性更强的评价标准，作为实施评价的参照。

对于过程性评价来说，评价标准一般以评价量规的形式出现及应用。评价量规，又称为评价表，是指根据教学目标围绕某一主题制定的经过量化的评价指标。这个量规并不仅仅用来评价某一具体内容的学习结果和过程，它的制定先于学习过程，更多地被用来引导学生正确、有效地实施学习过程。在制定量规时，首先要对评价内容进行合理的划分，将其分割为若干个能够客观反映学习过程和结果的重要维度，或者是多个可以观测的行为指标，然后为每个维度或行为指标制定能体现具体表现水平的标准，并将其划分为若干个等级水平，或者还可以根据实际情况，为不同的指标建立不同的权重。评价量规的设计可以由教师来完成，也可以在教师的引导下由学生来完成，这主要根据任务的内容和评价的要求来确定。在以教师为主的评价量规的设计过程中，鼓励学生加入到量规的制定中来。一方面，可以激发学生的主动意识，提高他们的积极性；另一方面，通过介入评价量规的制定，学生能够更加深入地把握评价的内容，从而能够有意识地根据评价的内容来反思自己的学习，促进学习的进步。

那么，如何设计一个合理的评价量规呢？

① 确定评价的重点，明确核心任务，以及学生要展示的知识、技能和过程。

② 描述与任务相关联的知识、技能和过程。

③ 描述完成任务的具体的、可观察的行动和过程。

④ 确定什么样的表现对该任务来说是合适的。

⑤ 确定格式。

表4-2-6所示的是一个多媒体制作评价量规案例。这个案例考虑得比较全面，在实际应用时可视具体内容、学时、教学方法、设备条件等进行选择或者其他适应性的调整。

表4-2-6 多媒体制作评价量规实例①

评价内容		标准	小组自评	教师评价	其他
			1 ⟷ 5	1 ⟷ 5	1 ⟷ 5
作品主题和内容		内容全面，包括任务要求的所有基本主题，能论及有关的其他主题			
		观点准确，论证清楚、有力			
		主题内容逻辑顺序清楚、准确，重点突出，易于理解			
		包含细节、提问，能引发读者思考、好奇和探询更多信息的动机			
技术	布局	区域划分清晰，版式美观，易于理解			
		内容表现形式多样、合理			
		布局平衡合理，易于观看和检索			

① 选自苗逢春编写的《多媒体制作评价量规实例》。

续表

<table>
<tr><th colspan="2" rowspan="2">评价内容</th><th rowspan="2">标准</th><th>小组自评</th><th>教师评价</th><th>其他</th></tr>
<tr><th>1⟷5</th><th>1⟷5</th><th>1⟷5</th></tr>
<tr><td rowspan="6">技术</td><td rowspan="3">界面</td><td>页面风格与主题相符，形式新颖</td><td></td><td></td><td></td></tr>
<tr><td>背景能很好地衬托出主题</td><td></td><td></td><td></td></tr>
<tr><td>图片使用合理，能提高读者兴趣并有助于他们理解相关文本</td><td></td><td></td><td></td></tr>
<tr><td rowspan="3">多媒体素材应用</td><td>声音使用合理，能创造与主题相符的氛围</td><td></td><td></td><td></td></tr>
<tr><td>能根据演示的需要合理设置有关对象的动画效果，动画播放顺序准确、自然</td><td></td><td></td><td></td></tr>
<tr><td>能准确、合理地使用外部的多媒体素材，如声音、动画、视频素材等</td><td></td><td></td><td></td></tr>
<tr><td rowspan="3">技术</td><td rowspan="3">导航</td><td>有用于导航帮助的目录页，各幻灯片标题清晰易懂，利于理解和检索</td><td></td><td></td><td></td></tr>
<tr><td>能利用母版设置各页面之间的链接，相关页面之间的链接准确、合理</td><td></td><td></td><td></td></tr>
<tr><td>页面切换自然、准确</td><td></td><td></td><td></td></tr>
<tr><td colspan="2" rowspan="5">口头报告</td><td>使用生动、准确的语言</td><td></td><td></td><td></td></tr>
<tr><td>报告组织严密，条理清晰，易于理解，能引发观众兴趣</td><td></td><td></td><td></td></tr>
<tr><td>能灵活地使用信息传递和交流技巧</td><td></td><td></td><td></td></tr>
<tr><td>小组成员轮流发言</td><td></td><td></td><td></td></tr>
<tr><td>做过较好的预演</td><td></td><td></td><td></td></tr>
<tr><td colspan="2" rowspan="3">组内分工合作</td><td>分工明确，能相互合作，取长补短</td><td></td><td></td><td></td></tr>
<tr><td>小组成员能完成所分配的任务</td><td></td><td></td><td></td></tr>
<tr><td>各小组成员主动帮助别人，共同完成项目</td><td></td><td></td><td></td></tr>
<tr><td colspan="3">综合评议：</td><td></td><td></td><td></td></tr>
<tr><td colspan="3">总分</td><td></td><td></td><td></td></tr>
</table>

注：① 每个评价者根据被评价者的具体表现与各评价标准的符合程度分别给予 1~5 分。

② 其他小组或学生、专家、家长等，可根据评价者的数量添加相应数量的系列。

2. 评价资料的收集

信息技术课程的过程性评价一般通过两个方面来实现。[1] 一方面是在学生学习的过程中系统客观地记录学生在自然学习情境中的真实表现，这主要可以通过多种开放的质性评价方法，如现场观察、访谈、轶事记录、成长记录等方式来完成。这一评价的过程是长期的、连续不断的，可以系统地把握学生在知识技能、情感态度等方面的变化和发展。另一方面，可以通过设置一定的作品设计作业和任务或实践活动来引发学生的特定行为，通过对活动过程的观察和作品完成情况来收集有价值的评价资料。

（1）系统的观察和轶事记录

可以通过在自然情境下观察学生，获取过程性评价所需的信息。在日常教学中对学生的观察往往是不系统的，而且缺乏对观察结果的正规记录，难以为评价学生的复杂表现提供全面、客观的信息。因此，需要将在评价标准或评价量规指导下的系统观察与日常教学中的随机观察结合起来，保证在收集列入评价计划的与学习目标直接相关的信息的同时，也能收集到其他没有列入评价计划但对评价有价值的信息。

轶事记录是指在观察过程中以文字的形式对被评价者的行为做描述和诠释，主要包括观察到的行为、行为发生的情境以及对事件的独立说明。[2] 实施轶事记录需要花费比较多的时间，主要用于能体现被评价者情感、态度、价值观的行为，如体现对信息技术的求知欲和参与信息活动的态度等的行为；同时，也可用于记录需给予特别关注的被评价者，如信息技术低起点的学生。实施轶事记录时，注意遵循以下原则：① 记录有意义的事件；② 记录包含足够的信息，以便日后理解；③ 事件发生后及时记录；④ 观察到的事件应与对事件的说明严格分开；⑤ 记录方法简单有效，记录结果易于整理。真正有实效的轶事记录应是切实可行的，对有意义事件简洁、客观、充分的描述，并含有对事件的必要说明。当轶事记录集中于某一行为或某一个体时，应能获得该行为的典型特征或该个体的典型行为模式。

江苏省实行新课程改革后使用的教务软件中的学生成长记录平台（如图 4-2-2 所示）就是一个可以收集评价资料的平台。

（2）典型的作品设计作业

前面介绍过，典型的作品设计作业可以是在课堂中随机选择的学生作品，也可以是在课后作业或考试、测评中围绕某一知识内容所设置的作品设计任务。

在信息技术课程中，典型作品的评价类似于语文课程中的作文评价。但两者在对评

[1] 中华人民共和国教育部. 普通高中技术课程标准（实验）[M]. 北京：人民教育出版社，2003：45.

[2] 苗逢春. 信息技术教育评价：理念与实施 [M]. 北京：高等教育出版社，2003：117.

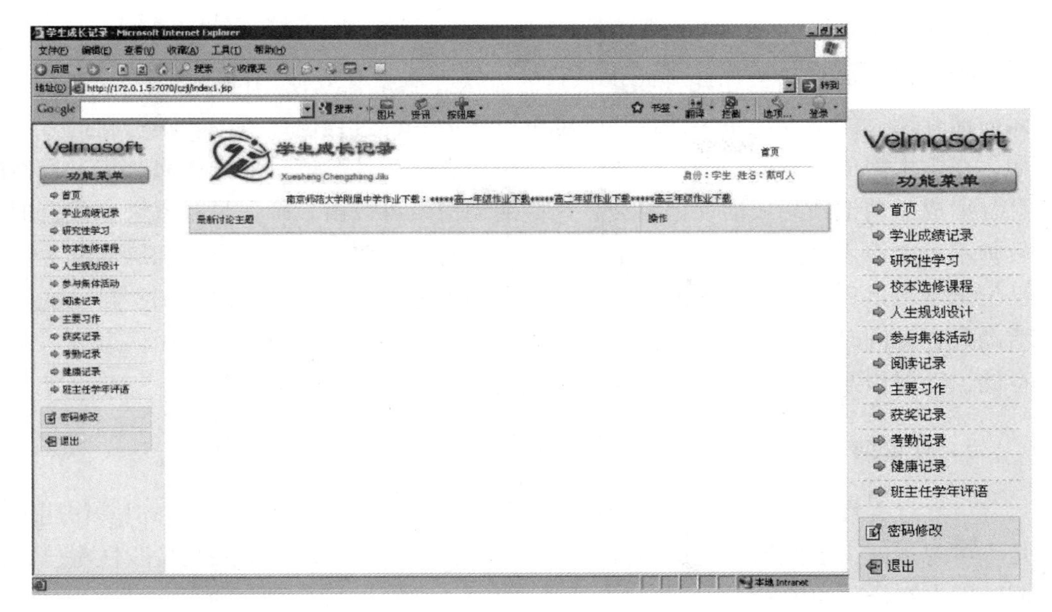

图 4–2–2 学生成长记录平台

价目的的认识、对评价方法与尺度的把握，以及期望评价产生的效用等方面都有所不同，不过，由于信息技术课程在评价方面积累的经验较少，因此可以借鉴其他相对成熟的课程教学中积累的经验。

（3）任务或实践活动

在通过任务或实践活动等让学生应用信息技术解决实际问题的过程中，可以全面了解学生的信息素养，包括在活动过程中所表现出来的信息技术操作水平，利用信息技术进行交流、合作的能力，组织协调能力以及价值判断能力等多方面的素养。[1]

例如：

你和几位同伴向 12~15 岁孩子介绍西藏旅游，需要准备一份内容丰富的小册子，包括文化交流、旅游路线、交通方式、费用、预算建议、服装、保健等的介绍，这些都将为孩子的家长提供参考，以决定是否让他们的孩子参加这次旅行。需要你们呈现：① 一系列解决问题的程序或者方案；② 一个可以观察的学习结果或者产品（旅游小册子、多媒体展示等）。

任务应该代表一个有效的样本，让人们可以从中将学生的知识、思维能力和态度概括成理论。任务覆盖的范围不必很大，但应该让人们可以在一个有限的领域或具体的技能方面观察到学生大量的行为。因此，任务的设计应足够复杂，在细节上足够丰富，具

[1] 中华人民共和国教育部. 普通高中技术课程标准（实验）[M]. 北京：人民教育出版社，2003：45.

有普遍的代表性。

需要说明的是，上述几种收集资料的方法并不是独立使用的，往往是相辅相成的。而前面介绍过的学程记录袋评价法，也可以作为一种过程性评价中收集资料的方法。例如，在学生完成任务或实践活动时，可以采用观察、轶事记录等方式来收集过程性的信息，形成活动记录袋或活动档案袋。这些活动记录可以由教师通过观察来完成，但一位教师不可能深入到每一组学生的活动中去，因此教师要有意识地引导和培养学生形成自己记录学习过程、活动过程的习惯，并学会利用记录进行自我反思，调整自己的学习和活动过程。同时，可以充分发挥信息技术课程的学科优势和特色，利用信息技术工具来存储、管理和处理学习和活动过程的相关信息，建立起电子档案袋。

3. 评价结果的处理

虽然过程性评价需要评价者和被评价者都投入大量的时间和精力，但其作用和价值是不可忽视的，因此当决定运用过程性评价时，应确保其评价结果在阶段性考核或期末成绩中占有合理的比重。

过程性评价具有较强的表现力，它所收集的资料涉及知识与技能、过程与方法、情感态度与价值观三个目标层次，因此所形成的评价结论既可以针对某一学生的整体表现进行全面分析，也可以针对该学生在不同方面的表现分别进行分析。需要注意的是，评价结果中的分数或量化评价结果只是为评价学生表现水平提供参考依据，要客观、全面地评价学生，还必须将这些量化评价结果与定性评价结合起来，切忌单纯利用分数对学生的学习下结论或排名次。

4.2.4 过程性评价的注意事项

过程性评价为教师调整教学方案提供了及时的反馈信息。在评价过程中，教师通过观察学生学习的态度、兴趣、行为及各种表现，对学生微小的进步及时做出肯定和鼓励，指导学生掌握某一学习内容的方法和思想。同时，根据反馈的信息，教师可以观察自己的教学是否有助于学生今后的发展，并及时对其进行修正。教师要认真收集各种反馈信息，把这些信息作为检查学生学习效果、评价自己教学效果的依据，从而及时调整教学方案，改进教学方法，研究教学策略，使评价目标更有效地服务于学生，作用于教学，以全面提高教学质量。

但在学生评价中，教师需要注意以下问题：对学生的指令和要求要明确、具体、清晰；要注意评价的教育性，保证评价的公正度和可信度；要保护学生的自尊心、自信心，尊重学生的隐私，关注学生的处境和需要，注重学生的发展变化过程，以鼓励为主，与教学协调统一；要能促进学生的反思，使他们能够调整自己的学习策略，提高思维水平；此外，还要关注学生的发展性和差异性。[1]

例如，可以向学生展示优秀作品及问题作品，分析并总结出其典型特征，列出评价标准，然后将评价标准分为不同的等级水平，并分别做详细陈述。先描述最好的等级水平和最差的等级水平，然后描述中间的等级水平。教师可以通过让学生实践最初的评价标准，并对自己的评价发表评论。

同时，过程性评价贯穿于学习和教学过程，每个任务都要教师一一进行评价也是不现实的，因此在过程性评价中，要充分发挥学生的自主性，开展自评和互评。

拓展阅读

材料一　过程性评价的理念与方法[2]

过程性评价具有以下两个重要特征。

其一，关注学习过程。现有的评价方法与评价工具，更多地侧重于对表层式学习方式所产生的学习结果进行评价与测量，对于那些由深层式学习方式所导致的学习结果要么不予关注，要么无法评量，从而形成一个评价的死角。其结果是形成一个“表层（成就）式学习方式—低层次学习结果—表层（成就）式学习方式”的恶性循环。过程性评价却恰恰关注学生学习过程中的学习方式，通过对学习方式的评价，将学生的学习方式引导到深层式的方向上来，所以过程性评价能够很好地填补上述的评价死角。其结果是形成“深层式学习方式—高层次学习结果—深层式学习方式”的良性互动。

其二，重视非预期结果。传统的目标导向的学业评价，将评价的目标框定在教育者认为重要的有限范围内，这种做法使得很多有价值的教育目标被忽视，评价导向的积极作用被削弱。过程性评价则将评价的视野投向学生的整个学习经验领域，认为凡是有价值的学习结果都应当得到肯定的评价，而不管这些学习结果是否在预定的目标范围内。其结果是，学生的学习积极性大大提高，学习经验的丰富性大大增强。这正是现代教学所期待的最终目标。需要指出的是，过程性评价也会对学习的结果进行评价，这里的结果是过程中的结果。

[1] 叶延武. 过程性评价：内涵与操作［J］. 课程·教材·教法，2008（11）：8-13.
[2] 吴维宁. 过程性评价的理念与方法［J］. 课程·教材·教法，2006（6）：18-22.

材料二 当前过程性评价面临的难题及对策[①]

在实施新课程评价的过程中评价常常会面临着如下难题。

① 评价量规设计缺乏公正性、客观性，没有统一的标准和技术可以借鉴。

② 评价数据的获得费时、费力。

③ 现行学业考试内容、要求和模式影响师生参与新课程评价的自觉性和积极性。

基于此，可以借鉴如下实施对策。

① 在教学前进行前置性评价。

② 科学、客观地设计教学中的过程性评价。

③ 创新教学后的总结性评价，引导平时的阶段性评价。

④ 用学习报告单代替成绩单。

表4-2-7所示的是一份学生成长记录档案表，教师用它来评价学生信息技术课程的学业水平。

表4-2-7 成长记录档案表

<table>
<tr><td rowspan="3">个人简介</td><td colspan="2">姓名（name）</td><td></td><td colspan="2">性别（sex）</td><td>女</td><td>出生年月</td><td></td></tr>
<tr><td colspan="2">年级（grade）</td><td>高一</td><td colspan="2">班级（class）</td><td>5</td><td>序号（order）</td><td>5</td></tr>
<tr><td colspan="2">家庭地址</td><td colspan="4"></td><td>电话号码</td><td></td></tr>
<tr><td rowspan="3">学习经历（experience）</td><td colspan="8">最早接触计算机是在小学的计算机课上，那时只是喜欢在计算机上画画，打游戏；初中时，初步学会了制作网页等计算机基础知识。初中毕业后，虽然天天上网，但对网络接触得却不深，只是玩游戏，聊QQ，看电影，听歌等。网络知识是丰富多彩的，在高中信息技术课程的学习中，我一定要学到更多的计算机知识</td></tr>
<tr><td colspan="8">中考成绩：语文128；数学140；英语112；自然174；社会94。</td></tr>
<tr><td colspan="8">总分名次：普通班第4名</td></tr>
<tr><td rowspan="6">基本分（basic training）</td><td colspan="2">第一学期（上）</td><td colspan="2">第一学期（下）</td><td colspan="2">第二学期（上）</td><td colspan="2">第二学期（下）</td></tr>
<tr><td>理论（50%）</td><td>操作（50%）</td><td>理论（40%）</td><td>操作（60%）</td><td>理论（50%）</td><td>操作（50%）</td><td>理论（30%）</td><td>操作（70%）</td></tr>
<tr><td>25分</td><td>43分</td><td>30.4分</td><td>60分</td><td>29.5分</td><td>50分</td><td>25.2分</td><td>67.9分</td></tr>
<tr><td colspan="2">68分</td><td colspan="2">90.4分</td><td colspan="2">79.5分</td><td colspan="2">93.1分</td></tr>
<tr><td colspan="4">79.2分
（班级平均82.0分）</td><td colspan="4">86.3分
（班平均84.1分）</td></tr>
<tr><td colspan="8">82.7分</td></tr>
</table>

① 选自浙江省温州市第二中学陈文翀老师编写的案例《高中信息技术教学过程性评价实施对策》。

续表

能力分（capabilities）	A 等（85 分以上）	项目名称	2010 年上海世界博览会	项目名称	
		项目类型	专题网站	项目类型	
		项目得分	93 分	项目得分	
	B 等（70~84 分）	项目名称		项目名称	
		项目类型		项目类型	
		项目得分		项目得分	
	C 等（70 分以下）	项目名称		项目名称	
		项目类型		项目类型	
		项目得分		项目得分	
评价记录（1）	中考成绩较好，虽然第一学期期中的考试成绩欠佳，但进步明显，在第二学期的项目制作中，取得全班第一名的好成绩				
评价记录（2）	第一学期的总评成绩较班级平均成绩低 2.8 分，第二学期却比班级平均成绩高 2.2 分，说明课内学习成绩在稳步提高				
评价记录（3）	由于入学前接触计算机早，上网意识强，掌握了初步的网页制作技术，因此项目制作水平较高是一件自然的事				
教师评价	该学生有良好的信息技术学习环境，自身又有网络意识，兴趣爱好广泛，这些对于高中学习是十分有利的。期望你继续保持学习优势				

○ 学生活动

1. 结合以往的学习经历，谈谈信息技术课程的过程性评价如何开展效果较好。

2. 某信息技术课程教学中有这样一个拓展性任务：根据当地生活污水的处理状况，制作一份关于环境保护的多媒体演示文稿。请你为此任务设计一个过程性评价表。（可以参照本节案例及信息技术教材，围绕着内容、技术体现、艺术表现等方面进行设计）

○ 参考文献

[1] 苗逢春. 信息技术教育评价：理念与实施 [M]. 北京：高等教育出版社，2003.
[2] 王景英. 教育评价理论与实践 [M]. 长春：东北师范大学出版社，2002.
[3] 中华人民共和国教育部. 普通高中技术课程标准（实验）[M]. 北京：人民教育出版

社，2003.
[4] Weber E. 有效的学生评价 [M]. 国家基础教育课程改革“促进教师发展与学生成长的评价研究”项目组，译. 北京：中国轻工业出版社，2003.
[5] 朱慕菊. 走进新课程：与课程实施者对话 [M]. 北京：北京师范大学出版社，2002.
[6] 冯平. 评价论 [M]. 北京：东方出版社，1995.

4.3 总结性评价

○ 问题提出

不同于具体教学过程中的多元化评价方式，总结性评价更多的是通过一次考试来完成的，但真正的总结性评价是什么？仅仅是一次考试吗？总结性评价的意义在哪里？评价结果又是被如何利用的呢？

○ 学习引导

总结性评价是在教育活动结束后为判断其效果而进行的评价，具体来说，是在一个单元、一个模块，或一个学期、学年、学段等的教学结束后，对最终效果所进行的评价。本部分讨论的总结性评价从外延上包括各种阶段性的评价，但主要是指模块教学结束后的学业评价，对于其他阶段性评价或小的环节的总结性评价有着借鉴意义。

在信息技术课程教学中，经常利用总结性评价评定学习效果和成绩。本节将介绍总结性评价的概念及特点，讨论总结性评价的主要方法和实施依据，研究评价结果的应用价值。

4.3.1 总结性评价的概念与特点

一般意义上的总结性评价是对一个阶段（如单元、学段、学期等）、一个学科的教育质量评价，其目的是对学生阶段性学习的质量做出结论性评价。这一概念不仅应用在教学领域，现在也已扩展到商业、社会、生活、政治等各个领域。

在学校教育中，总结性评价是指在某一相对完整的教育阶段结束后对整个教育目标实现的程度做出的评价。它以预先设定的教育目标为基准，考查学生发展达到目标的程度。其作用有两个：一是考查学生群体或每个学生整体的发展水平，为各种选拔、评优提供参考依据；二是总体把握学生掌握知识、技能的程度和能力发展水平，为确定后续教学起点提供依据。

总结性评价的首要目的是给学生评定成绩，并为学生的学习效果提供证明，或提供关于某个教学方案是否有效的证明。它具有以下三个特点。

（1）旨在对学生学习效果或教学效果进行整体评价

总结性评价是对学生或教师在某门课程或某些重要阶段 / 部分的学习效果或教学效果的全面确定，主要通过对学生的考试成绩进行评定，为下一阶段如何安置学生提供依据，也可以借助学生的成绩，对教师的教学效果做出评价。

（2）着眼点在于教学目标的达成度

总结性评价关注的是学生对某门课程整体内容的掌握程度，了解学生的教学目标达成度。总结性评价只能在一个完整的教学阶段结束后进行，主要是检查之前制定的教学目标的完成情况。要适当控制总结性评价的次数，每个学期仅一到两次，主要通过期中考试、期末考试以及高中信息技术学业水平测试等形式进行。

（3）考试考查要求较高

为了满足对学生整体学习效果进行评价和对学生教学目标达成度进行检查的需要，考试考查需要具有概括性水平高、内容范围广、综合性强等特点，其题目与日常的练习题目相比，要求较高。

4.3.2 总结性评价的作用

总结性评价在教学中运用得非常普遍，也发挥着重要的作用。总结性评价的作用主要有以下几个。

1．评定学生的学习成绩

教师通过总结性评价，结合之前的诊断性评价和过程性评价，能够对学生的进步水平和教学目标的达成度做出清晰的判定，并通过打分、评出等第或写出评语的方式得出学生的学习成绩。

打分的方式得到的学生成绩是数值型的评价结果，这种结果，通常是通过常模参照测验得到的[①]。学生成绩在排列上会呈现正态分布，即成绩表现优异和成绩明显落后的学

---

① 以鉴别学生个别差异为指导思想，目的是测得学生在所处团体中的相对水平。常模实际上是该团体在测验中的平均成绩，学生成绩便是以常模为参照标准来确定的。这一测验衡量的是学生的相对水平，要求测验题难度适中，尽量对所有学生都有较强的鉴别力和区分度。

生均较少，成绩中等的学生较多。在信息技术课程中，经常采用打分的评价方式，同时还可以结合概括性的评语，对学生的学习能力和学习态度、进步情况等做出评价。

等第型的成绩是教师对学生的若干次总结性考试（考查）和作业得分进行综合、加权得到的结果，体现为学生在这一学习阶段中的总成绩或平均成绩。等第型成绩可以是各类数值型或等级型的成绩，最终呈现出来的是“优秀”“良好”“合格”“不合格”等不同的级别。

2．证明学生掌握知识、技能的程度和能力水平

总结性评价的结果可以用来证明目前学生是否已掌握了某些必备的知识和技能，并且对本阶段教学要求和教学目标的达成度也有所反映。但这种“证明”的作用，必须建立在设计科学的试题和高水平的组卷上。同样，对于证明结果，最好加上必要的文字进行辅助说明。

例如，在命题时，突出显示“不”等否定词，以避免学生误读、错选，减少学生因为审题不仔细而造成的答题错误。这样有利于获得学生知识、技能的掌握程度等方面的真实信息。

很多时候，需要设置一个成绩的“合格线”或“最低分数线”，来表示所要求的“最低能力水平”。达到或超过这个“合格线”，意味着学生能够胜任进一步的学习任务或担当某种工作。例如，江苏省普通高中信息技术学业水平测试，就将“合格”等级（考试卷面满分 100 分，要求达到 60 分以上）作为达到高中信息技术教育要求的条件，同时也是参加高考的必要条件之一。

3．为学生的学习提供反馈

总结性评价关注的是学生在某一阶段的学习结果，如果总结性评价中设计的题目能够考查学生对各个单元知识和技能的掌握程度，那么评价结果也将能反映学生在这个阶段的学习情况。

用于总结性评价的试卷的完成情况，不仅可以反映学生对这门课程的掌握程度，对各个知识点的掌握程度、存在的问题和难点，使教师了解学生在学习上的成功和不足之处，还可以在一定程度上反映学生的学习习惯和学习能力等信息。而这些信息也将有助于学生明确自己需要强化的内容和下一步的努力方向，从而更加科学地制定学习目标。

4．预测学生在后续学习过程中成功的可能性

总结性评价的结果有时也被用来预测学生在后续相关课程的学习中是否能取得成功。特别是在学生学习了高中信息技术课的必修内容之后，总结性评价可以作为判断其下一步适合学习哪些选修课程的依据之一。在基于2003年普通高中信息技术课程标准的教学中，信息技术教师发现，对信息加工部分掌握较好的学生，其在选择了“多媒体技术应用”模块后一般会有很好的表现；同样擅长于数据分析和管理的学生，也往往能够在学习“数据管理技术”模块时获得高分。

必修模块是后续选修模块的基础，学生在对基础知识的学习中表现出的兴趣和能力，也能够在学习相应的选修内容时表现出来，因而更容易获得成功。而且成绩较好的学生，往往有良好的学习习惯和学习方法。由此可见，总结性评价的“预测”作用，归根结底取决于相继课程内容、方法、目的的相似性，以及学生心理和能力发展的相似性。

5．确定学生在后继学习过程中的起点

在这一点上，总结性评价的作用与前置评价和过程性评价基本相同。某次总结性评价结果，既是学生在知识与技能、过程与方法、情感态度与价值观等方面的基本表现，也是教师确定教学起点的重要依据。

要更好地发挥总结性评价确定起点的作用，需要以详细的试卷分析数据和学生过程表现（详细的评语信息）作为支撑。通过逐条分析题目和研究答案，教师可以清楚地了解学生对之前所学知识的掌握程度；通过详细的评语信息，教师也可以了解学生学习能力和学习习惯等方面的信息。综合起来，教师就能够对后续的教学目标做出明确的定位，更准确地把握学生在后续学习过程中的学习起点。

4.3.3 总结性评价的目标与内容分析

1．总结性评价的目标分析

高中信息技术课程标准中将信息素养的培养作为目标，并从知识与技能、过程与方法、情感态度与价值观三个方面对信息素养进行了诠释。但是，过程性评价相对而言，比较容易实现“情感态度与价值观”方面的评价，但对总结性评价而言，“情感态度与价值观”方面的评价则难以实现，至少在具体操作上有很大的难度。

为了使总结性评价得以顺利开展，下面本着实事求是的原则，为总结性评价重新设定了三个层面的评价目标[1]，供教师在实际操作中参考。

① 掌握信息技术的基础知识。

② 掌握操作和使用信息技术工具的能力。

[1] 杜楚源．信息技术课程总结性评价与高中会考［J］．中小学信息技术教育，2003（11）：6-8.

③ 具有应用信息技术解决实际问题的能力。

从逻辑层次上来看，信息技术的基础知识以及操作和使用信息技术工具的能力是基础，而应用信息技术解决实际问题的能力则是升华。它们构成了一个金字塔的结构。对总结性评价而言，这三个评价目标具有较强的可操作性。信息技术教师在开展总结性评价活动时，可以参考这个金字塔结构来设计自己的评价方案。

为总结性评价重新设定评价目标的理由是：对学生学习与发展情况的总体评价，应该是总结性评价与过程性评价相结合的产物，这样才能全面地评价学生在学习活动和解决问题的过程中所表现出的能力与成就、情感与态度、价值观取向等。也就是说，过程性评价与总结性评价的相互结合和共同作用，构成了评价活动的整体，有效地支持了教学活动的进行。总结性评价是一种必要的评价手段，对它的认识以及对它的预期，都要恰如其分，不能片面地追求其目标的完整性。

2．总结性评价的内容分析

一方面，信息技术课程是由过去的计算机课程演变而来的，它对技能训练的超越不是抛弃技能训练，而是在包容的基础上丰富技术的思想与文化的内涵，所以它必然包含有一定的技术取向；另一方面，日益强烈的信息素养教育诉求源自社会信息文化建设的日渐深入，而这些方面的建设又基于信息技术的日渐大众化，这显然是当前信息素养培养的极其重要的方面。因此，在分析总结性评价的内容时，也需要针对课程的两种取向属性，即大众文化取向属性和技术取向属性，进行进一步分析。[1]

大众文化取向属性的评价，强调考核学生对基础知识的掌握程度，以及在体验生活的基础上利用工具处理信息和解决问题的能力。[2] 因此，描述和设置的题目要源于生活，贴近生活，强调题目的实用性和情境性。此外，作为大众信息技术工具，具有相同或相似功能的软件层出不穷，这些软件操作简便，功能强大[3]，并且体现了人性化和个性化的设计理念，使每个人都可以根据自己的兴趣爱好，各取所需。在这种情况下，考核学生的应用能力，不应去考核学生在微观层面上对某个软件具体使用功能的掌握情况，而应不限于软件的具体种类、功能、操作方法，遵循个性化原则，以“合理、有效地解决问题”为目标。也就是说，应该给学生以充分的自主权和选择权，自由选择软件和所需要的功能及方法。学生只要能够解决问题，都应该认为他是考核合格。

面向高中学生的信息技术课程旨在为学生的终身发展打下基础，因此它所能够形成

---

[1] 李艺，张义兵. 信息技术教育的双本体观分析［J］. 教育研究，2002（11）：70−73.

[2] 刘德亮. 中小学信息技术教育需要双本体观［J］. 中国电化教育，2002（8）：4−7.

[3] 李艺. 中小学信息文化教育与信息技术教育问题观察报告（下）［J］. 中国电化教育，2002（5）：15−18.

的技术纵深有限。技术取向属性的评价一般是考核学生对一些专门化技术的思想、方法与应用价值的了解情况等。目前在基础教育领域中，没有必要专门设立区分技术难度的等级考试来对学生进行信息技术课程的总结性评价。如果需要对那些已充分得到个性化发展的学生进行专门化技术取向的评价，则可以“借用”社会上已有的某些等级考试来对其进行评价。

4.3.4 总结性评价的方法

1. 总结性评价内容的设置与选择

虽然目前在教学评价中，强调不能仅凭一次考试来判定学生的学习成效，而需要引入过程性评价来综合、全面地完成评价的任务，发挥评价的作用，但是在整个评价环节中，仍然不能缺少以考试为主要形式的总结性评价。那么，在具体进行总结性评价时，到底要评价哪些内容，影响内容选择的因素有哪些，下面将做一介绍。

自 2003 年高中信息技术课程标准推出以来，其必修与选修相结合的课程结构为各个地区乃至各个学校提供了较大的选择空间，教师不仅可以选择应用软件，还可以选择内容模块。这样课程内容的选择性就成为影响总结性评价内容的重要因素。例如，我国不同地区、不同学校的设备条件有着很大的差别，有的学校的设备条件较好，信息技术教学可以基于一些流行的软件进行；而有的学校的设备条件较差，因此信息技术教学只能基于一些对版本或硬件要求不高的软件进行。因此，信息技术课程总结性评价的设计和实施，必须在坚持信息素养培养和评价的前提下，尊重地区和学校的差异。

影响信息技术课程总结性评价内容的另外一个重要因素就是教材。我国不同地区，甚至不同学校会根据自己的实际条件，或者选用不同的教材，或者在使用同一版本教材的过程中为学生指定不同的选修内容。地区差异与校际差异对教材选择的影响往往比较明显，会影响后面总结性评价内容的设置与选择。

2. 总结性评价的方法和形式

如何开展总结性评价？总结性评价的方法又有哪些呢？在进行总结性评价时，常用的方法有纸笔考试、上机测试等。

在进行总结性评价时，要根据信息技术课程标准的要求和具体的考试内容，综合运用纸笔考试、上机测试等多种评价方法；创造条件全面考查学生信息素养的发展状况，避免只重视学生的知识记忆能力和计算机操作能力，而忽视学生利用信息技术解决实际问题的能力；注意结合学生的平时学习表现和过程性评价结果，改变单纯以一次考试或测试为依据评定学生一学期或整个学段学习情况的局面，适度加大过程性评价在成绩评定中的比重。

纸笔考试和上机测试各有所长，适合于不同的评价内容和评价目标，应相互补充，综合运用。纸笔考试的效率较高，适于短时间内对大量学生进行集中考核，适于考查学生对信息技术基础知识的掌握和理解状况。信息技术的纸笔考试，要控制选择题、填空题等客观题题型所占的比例，适度设置和增加要求学生通过理解和探究来解决的开放性题目，如问题解决分析、作品设计等，以拓展纸笔考试在评价内容和评价目标等方面的广度。

上机测试是信息技术课程总结性评价中不可或缺的组成部分，可用于考查学生利用信息技术解决实际问题的过程、方法和能力。上机测试的题目主要有两类：一类是需要上机完成的题目，如需要一定技巧的网络信息检索题“流感流行期将临，请从网络上查找最权威、最具时效性的防治流感网站或者网页”；另一类是需要通过实际操作完成的综合任务，这样的任务既包括作品设计与制作等任务，也包括某些包含上机环节的综合任务，如“利用服务器上给定的素材，制作一份反映某一主题的电子小报（或演示报告）”“利用服务器上已有的软件，为某一产品制作一个广告”。其中，第一类题目实际上也是一种客观题，类似于前面介绍的适合纸笔考试的客观题，比较简洁，答题用时较少，同一试卷中可以包含的题目数量较多，有利于提升试卷的信度和效度。第二类题目耗时较多，每次考试一般只能设置一个任务，因此信度和效度都比较低，这类题目的价值在于平衡试卷的结构，考查学生利用信息技术解决实际问题的能力，在实际考试中必须与其他类型的题目结合起来使用。

在总结性评价中，教师要针对具体的评价内容和评价目标，灵活地选用上机测试的题目类型和测验方法，尽量避免使用题型单一，功能有限，只考查基本知识和部分操作能力的机考系统，否则容易对信息技术课程教学产生误导。

3．总结性评价的一般过程

总结性评价一般来说并不是以某次考试的成绩为结果，而是在完成考试的基础上结合学生的平时表现和主要作品的成绩，得出最终的评价结果。

总结性评价中的考试一般是按照以下步骤进行的：明确评价内容，确定各个考查要点，设计合理的考查项目和权重，选择合适的考查形式，确定试卷的题目类型和组成，进行命题、选题或组题；之后是组织考试，进行阅卷，讲评试卷以及进行数据分析。

在总结性评价中，有时还可以借助现有的考试系统，如信息技术学业水平测试的软件。这既使得考试具备较好的知识覆盖面和随机性、公正性，又使得考试可以按照班级组织随堂进行，避免因与其他课程考试同时进行而给学生带来学业负担。如果不采用考试系统，而是采用纸笔考试的形式，则需要全年级统筹安排，并保证试题的安全和保密，避免出现泄题和漏题现象，保证考试的公正性和严肃性。

而总结性评价的最终成绩，大多是通过折合权重的方式获得的。例如，某学校信息技术课程的成绩是这样计算的：考试成绩占40%，学期作品（几次大的作业）占30%，平时表现（含随堂作业、课上表现、考勤等）占30%。也有些学校在计算信息技术课程成绩时采用考试占60%，平时表现占40%的形式。考试和平时表现的具体比例则要根据本校的具体情况，在全年级统一的前提下得出评定的方式。

而对于信息技术课程的补考来说，大多数学校还是通过统一安排的考试来完成补考。这种方式虽然简单易行，但并没有考虑到学生对原始试卷的回答情况和不及格的原因，因此不能很好地反映学生的真实学习情况。在这种情况下，也有部分学校采用分项补考的形式：对于考试成绩太差而不合格的学生，给予其补考机会；对于因作品质量不高而导致不合格的学生，要求其重新设计和完善作品等，这样对学生来说也是查漏补缺，更有针对性，有助于提高学生的学习效果。

4.3.5 总结性评价结果的处理与报告

评价结果的处理和报告是评价过程的重要环节，其可以及时提供科学的反馈信息，使学生和教师了解学习过程中存在的问题和不足，从而促使学生改进和完善自己的学习活动。

1．科学合并、综合运用不同来源的评价结果

在确定学生信息技术课程的最终成绩时，需要结合过程性评价和总结性评价两个方面，即需要把档案袋、考试成绩、上机测试成绩、作品制作、研究性学习报告、试卷等各种类型的评价结果合并起来，以获取一个合成分数，或者再据此进行成绩评定。在合并评价结果时，不宜简单相加，而是要为每种类型的评价结果赋予相应的权重，然后根据权重计算最终成绩。权重由各种类型的评价结果在总成绩中的相对重要性及评价者的期望决定。

例如，纸笔考试分数占最终成绩的40%，上机操作的成绩占最终成绩的40%，平时的作品设计占最终成绩的20%。可以先将学生在纸笔考试、上机操作和平时作品设计中取得的成绩分别乘以各自的权重，然后相加得到学生的总成绩，或再据此为学生评定等级。

对于纸笔考试成绩，教师还可以逐题分析学生的得分情况，了解学生对于相应知识点的学习结果，更好地保障后续教学任务的顺利实施。

2．面向学校的报告

教师应该将对学生的总结性评价结果总结和表达出来，以更好地发现教学中存在的问题，为学校教学管理服务。一般来说，教师需要对各班学生的各科原始成绩进行分析和比较，计算相应的平均分、最高分、最低分、各分数段人数等，形成面向学校的报告。需要说明的是，有时还需要对学生的学业发展情况和进步情况进行分析，进而形成内容更加细致的报告。

3．面向学生和家长的报告

为了使学生及家长更好地了解学生的学习情况，在报告学生的总结性评价结果时要注意以下几个问题。

（1）使学生和家长理解评价内容和评价目标

要使学生和家长明确评价内容（如图4-3-1所示）和评价目标，可以在报告中提供预期的学习结果列表，以及学生的主要学习结果所达到的等级；必要时，也可以提供学生学习努力程度、学习习惯和人格特征等方面的内容。但是要避免报告内容过于冗长，以免影响学生和家长的阅读。

根据有关的评价结果，圈出学生在以下各方面获得的等级水平。各等级的意义如下：
4－成绩优异
3－比较好，有待于提高
2－不好，需要补课
1－没有达到预期的学习结果
4 3 2 1 (a) 知道信息和信息技术的有关术语和概念
4 3 2 1 (b) 能够根据任务需求，熟练使用有关工具软件加工信息，表达意图
4 3 2 1 (c) 能够将学到的信息技术知识、技能运用到新的问题情境中
4 3 2 1 (d) 表现出利用信息技术支持研究性学习的能力

图4-3-1 “信息技术基础”课学生成绩的评价内容（部分）[1]

（2）全面反馈信息

向学生和家长报告总结性评价结果时，不能仅是反馈评价结果，而是要全面反馈评价结果中的肯定性评价信息和否定性评价信息，以帮助学生和家长了解学生的成绩、优势和进步情况，清楚自己的不足之处，从而使学生保持优势，克服不足。比较好的做法是，在全面反馈信息的前提下，对于基础比较好的学生，要多帮助其分析自己存在的不

[1] 苗逢春．信息技术教育评价：理念与实施［M］．北京：高等教育出版社，2003：165.

足之处，促进其学习再上一个新台阶；对于原来基础较差的学生，要多帮助其发现自己的潜力、优势和闪光点，使其增强自信心。

（3）使用多种反馈方式

反馈方式影响着评价结果作用的发挥，因此要根据不同的对象采用灵活多样的反馈方式。

评估结果的反馈方式很多。例如，期望式反馈：反馈时不直接点明问题，而是指出希望学生在哪些方面努力，做出更好的成绩；启发式反馈：反馈时不直接宣布结果，而是组织与引导家长和学生讨论评价结果，以及对评价结果进行全面分析，以提高学生的学习策略，同时鼓励学生和家长对评价结果提出质疑；个别反馈：对于有的评价结果，尤其是否定性评价结果，应注意考虑它可能会给学生带来的心理影响，因此在采用个别反馈方式时，应尽量使用鼓励性的语言，以避免给学生和家长造成不必要的压力和挫伤；[1] 档案袋反馈：档案袋中收集的作品样本能帮助学生和家长清楚地了解学生学会了什么，掌握的水平如何。可以将学生学习结果等级与档案袋结合使用，通过既呈现学生学习成绩的总体水平，又展示学生真实的作品来直观地展示学生的学习成绩，以便全面地报告学生的成绩。

（4）使用学生和家长能理解的语言

在使用有关评价术语时，要注意对于教师所理解的专业术语，家长和学生未必能理解。因此，必须采用通俗易懂又不失准确的术语来报告评价结果，必要时可询问家长和学生是否理解，并让他们根据自己的理解试着解释评价结果的意义。

拓展阅读

材料一　评价活动的设计与实施[2]

高中信息技术课程评价活动要根据评价的目标、要求、对象等进行设计，针对不同的评价目标，应该设计不同的评价情境。

1．确定评价目标与评价内容

评价目标与评价内容应根据学科核心素养的水平、各课程模块相应的内容要求、学业要求、学业质量标准等来确定。学科核心素养水平是确定评价目标的重要依据；内容

[1] 王景英. 教育评价理论与实践［M］. 长春：东北师范大学出版社，2002：234.
[2] 中华人民共和国教育部. 普通高中信息技术课程标准（2017 年版）［M］. 北京：人民教育出版社，2017：50−52.

要求、学业要求与学业质量标准是确定评价活动内容的重要依据。

2．确定评价方式和评价的具体指标

高中信息技术课程评价活动可以采用多种方式展开，如纸笔考试、上机测试等方式。纸笔考试和上机测试各有所长，适合不同的评价内容和评价目标，应相互补充、综合应用。学业水平考试这类总结性评价，可以采用纸笔考试、上机测试相结合的形式；一般过程性评价可以通过课堂观察、学习行为分析、作品评价、档案袋资料采集等方式，从知识、能力、情感等方面全面衡量学生的学习情况，也可以作为评价活动的依据。

高中信息技术课程的过程性评价应围绕信息技术学科核心素养展开，所选择的评价维度要能充分体现学生的信息技术学科核心素养水平，尤其要关注信息意识、信息社会责任等用总结性评价较难测量的素养。在课程测试过程中应采用目标与过程并重的策略，记录学生的动态学习过程，评价时要尽量体现学生在学习过程中各方面能力的提升情况。

3．评价结果的解释与反馈

对利用评价工具获得的信息和数据进行分析和处理，最终得出的评价结论就是评价结果。评价结果解释的重点要聚焦在学生学科核心素养的发展与变化上；要结合学生的学习过程，针对学生的个性特点，对评价结果做出个性化、发展性的解读；要注意评价结果反馈的方式和范围，要积极创造条件，让学生参与到对评价结果的判断和解释过程中；要根据评价目标和要求，关注学生的隐私保护，遵循有利于学生成长、学校管理和教师教学的原则，选择恰当的评价结果呈现方式。

材料二 前置评价、过程性评价和总结性评价的异同

前置评价、过程性评价和总结性评价的异同如表 4-3-1 所示。

表 4-3-1 前置评价、过程性评价和总结性评价的异同[1]

比较项目	前置评价	过程性评价	总结性评价
作用	查明学习准备情况和不利因素	确定学习效果	评定学业成绩
主要目的	合理安置学生，考虑区别对待，采取补救措施	改进学习过程，调整教学方案	证明学生已经达到的水平，预言学生在后继学习过程中成功的可能性

[1] 李龙．教学过程设计［M］．呼和浩特：内蒙古人民出版社，2000.

续表

比较项目	前置评价	过程性评价	总结性评价
评价重点	素质、过程	过程	结果
手段	特殊编制的测验、学籍档案和观察记录分析	形成性测验、作业、日常观察	考试
测试内容	必要的预备性知识、技能样本，与学生行为有关的生理、心理、环境的样本	课题和单元目标样本	课程总教学目标样本
试题难度	较低	依据教学任务而定	中等
分数解释	常模参照、目标参照	目标参照	常模参照
实施时间	课程或学期、学年开始时，教学过程中需要的时候	每节课或单元教学结束后，经常进行	课程或一段教学过程结束后，一般每学期 1~2 次
主要特点	前瞻式	前瞻式	回顾式

○ 学生活动

1. 在信息技术教学中，如何将过程性评价与总结性评价结合起来，以更好地发挥评价的作用，请通过实例进行说明。

2. 任选信息技术课程一个模块，研究其内容设计，提出合理的总结性评价方式，如考试成绩与平时作品成绩等的比例分配、考试的具体形式和题型分配等。

○ 参考文献

[1] 苗逢春．信息技术教育评价：理念与实施 [M]．北京：高等教育出版社，2003.
[2] 王景英．教育评价理论与实践 [M]．长春：东北师范大学出版社，2002.
[3] 中华人民共和国教育部．普通高中技术课程标准（实验）[M]．北京：人民教育出版社，2003.
[4] Weber E．有效的学生评价 [M]．国家基础教育课程改革“促进教师发展与学生成长的评价研究”项目组，译．北京：中国轻工业出版社，2003.
[5] 朱慕菊．走进新课程：与课程实施者对话 [M]．北京：北京师范大学出版社，2002.
[6] 冯平．评价论 [M]．北京：东方出版社，1995.
[7] 朱彩兰，李艺．高中信息技术课程总结性评价 [M]．北京：教育科学出版社，2011.

4.4 命题及组卷

○ 问题提出

在实施评价的过程中，试题、试卷是出现频度最高的词汇，无论是在前置评价过程中，还是在总结性评价过程中，试题和试卷都发挥着重要的作用。试题作为最小的评价单位，如何对其进行科学、合理的设计？试卷作为评价的最终呈现形式，在组卷过程中又应注意哪些环节？

○ 学习引导

如何科学、合理地设计每个试题？如何有效地考查各个知识点？如何将各个试题加以整合，完成组卷？其间需要遵守的原则有哪些？什么样的试卷才是高质量的试卷？如何提高试卷的可信程度？本节将对这些问题一一进行探讨。

4.4.1 命题

1. 试题类型的划分

不管是纸笔考试还是上机测试，其试题一般情况下都可以分为客观题与主观题两大类，但实际上主观、客观并非截然对立的两个极端，这两端之间在多个维度上存在着渐变的过程。根据信息技术课程的特点，可以从主观—客观的维度上，将试题分为客观题、半客观题、主观题三种类型。

（1）客观题

客观题是试卷中答案明确存在的试题类型，它的答案是不依赖于评卷人员和学生的意志而客观存在的。题目本身或者提供若干种答案，只要求学生对答案的正确性做出选择或判断；或者让学生填写客观存在的答案。对客观题进行评分时也只有两种情况：若学生的答案符合正确答案则判为对，给满分；若学生的答案与正确答案不符则判为错，不给分，没有“中间道路”可走。

客观题一般只覆盖有限的能力范围和较低的学习层次，用来考查学生对基础知识等的掌握情况，含有比较多的记忆性成分。命题者常常提供答案作为评判标准，或者让学生做出选择。所有的供选择的答题方法都是命题者拟定的，学生的回答也基本上都遵循命题者的思路，因而较难考查学生的复杂思维过程和较高层次的能力，如发现问题、提出问题、解决问题、加工表达和创造性思维的能力。

因考查的学习层次有限，客观题一般出现在试卷的前半部分，难易程度适当，符合试卷由简到难的命题原则，以及学生由浅入深的答题思路。

例如：

图 4-4-1 所示的网络拓扑结构图反映出了（　　）网络拓扑结构。

A. 星形　　B. 环形　　C. 总线　　D. 树形

这道试题不仅仅是需要学生简单地掌握网络的拓扑结构分类，还需要学生了解不同网络拓扑结构的特点，使他们能够通过图例的描述或是语言的描述辨别出网络拓扑结构的类型等。这样的试题不但具有客观题的典型特征（答案客观、唯一），而且兼具灵活性。

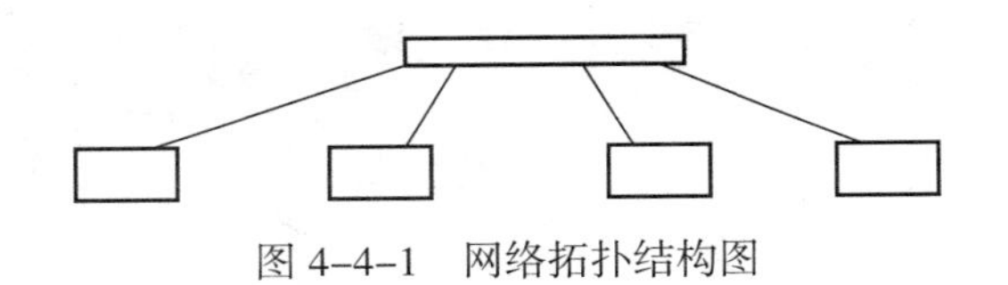

图 4-4-1　网络拓扑结构图

（2）半客观题

半客观题是介于客观题和主观题之间的一种评价方式，它的试题答案是不依赖评卷人员和考生的意志而客观存在的，并且答案不唯一。

半客观题主要用于考查学生的知识记忆、理解和应用能力，简单的语言组织、表达和分析能力，但较难考查学生深层次的分析能力、综合能力、组织表达能力以及创造能力等。

半客观题可以测量学生学习成就领域中从简单到复杂、从低级到高级的广泛的学习结果，测量效率高，信度高，测验评分与计分误差控制得好。

例如：

圣诞节到了，小明上网找了一张圣诞贺卡图片，如图 4-4-2 所示，想下载下来发给同学，他在图片上单击鼠标右键，然后选择哪一个命令可以完成图片下载呢？并用一两句话简述下载过程。

标准答案为①或③或④，选择其中一种就为正确。（过程略）

学生可以根据自己的图片下载经验选择快捷菜单中的某个命令，而没有必要记忆所有的操作方法。此外，题目给出了快捷菜单的图片，对学生进行了提示；同时为了避免学生猜测答案，题目要求学生简述过程，使得该试题更加严谨。

图 4-4-2　网页截图

（3）主观题

主观题主要表现为试题答案的多样性和不确定性。教师在评分过程中没有确定的答案可以参照，只能根据参考答案并结合自己的主观思考对学生的答案进行评判，因此主观题的评判结果在一定程度上会受到主观因素的影响。

主观题具有很大的开放性。主观题在多数情况下与实际生活联系紧密，学生无法运用头脑中已有的良构知识对试题进行回答，只能在对试题提供的特定情境进行分析和判断的基础上结合自身的知识经验给出试题答案。因此，该类型试题主要用于考查学生复杂的思维过程和较高层次的能力，如迁移并灵活应用知识的能力、综合利用信息技术解决问题的能力，以及情感态度与价值观等。主观题不对学生做过多的限制，允许并鼓励学生个性的释放与创造性的发挥，表现出一定的人性化特征。

例如：

据调查，对于"网络黑客"的行为，有 26.3% 的人表示"黑客有高超的技术，令人佩服"，16.7% 的人认为"黑客的行为促进了网络技术的发展"，还有 24.4% 的人表示"不好说"。只有 24.6% 的人明确表示，"黑客的行业具有社会危害性，应严厉惩罚并尽力杜绝"。请你根据要求，回答以下内容：

① 你觉得如何才能直观、形象地表达上述文字中的信息？并且说明理由。（至少两条）

② 利用题①中选择的方式表达获取的信息。（必须含文字、数字）

③ 利用所掌握的信息安全法律法规知识，针对“网络黑客”行为阐明自己的观点。

试题第一问首先要求学生为所提供的材料选择恰当的信息表达方式。信息表达方式是有限的，“并且说明理由”使得学生只有对材料的内容特征进行分析并结合自身在信息表达方面的经验才能给出较合理的答案，避免了学生不经深入思考凭感觉草率给出答案的可能性。试题第二问与第一问存在很强的关联性，学生在选择表达方式时头脑里其实已经有了关于信息表达结果的大体框架，这一问则要求将该框架清晰化并付诸实现，这是学生在第一问基础上思维过程的继续。前两问共同构成了完整的运用信息技术解决问题的过程。试题第三问则是对学生的情感态度与价值观进行考查。对于同一件事情或同一种情况，学生的经验不同，所持的态度就会存在差异，本试题允许学生自由表达其情感态度与价值观，人性化与开放性特征鲜明，只要思想不过于偏激就给分，因此属于主观题。该试题在同一情境下从不同的角度设置了三个主观题，综合起来又可以看作是一道大的主观题，实现了对三维目标的全面考查，是一道综合性较强、水平较高的题目。

2．命题的基本原则

（1）过程性原则

所谓过程性，是指学生在解题时必须基于已有的经验，在大脑中虚拟地“操作”信息技术工具去经历解决问题的步骤、环节。也就是说，过程性强调的是“经历”“再现”，即学生对某些操作过程或操作性内容有过操作经历，面对问题时能够在头脑中再现这些经历，从而能够对问题进行准确的判断。由此可见，命题的前提是，学生必须有相应的信息技术实际使用经验，而不能仅通过死记硬背存储在头脑中的静态知识来解决问题；其目的在于，促进学生在平时的学习中动手实践，引导他们走出机械记忆的学习模式。在这样的命题原则下，学生无法用头脑里原有的知识或经验直接解决问题，而必须根据问题需要在头脑中虚拟地构造操作过程，然后方能得出答案。

要实现总结性评价中的过程性原则可以采用这样的命题思路：给出一个“制作”任务，请学生构建或判断其完成过程，或者给定一个问题，请学生设计一套指令以及步骤以解决这个问题。

例如：

图 4-4-3 所示的是在 Photoshop 同一图层中打开的一幅含有三个同心环的图片，如果只想选取“环 2”，应使用的最有效的工具是（　　）。

A. 移动工具　　　　B. 裁切工具

C. 矩形选框工具　　D. 魔棒工具

如果学生使用过 Photoshop 软件，并接触过其基本工具，就能够相对容易地对这道题进行选择与判断。虽然此题目中没有多个操作步骤，但同样是对经历或者经验的考查。

图 4-4-3 同心环

又如：

在日常生活中，我们常常会碰到许多需要解决的问题，以下描述中最适合用计算机编程来处理的是（ ）。

A. 确定放学回家的路线

B. 编辑并打印自己的作文

C. 计算 10 000 以内奇数的平方和

D. 在因特网上查找自己喜欢的歌曲

学生在回答本试题的过程中，必须结合自己已有的经验，思考每个选项涉及的问题的解决方法，而每一次思考显然又都是对所经历的某个过程的回忆。

过程性原则重视的是对过程经历的再现，而非过程步骤的多少，所以“过程”并不限于步骤性、环节性的流程，也包括仅有单步操作的过程。

（2）人性化原则

命题设计强调人性化原则的目的在于：回归学生生活，贴近学生经验。这既是第八次基础教育课程改革倡导的理念，也是“为了学生的教育”的应然指向，只有贴近学生，才能够让学生感觉到“学习是生活的需要而不是额外的负担”。

作为人性化原则的体现，试题需要做到“语言亲切、指向明确”。所谓语言亲切，是指将试题的情境设置得贴近学生经验，语言亲切，符合学生的语言习惯。所谓指向明确，是指在题干中配以前后文的说明，使得试题指向明确，必要时还可以给出答题示例，最大限度地使问题规范化，避免歧义。

“语言亲切、指向明确”是所有课程评价命题的一般要求或共性要求，是评价命题在人性化方面所应具备的基础性质。

秉承“一切为了每个孩子的发展”的课程改革理念，在“语言亲切、指向明确”的基础上，人性化原则具体落实到信息技术课程中，就是要包容差异、彰显多元、鼓励个性。信息技术课程中涉及两方面的差异：一方面是工具软件、教材的差异，不同学校实施教学所依赖的软件和平台可能不同，但这些软件和平台的基本功能相似。不同版本的教材对课程标准的解读有所不同，体现在教材内容上，就是在线索组织、情境设置、案例选取、方法渗透、实践安排、评价设计上各有千秋。另一方面是人的差异，学生在兴趣爱好、能力水平、知识储备等方面都存在差异，在信息技术学习中会具有不同的操作习惯、工具偏好，对于同一种工具软件可能需要掌握不同的功能。基于这些差异，2003年发布的高中信息技术课程标准指出，要充分考虑高中学生起点水平及个性方面的差异，强调学生在学习过程中的自主选择和自我设计；充分挖掘学生的潜力，实现学生个性化发展。因而，在教学过程中倡导弘扬学生的个性，鼓励其个性发展，将系列“控制权”下放到学生手中，让学生掌握发展个性的主动权，如发现问题、提出问题的权力，选择问题、工具或途径的权力，设计和规划的权力，评价的权力等。因此，在进行评价时也应与教学的要求保持一致，在试题及试卷的设计上，更加关注学生的个别差异，做到包容差异，彰显多元，鼓励个性。

例如：

学校要开一个“弘扬奥运精神”的主题班会，现在你手里有一张有关奥运会的VCD光盘，但是你只想要其中的一个片段，利用以下哪个工具软件能把所要片段截取出来呢？(　　)

A. 画图　　B. ACDSee　　C. 超级解霸　　D. PowerPoint

本试题给定了一个具体的情境，让学生根据已有的知识与经验选择合适的工具软件。究其实质就是考查学生对软件功能的了解情况，但没有采取让学生直接背诵、机械描述的办法，而是借助真实性的情境达到考查的目的。

例如：

某同学设计了一个小程序，该程序的任务是：当输入姓名和语文成绩后，马上显示语文成绩的情况，如果及格（大于或等于60），计算机显示一朵小红花；如果不及格，计算机则显示“不及格”，请你根据要求在横线处选择正确的答案，如表4-4-1所示。

表 4-4-1 小 程 序

行数	程序语句
1	请输入你的姓名和查询语文成绩的要求
2	语文成绩大于或等于 60 吗？“是”则显示________，转至第________行
3	语文成绩大于或等于 60 吗？“否”则显示________
4	结束

本试题强调对同类工具软件的共性进行评价，注重学生举一反三的知识迁移能力。本试题虽然考查学生的编程能力，但与学生平时使用的具体编程语言无关，只要学生具备一定的编程经验，掌握判断和分支结构的思想，便能够做出正确的选择。

信息技术学科在不断地发展，在评价时适度超越软件和教材，引入信息技术领域的前沿问题，一方面可以引导学生关注学科的动态，另一方面也可以考查学生的知识迁移能力和自主学习能力。

（3）面向三维目标

信息技术课程从三维的角度去描述课程目标，在评价时也必然要体现对三维目标的考查。具体来说，知识与技能、过程与方法都是针对试题设计而言的，而情感态度与价值观则是针对试卷设计而言的，强调在试卷中要涉及或能够体现对情感态度与价值观的考查。

实际上，关于知识与技能、过程与方法，在以往的试题中都会有所涉及，尤其关于知识与技能的考查，人们已经积累了一定的经验。下例说明如何对情感目标进行考查。

（1）请从以下 10 位人士中选出你认为对信息技术有重要贡献的 5 位人士，并说明入选理由。

谭浩强　王永民　求伯君　鲍玉桥　丁磊

比尔·盖茨　马化腾　陈天桥　张朝阳　王选

（2）请列出近一年来发生在信息技术领域的人和事，至少列出三个。

显然，该试题是没有固定答案的，或者说学生的选择没有对错之分，旨在通过了解学生的实际学习和生活状况获知学生对信息技术的了解情况。从学生的回答中便可以判断学生对信息技术的兴趣。如果学生喜欢信息技术，就会关注信息技术的发展，回答该题也就相对容易，否则就会有难度。

4.4.2 组卷

1．考试四度

教学评价与检测，就是在收集教学活动各方面信息的基础上，应用各种手段和统计方法对教师完成教学目标的程度和学生的学习效果给予数量或等级的描述，并做出科学的判断。在教学评价中，通常要对试题和试卷进行定量分析，以衡量试题和试卷质量的好坏。因此，在编制或选用试题和试卷时，应考虑它是否符合良好测验的条件。良好测验的条件是通过良好测验所具有的特征反映出来的，这些特征主要包括难度、区分度、信度和效度。通常采用难度、区分度、信度和效度等指标来衡量试题和试卷质量的好坏，以增加评价与检测的科学性。

（1）难度

难度又有试题难度和考试难度之分，前者是反映试题难易程度的量化指标，有时也称为试题难度系数，通常用该试题的答对率或平均得分表示，而后者则是所有试题难易程度的综合反映，对于考试分数控制、成绩解释更为重要。

一般认为，试题的难度系数为 0.3~0.7 比较合适，整份试卷的平均难度系数最好为 0.5 左右，难度系数高于 0.7 和低于 0.3 的试题不能太多。

在信息技术领域中，多数试题的难度系数控制在 0.7~0.9 之间。

（2）区分度

区分度是区分学生能力水平高低的指标。试题区分度高，可以拉开具有不同水平的学生的分数距离，使高水平者得高分，低水平者得低分，而区分度低则反映不出不同学生之间的水平差异。

试题的区分度与试题的难度直接相关。通常来说，中等难度的试题区分度较大。另外，试题的区分度也与学生的水平密切相关，试题难度只有等于或略低于学生的实际能力，其区分度才能充分显现出来。

（3）信度

信度就是指考试的可靠性，即考试结果的可信程度。信度高的试题很少受外部因素的影响，对不同学生的多次测试都会产生相对稳定和一致的测试结果。

信度可以反映考试结果的一致性或稳定性，稳定性越大，意味着测评结果越可靠。某学生对某试题在连续两次或多次考试中所得的结果一致，或者在考试不受各种条件影响的情况下，学生的考试成绩与其实际水平相同，则认为考试的信度最大，可靠性最高。相反，如果用某套试题对同一学生先后进行两次测试，结果第一次得 80 分，第二次得 50 分，结果的可靠性就值得怀疑了。

信度通常以两次测评结果的相关系数来表示，相关系数为 1，表明试卷完全可靠；相关系数为 0，则表明该试卷完全不可靠。一般来说，要求信度不低于 0.7。

（4）效度

效度是指考试的准确性，它反映的是考试内容与教学大纲或考试大纲的吻合程度。效度高的试卷，能够较准确地测试出学生掌握和运用所学知识的真实度。根据教学大纲或考试大纲进行命题，且各单元试题分数分配与学时数分配基本保持一致，成正比关系，是保证考试效度的基础。

影响效度的因素包括：是否在命题的同时给出了试题参考答案与评分标准；是否是集体阅卷且实行流水作业；复核是否认真；分数是否真实等。

2．组卷方法

在信息技术课程总结性评价中，试题、试卷质量的好坏直接影响着考试效果和考试质量。从系统的角度看，结构决定功能，同等数量和同等质量的试题以不同的排列组合方式，形成不同的试卷结构，其整体测试效应亦会随之改变。因此，试卷结构的优化是实现考试量尺标准化和增强考试整体效应、保证考试质量的重要前提。

试卷结构主要是指试卷所包含的考试内容、目标、题型、难度、分数、时限六种要素及其相互联系的方式和各要素的比例关系。试卷结构的优化，就是要根据考试性质和目的要求，以相关课程标准、考试标准、配套的教材和考生的身心特点为基本依据，科学确立试卷的目标结构、内容结构、题型结构、难度结构、分数结构和时限结构等。

对于组卷的规划以及试卷结构的优化，应有一个整体的系统观念，在优化过程中必须通盘考虑，彼此兼顾；否则，其中任何一种结构的不合理，都将影响试卷结构内在的协调关系，进而影响考试的质量。

（1）确定评价目标与评价内容的覆盖范围

课程的学习目标可以决定总结性评价的内容，信息技术课程的理念及学习目标的提出给评价领域带来了一系列的改变，新的信息技术课程总结性评价不仅要了解学生的学习效果，还要促进每个学生的全面发展。因此，在编排试题的过程中应着眼于学生的学习进步和动态发展，着眼于教师的教学改进和能力提高。

信息技术课程总结性评价不仅要作为了解学生学习状况的工具，也应作为鼓励师生、促进教与学的手段。由于学生个体之间不可避免地存在着差异，因此在学习质量评价过程中必须从学生发展的实际出发，因人而异，通过采取不同的评价方式，最大限度地发挥信息技术课程总结性评价对学生发展的促进作用。

在明确评价目标之后，即可进一步确定评价的可操作的方式，拟定详尽的评价计划。

新课程标准实施以来，我国采用了“一标多本”的教材体制，着重体现了多元化、自由化、民主化的教育理念，各地区和各学校都可以选择更符合自己特色的教材。由于信息技术课程有不同版本的教材，无法承袭过去“一纲一本”（在同一地区）相对统一的评价方式，那么面对新的现状，信息技术课程总结性评价该如何在维持考试公平性的基础上兼顾教学实际情况的差异呢？

确定评价内容的覆盖范围时，应分析所有教材包含的内容，充分考察包括教材、教学参考书，以及出版社提供的其他参考资料，结合本地区新课程标准实施过程中所采取的一些针对性措施，本着“求大同存小异”的思想，让试卷内容尽可能涵盖不同版本教材中内容相同的部分，对有争议的部分则应以课程标准为依据进行取舍，最终确定考试内容的大致范围。

在教育教学的过程中，课程标准是学校教育发展的准则，教材是教师与学生互动的素材，评价则是检验教学成效的指标。考试像一个“指挥棒”，如何发挥“指挥棒”的正确导向作用，贯彻新课程标准理念，把握好考试的形式和内容十分重要，试题内容要贴近学生实际，注重全面考查学生的能力，尤其是学生的实践能力和创新能力。需要说明的是，这些改变必须在考试指导文件中明确加以说明。

对于大型考试建议制定考试指导文件，在制定的考试指导文件中明确考试的内容范围，并在适当的时间向社会公布。

例如，海南省明确公布了以下相关信息：

海南省2007届普通高中信息技术科目基础会考试卷命题的目标和内容，主要依据2003年普通高中信息技术课程标准、海南省教育厅颁发的《海南省2007届普通高中基础会考信息技术科目考试说明》（以下简称《考试说明》），命题的试题设计方法主要依据《高中信息技术新课程总结性评价研究报告》，试题难度控制的依据是2006年4月24日基础会考模拟考试之后所做的《海南省2007届普通高中基础会考信息技术模拟考试数据抽样分析表》。试卷中试题力图体现：

① 以考查技术基础，以技术问题的解决为出发点，贴近学生生活。

② 试卷知识点覆盖均衡，技术深度把握得当。

③ 试题指向明确，陈述清楚，尽可能使用包含图表和符号的简洁的表达方式。

④ 第二卷试题力求做到再现技术过程，让考生结合学习的过程性体验，综合学习内容答题。

⑤ 注重技术的应用情境，充分考虑地区差异、考生的个体差异，慎重处理不同版本教材内容之间的关系。

海南省对普通高中信息技术科目基础会考试卷命题的目标和内容做了较为具体的分析和说明，并且经过一年的试验和模拟考试，教师和学生对考试的形式和内容都有比较全面的了解。

（2）内容分布设计

具体的命题计划应包括两项基本内容：一是对评价的内容范围、方法、目标、试题编制和组卷的要求；二是评价内容中各部分试题的数量分布及其所占的比例。

① 难度把握。信息技术课程总结性评价要体现课程标准的要求，对于反映各个能力水平的试题既要全面覆盖又要有所侧重，而且要能区分出优秀、良好以及及格等不同水平，这些是设计信息技术课程总结性评价内容的关键所在。试题的难易程度要形成合理梯度，能反映学生的真实学习水平，基础题与难题应该保持恰当的比例，尤其需要注意的是，在出难度较高的试题时，不能在繁、偏以及技巧性上做文章。

② 内容结构优化。内容结构是指一份试卷的组成部分，以及不同组成部分所占的比重与相互关系。试卷内容结构的确立应把握三个基本点：一是试卷的不同组合部分，应能如实反映信息技术学科的基本内容体系；二是试卷的各组成部分之间需要有内在联系，能正确体现信息技术学科内容点与面的关系；三是试卷各组成部分在整个试卷中所占的比重，应与相应的各项内容在信息技术学科内容体系中所处的地位相称。

在确定试卷内容结构的过程中如何把握试题对知识点的覆盖率，历来是试卷内容结构优化的一个难点，课程标准中对于知识和技能层次的划分，对考查范围的覆盖起到了一定的指导作用。在试卷中，对要求“掌握”和“理解”的内容的覆盖率应高一些，而对要求“知道”和“了解”的内容的覆盖率可以低一些。

③ 题型结构优化。不同的题型在测试的功能和评分误差的优化效果方面有所不同。为了保证大型考试的科学性，应采用多种题型组合的方式，使题型与学科内容、能力相匹配。

④ 分数结构优化。为每道试题赋予分值的多少，以知识点及其能力层次在整个考试中的重要性为依据。试卷分数结构的优化应注意三个问题：一是不能完全按照题型赋分，需要从试题内容、测试目标要求和题型三个维度进行综合考虑；二是试卷的各组成部分的分数比重，应与该部分内容在信息技术学科内容体系中的地位和作用相一致；三是确定各个试题的分值时应有共同的参照系，以使试卷中各试题的分数基本等值。

3．典型案例分析

海南省2007届普通高中信息技术科目基础会考试卷

高中基础会考技术考试科目试卷由信息技术与通用技术合卷而成，满分100分，其中信息技术与通用技术各占50分。信息技术科目试卷的结构、题量与分值分别如表4-4-2和表4-4-3所示。

表 4-4-2 信息技术科目试卷的结构

模块（卷别、题型）	必做模块	选做模块（考生选做其中一个模块的试题）			
	信息技术基础	算法与程序设计	多媒体技术应用	网络技术应用	数据管理技术
卷Ⅰ选择题（共 28 分）	第 1~7 题（14 分）	第 8~14 题（14 分）	第 8~14 题（14 分）	第 8~14 题（14 分）	第 8~14 题（14 分）
卷Ⅱ非选择题（共 22 分）	第 28~29 题（11 分）	第 30~31 题（11 分）	第 30~31 题（11 分）	第 30~31 题（11 分）	第 30~31 题（11 分）

表 4-4-3 信息技术科目题量与分值

题号	题分	平均分	难度	区分度
1	2	1.92	0.96	0.14
2	2	1.84	0.92	0.30
3	2	1.87	0.94	0.23
4	2	1.09	0.54	1.00
5	2	1.93	0.96	0.14
6	2	1.36	0.68	1.00
7	2	1.84	0.92	0.29
8	2	1.72	0.86	0.52
9	2	1.50	0.75	0.93
10	2	1.69	0.84	0.58
11	2	1.20	0.60	1.00
12	2	1.40	0.70	1.00
13	2	1.53	0.77	0.86
14	2	1.35	0.67	1.00
卷Ⅰ	28	22.22	0.79	0.47

信息技术科目试卷全卷共设卷Ⅰ与卷Ⅱ。其中，卷Ⅰ为单项选择题，卷Ⅱ为非选择题。两卷均涉及“信息技术基础”必修模块，以及“算法与程序设计”“多媒体技术应用”“网络技术应用”和“数据管理技术”4个选修模块的内容，因海南省学校暂未开设“人工智能基础”模块，故此次考试中这一模块内容暂不列入。对于必修模块试题，考生必须全部作答；对于选修模块试题，考生只需选做其中一个模块对应的试题，若跨模

块答题，则只计算所答选修模块中排在前面的一个模块的分数。

考后，海南省随即对这次会考试卷的答题情况进行了数据抽样和常规数据分析。答卷抽样的样本数为 1 064，占考生答卷总量的 3% 左右，为使小样本量能较客观地反映全省考生的答题状况，采取非随机抽样方式，以考场为单位在全省各市县考生的答卷中均匀抽样，不使抽样的样本过于集中在某一地区某一特定群体。

卷Ⅱ答题数据抽样分析如表 4-4-4 所示。

表 4-4-4 卷Ⅱ答题数据抽样分析

模块	题号	题分	平均分	难度	区分度
信息技术基础	28	6	2.90	0.48	0.67
	29	5	3.99	0.80	0.43
小计		11	6.89	0.63	0.55
算法与程序设计	30	6	3.36	0.56	0.98
	31	5	2.68	0.54	0.81
小计		11	6.04	0.55	0.76
卷Ⅱ		22	12.94	0.59	0.73

卷Ⅰ、卷Ⅱ答题数据统计如表 4-4-5 所示。

表 4-4-5 卷Ⅰ、卷Ⅱ答题数据统计

卷号		卷分	平均分	难度	区分度
卷Ⅰ		28	22.22	0.79	0.47
卷Ⅱ（不同模块组合）	信息技术基础模块 + 算法与程序设计模块	22	12.94	0.59	0.73
	信息技术基础模块 + 多媒体技术应用模块	22	13.30	0.60	0.62
	信息技术基础模块 + 网络技术应用模块	22	15.35	0.70	0.55
	信息技术基础模块 + 数据管理技术模块	22	13.58	0.62	0.79
卷Ⅱ（平均）		22	13.79	0.63	0.49
全卷		50	36.01	0.72	0.36

从上述表中可见，卷Ⅰ的平均得分为22.22分，难度系数是0.79，区分度是0.47；卷Ⅱ的平均得分为13.79分，难度系数是0.63，区分度是0.49；全卷的平均得分为36.01分，难度系数是0.72，区分度是0.36。全卷的实际难度在预估难度范围（0.70~0.75）之内，所有试题的区分度均大于零，表明各试题均具有积极的区分作用。与信息技术科目基础会考的命题要求基本相符。

卷Ⅰ各题的难度分布情况如图4-4-4所示。

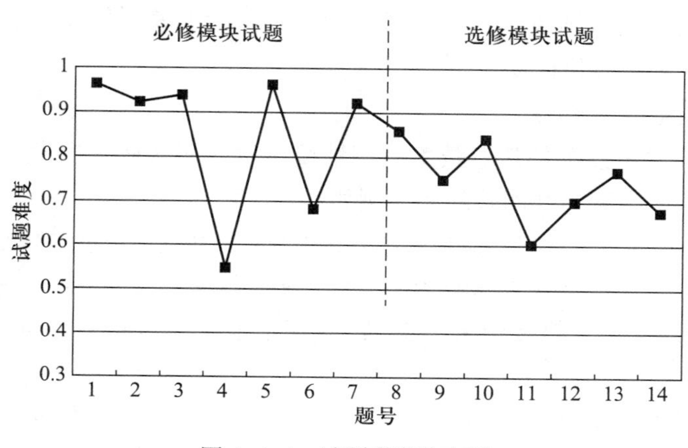

图4-4-4　试题难度分布图

在卷Ⅰ中，信息技术基础、算法与程序设计、多媒体技术应用、网络技术应用和数据管理技术各7道试题。从图4-4-4中可以看到，卷Ⅰ中各题的难度系数均控制在0.54以上，难度分布比较合理；除个别试题外，试题难度总体呈由易到难的变化趋势；相对而言，必修模块中7道试题的难度比选修模块7道试题的难度低，符合基础会考重在考查考生共同基础的命题要求；导致本卷试题难度分布曲线呈现一定幅度振荡的试题有第4题、第6题、第11题。

海南省2007届普通高中信息技术科目基础会考试卷考核内容涵盖面广，试题难度控制适宜，试题类型与功能定位明确。此外，还具有以下特点。

（1）重在联系实际、解决问题

试题注重联系生活实际，将信息技术的知识与技能、过程与方法的评价与学生生活、经验相结合，将需要解决的问题置于真实情境之中，考查学生分析问题和解决问题的能力。例如，选择搜索苏轼《水调歌头》的最有效的关键字、选择制作全景图的设备和软件、改正TCP/IP属性设置的错误、在网页中设置图片超链接、简单的组网操作、从数据交换技术看IP电话经济实惠的原因、解释运动员与教练员之间关系的数据模型等，解决这些问题需要靠学生对信息技术知识和技能的掌握程度，以及学生运用信息技术解决问题的能力，仅靠死记硬背是难以奏效的。

（2）试题深浅程度把握得当

由于不同模块中的同一教学内容之间存在着必然的联系，在命题过程中必修模块与选修模块中涉及的针对同一知识、技能的试题在深度上存在一定的递进关系。例如，“信息检索”在“信息技术基础”模块和“网络技术应用”模块中均有涉及，该知识点在不同模块中的命题则应该根据《考试说明》的要求区分深浅程度，观察卷Ⅰ的第3题与“网络技术应用”选修模块中的第9题可见，前一道题侧重于考查学生使用关键词进行检索的策略与技巧，后一道题则侧重于考查学生对搜索引擎工作原理的理解，两道题在深度上的递进关系和差异显而易见。

（3）试题设计趋于人性化

试题的设计从学生熟悉的信息技术应用情境出发而非从概念出发，看似平淡却极具亲和力，易于学生产生联想并回答问题。例如：

试题为“社会生活中的数字产品越来越多，下列产品中使用了多媒体技术的有（　　）。① 可拍照彩屏手机　② MP3音乐播放器　③ 数码摄像机　④ 可以发声的电子词典。A. ①②③　B. ①③④　C. ①②③④　D. ②③④”，让学生做出分析和判断。

又如：

试题为“周华自从使用IP电话打长途之后就不再因支付昂贵的电话费而烦恼，IP电话之所以经济实惠，从数据交换技术来看它采用的是（　　）技术。A. 电路交换　B. 报文交换　C. 分组交换　D. 整体交换”，由考生选择答题。

虽然有上述诸多优点，但该试卷仍存在有待进一步研究和改进之处。

（1）选修模块中的客观题不够等质

由于是第一次基础会考，在考务管理中首次遇到需要为不同学生设计回答不同选修模块的答题卡的问题。为了在各种限制条件下实现便捷操作，在卷Ⅰ答题卡中，除了必修模块的7道选择题与第1~7题一一对应外，其他4个选修模块的7道选择题均对应于第8~14题，这种答题卡的设计方式，是为了防止考生答题时在不同选修模块中选择同一题号中较容易的试题回答。虽然命题过程中要求做到各选修模块之间相同题号的试题的难度要尽可能相同，例如，“算法与程序设计”“多媒体技术应用”“网络技术应用”“数据管理技术”模块各自对应的第8题的预估难度应该一致，即“等质”，但是要使各模块对应题号的试题之间完全等质是相当困难的，原因之一是不同选修模块对应着不同的技术范畴，对于不同技术范畴中的试题的难易度往往难以进行比较；原因之二是命题者对不同选修模块试题难度的主观认识存在差异，所以从卷Ⅰ的部分试题来看，各个选修模块与对应的试题之间存在着或多或少的不等质现象。

（2）试题的过程性体现不够

在命题过程中，尽管命题者将“过程性”视为信息技术课程考试试题的重要特征，然而要在每一道题中都很好地展现这一点，却很难做到。试卷中的部分半客观题和主观题虽然在一定程度上体现了过程性的原则，却多是局部的或微观的。

（3）试题的题干较长

为了实现试题的应用性、情境性、综合性和人性化等特点，无形中会增加题干的文字描述字数，加大学生答题的阅读量，全卷文字数量为 3 000 字左右，与以往命题要求的 1 500 字的阅读量相比，几乎超出了一倍。

拓展阅读

材料一　海南省普通高中学业水平合格性考试说明（信息技术）

2018 年海南省普通高中学业水平合格性考试（信息技术）说明中指出[①]，本考试旨在考核学生高中阶段信息技术学科基础知识、基本技能以及问题解决能力的情况，围绕学科核心素养，注重信息技术和社会、经济发展的联系，注重信息技术知识和技能在生产、学习、生活等方面的广泛应用，以及提升个人信息素养。

考试内容为必修模块“信息技术基础”和选修模块“算法与程序设计”“网络技术应用”“多媒体技术应用”中的一个。考试以《普通高中信息技术课程标准（2017 年版）》关于学业质量水平的要求为依据，涵盖信息意识、计算思维、数字化学习与创新、信息社会责任等学科核心素养。

考试采取闭卷、笔试形式，信息技术与通用技术合场考试，全卷满分 100 分，信息技术卷占 50 分，试卷包括选择题（分值占 80%）和非选择题（分值占 20%），试卷难度系数控制在 0.8 左右。

材料二　浙江省普通高中学业水平考试暨高考选考科目考试标准（技术）

依据中华人民共和国教育部颁布的《普通高中技术课程标准（实验）》中的信息技术部分、浙江省教育厅颁布的《浙江省普通高中学科教学指导意见（技术 · 2014 版）》中的信息技术部分，确定信息技术学业水平考试内容。[②]学业水平考试的必考内容为《浙江省普通高中学科教学指导意见（技术 · 2014 版）》信息技术必修模块教学要求中的“基本要求”的内容，是全体学生必须完成的内容；加试内容为《浙江省普通高中学科教学

① 选自 2018 年海南省普通高中学业水平合格性考试说明。

② 选自浙江省普通高中学业水平考试暨高考选考科目考试标准（技术）。

指导意见（技术 · 2014 版）》信息技术必修模块教学要求中的“发展要求”和选修模块“算法与程序设计”中的“教学要求”的内容，是选择技术作为高考选考科目的学生所必须完成的内容。

从知识、能力和品质三个方面进行考核。知识方面考核对内容的掌握程度，分为三个层次，从低到高依次为识记、理解和应用。学科能力考核主要包括对观察能力、记忆能力、操作能力、分析和解决问题能力的考核。品质考核主要包括：体验信息技术蕴含的文化内涵，激发和保持对信息技术的求知欲，形成积极主动地学习和使用信息技术、参与信息活动的态度；能辩证地认识信息技术对社会发展、科技进步和日常生活学习的影响；能理解并遵守与信息活动相关的伦理道德与法律法规，负责任地、安全地、健康地使用信息技术。

信息技术考试采用纸笔考试方式，必考题满分为 35 分，加试题满分为 15 分。

材料三 学业水平考试命题建议[1]

高中信息技术课程学业水平合格性考试与等级性考试的命题对科学性、公平性、规范性等方面的要求较高，在命题时应注意以下几点。

1．关注品德教育，有机渗透情感态度与价值观教育

在试题设计中应重视对情感态度与价值观的考核，使学生认识到作为数字化时代的公民，应该具备良好的信息素养，遵守网络规范和网络道德，使自己的言行符合法律和社会伦理道德的要求，同时要加强知识产权意识，在保护个人知识产权不受侵犯的同时，不侵犯他人的知识产权。

2．以考查学科核心素养为出发点，注重对基础知识与基本技能的考核

信息技术学科核心素养的高低是体现信息技术学习成果的重要指标。命题时应紧紧围绕学科核心素养的各级水平要求，注重对基础知识与基本技能的考核，尤其要关注学科的重点知识与核心能力。在命题时，要将学科核心素养水平表现、相关模块内容要求、学业要求、学业质量标准等有机结合起来，具体方法如下。

① 根据测试类型合理选择测试模块，准确把握相应的学业质量水平，将信息技术学科核心素养各级水平与学业质量水平的关系梳理清楚。

② 根据内容要求确定所要测试的内容，根据学业质量水平确定测试要求，根据学科

---

[1] 中华人民共和国教育部．普通高中信息技术课程标准（2017 年版）[M]．北京：人民教育出版社，2017：56–57.

核心素养水平表现确定能力考核要求。

③ 突出对学生在真实情境中解决问题能力的考核，不仅要写明知识与技能方面的要求，更要明确学生在特定情境中应达到的具体水平与表现。

3．围绕学科核心素养设计命题指标，关注学生发展，突出能力考核

基于学科核心素养的试题设计要从学生的认知规律出发，通过创设新的问题情境，在了解、理解、探究、运用等不同能力层次上对学生进行较为全面的考核。在设计命题指标时，除了难度、区分度、信度、效度等常规指标以外，还要考虑情境、知识、素养水平等维度。

基于真实情境的问题解决是测试学科核心素养的重要方式。信息技术在社会生活中应用得非常广泛，情境的设计与选择一方面要尽可能符合学科的学业要求，另一方面也要拓宽思路，在社会、人文、科学等领域选择具有一定开放性和复杂性的情境。情境维度的设计可以有多种角度、多种方式。

4．试题设计要体现学以致用思想，注重信息技术与现实生活的结合

在设计内容时，要紧紧围绕信息技术学科的四大概念：数据、算法、信息系统、信息社会，试题的设计既要使测试内容富有时代气息，反映社会热点，也要使情境设计贴近学生的生活经验。问题的引出要自然贴切，其中渗透着对学生信息技术综合实践能力的要求；在问题解决过程中要突出对重点知识与技能的考查，注意在情境中考查学生对知识的掌握程度和对信息技术的理解与应用情况。在考查学生知识与技能的同时，也应融入对学生学习过程与方法的考查，判断学生综合应用信息技术的能力。

○ 学生活动

通过网络查询江苏省普通高中信息技术学业水平测试考试模拟试卷，从试题编制原则和组卷策略的角度对该试卷进行分析。

○ 参考文献

[1] 朱彩兰，李艺．高中信息技术总结性评价 [M]．北京：教育科学出版社，2011．

[2] 中华人民共和国教育部．普通高中信息技术课程标准（2017 年版）[M]．北京：人民教育出版社，2017．

第 5 章

信息技术教师发展

5.1　站稳讲台

○　问题提出

对于刚刚走上工作岗位的教师来说，如何尽快地转换角色、融入工作并能胜任各项任务、站稳讲台？这个阶段的教师应该具备哪些技能？完成哪些任务？站稳讲台作为教师职业生涯中的初始阶段，怎样才能顺利度过这个阶段向更高层次发展呢？

○　学习引导

本章将结合教师的职业特点，从教师教学及学习技能发展的角度，按照教师个人发展的时间顺序将教师发展概括为站稳讲台、魅力讲台、品牌讲台三个阶段。本节讨论的是教师发展的“站稳讲台”阶段。从如何备课、如何说课、如何处理课堂教学中的事件及教师专业发展等几个方面指导即将走上工作岗位的新手教师，帮助他们尽快完成角色转换，融入教师这个行业。

5.1.1 概述

教师发展理论于20世纪60年代末自欧美兴起，迄今已经成为一个成熟的研究领域。教师发展理论是一个以探讨教师在历经职前、入职、在职以及离职的整个职业生涯发展过程中所呈现的阶段性发展规律为主旨的理论。许多学者都十分关注教师发展阶段的研究，并基于不同的研究角度，给出多种多样的教师发展阶段论。例如，美国伯林纳认为教师教学专长的发展过程包括五个阶段：新手阶段、进步的新手阶段、胜任阶段、能手阶段、专家阶段。斯特菲的教师职业生命周期理论将教师的发展过程分为六个阶段，即实习教师阶段、新教师阶段、专业化教师阶段、专家型教师阶段、杰出教师阶段和退休教师阶段。

本章将结合教师的职业特点，从教师教学及学习技能发展的角度，按照教师个人发展的时间顺序将教师发展概括为站稳讲台、魅力讲台、品牌讲台三个阶段。

站稳讲台阶段教师的发展主要以通过自主学习提升理论素养和专业化水平为主要目标。这个阶段结束时，教师应该能够适应和胜任教育教学工作，能够基本上完成教育教学任务，得到学生的认可，这个阶段通常需要1~6年。

处于这一阶段的教师具有如下特点：在知识上，开始形成实际的、具体的、直接的知识和经验；在能力上，教育教学的实践能力开始初步形成；在素质上，水平还处于较低的层次，具备的素质还不够全面和平衡。

这个阶段的教师应该做到以下几点。

1. 具备扎实的教学基本功

在知识方面，要具有扎实的专业知识，能够熟练掌握所教学科的基础知识，在讲课时没有科学性错误；对教育学、心理学等方面的知识掌握得较好，并能够将其运用到自己的教学中。

在教态方面，要教态自然，语言流畅，声音洪亮，板书清楚。

2. 能够把握教学的一般规律

教学规律是客观存在于教学过程中的不以主观意志为转移的本质联系。教学规律是制定教学原则、选择和运用教学组织形式和教学方法的科学依据。要把握教学的一般规律，就要求教师做好以下几个方面。

在教学设计方面，要注意解读课程标准、熟悉教材内容，能够从教学目标、教学方法、教学流程、教学重难点突破等方面进行教学设计；教学设计要科学、合理，教学步骤之间的逻辑关系要严谨，重点要突出，详略要得当。

在教学能力方面，要能够科学运用各种媒体提供的丰富的学习资源，能够呈现教材、讲清知识、组织练习，帮助学生达成学习目标。

在教学管理方面，要能够组织好课堂纪律，掌握好教学管理的“度”。

在教学过程方面，要既敢于主导又善于主导。敢于主导是指教师要敢于发挥自己的优势和特长，调动学生的学习兴趣，并注意与学生的课堂互动；善于主导强调教师应想方设法地激发学生的求知欲和好奇心，启发他们独立思考、广泛想象，真正做到主动学习。

3．不断自我提高

在专业发展方面，要不断充实自己，学习本学科的专业知识和前沿知识。

在态度方面，要虚心地向各个学科的优秀教师请教，每周至少听 10 节有经验教师的课，从模仿开始逐步形成自己的教学特色。

教师站稳讲台阶段时间的长短，取决于以下一些因素：入职前的素质高低，是否适合教师工作；入职后是否得到有经验教师的帮助与指导，是否得到学校提供的教育教学实践机会，是否努力锻炼并不断提高教学能力。

5.1.2 备课

备课是教师开展有效教学的序幕。备课不仅仅需要教师熟悉要讲授的内容，还需要教师明确这堂课的教学目标是什么，选择哪些教学方法，教学重难点是什么。对于重点、难点或比较抽象的概念，在备课时要明确在课堂上如何用浅显易懂的事例或简明的语言让学生理解和接受，最后形成符合学生学情的教案。

备课时应该按照从宏观到微观、从整体到部分的顺序进行。在备课前，首先要对课程标准、教材整体框架有清晰的认识，在熟悉教材内容、教学计划的基础上，把握整个阶段的教学设计和安排，进而明确一节课的教学设计和安排。

1．教案的编写

教案编写应该采用标准的语言、格式，以便交流。同时，也可以增加一些特殊标识提醒教学中需要注意的问题。例如，每页留出边空，用于书写提示、反思，用标注指示出内容和过程线索，以保证上课时思路清晰；等等。在教案的基础上，还要根据教学经验预先设想可能出现的意想不到的情况，并做相应的准备。

（1）教案的组成

一般来说，教案包括以下几个部分。

① 课题名称。课题名称需要明确说明本节课的教学内容。可以只有一个主标题，也

可以用主标题体现任务情境，用副标题说明教学内容。

② 教材分析。教材分析不是针对整本教材进行分析，而是指对本节课的教学内容进行分析，包括本节课教学内容在整个教学单元中的地位和作用、与前后内容的联系；本节课教学内容的特点，如是原理类知识，还是操作类内容；对教材的处理，如顺序调整、内容增删等。在分析教材时，要阅读课程标准中相应的内容条目，了解课程标准的要求，在此基础上理解教材编写的思路，进而分析本节课内容的特点。

③ 教学对象分析。教学对象分析包括两个方面，一是教学对象已有的与本节课相关的知识储备；二是教学对象所具有的普遍特点，如年龄特点、认知结构、基础水平、接受能力等。可以通过调查、访谈、提问等方式了解学生的具体情况。

④ 教学目标。根据对课程标准、教材、教学对象等的分析确定教学目标，并予以呈现。

⑤ 学时安排。学时安排即确定所需的学时，多为 1 学时。

⑥ 重点和难点。确定教学重点和难点，以及体现重点、突破难点的策略。

⑦ 教学方法。所用的教学方法有 1~3 种就足够了，不需要罗列太多。

⑧ 教学准备。确定需用到的各种教学媒体，包括硬件环境及软件资源。

⑨ 教学过程。教学过程即对教学展开过程的介绍，可以用文本形式，也可以用表格形式。其中，表格形式多为“四列式”，即教学环节、教师活动、学生活动和设计意图。这四个部分一一对应，相辅相成。本部分通常还包括板书设计、评价量规等内容，这些内容也可以单独列出。

⑩ 教学反思：如果教案已经被实践过，教学反思可以包括教学设计的特点、教学中发现的问题及可能的改进之处。如果教案尚未被实践过，此部分可以只列出教学设计的特点。

此外，根据具体情况的不同，教案可能还包括日期、执教者、班级、课程的性质（新授课、复习课）等内容。

根据 2017 年的高中信息技术课程标准，教案编写中还需要体现学科核心素养、课程标准要求、学业要求等内容。下面举例说明。

APP 设计初体验[1]

浙江省温州市第二十一中学　陈　玲

［学科核心素养］

① 针对较为复杂的任务，能够运用形式化方法描述问题，并采用模块化和系统化方

[1] 任友群，黄荣怀. 普通高中信息技术课程标准（2017 年版）解读［M］. 北京：高等教育出版社，2018：167–170.

法设计解决问题的方案；总结利用计算机解决问题的过程与方法，并将其迁移到与之相关的其他问题的解决中。（计算思维）

② 有效运用相应的数字化学习资源与工具，提高学习质量。（数字化学习与创新）

［课程标准要求］

① 在具体的移动应用设计实践中，了解移动应用的基本架构，理解基于图形化开发工具进行移动应用设计与开发的基本方法。

② 了解移动终端中常用的传感器的种类及功能，理解其数据采集方式，能够在移动应用设计中使用多种数据输入方式。

③ 分析移动终端信息呈现的特点，了解移动终端的多种信息输出方式，能够在移动应用设计中使用多种信息输出方式。

［学业要求］

① 能够在移动终端中选择恰当的移动应用进行学习，并解决生活与学习中遇到的问题，提升自己的实践与创新能力。

② 能够基于移动终端的特点，利用图形化的设计和开发工具，设计和开发基于单台设备的移动应用。

［教学内容分析］

本节课的教学内容来源于选修课程中的“移动应用设计”模块，内容聚焦了组件、属性、事件，关注标签、图片、加速度传感器的基本操作，初步呈现了APP设计的基本思想和方法。

通过基于生活的、简单实用的“摇一摇”APP的制作，相信学生能够在动手设计APP的第一节课上就对其产生浓厚的兴趣，为今后进一步学习移动应用设计知识奠定基础。

［学情分析］

本节课内容的学习主体是高二学生。这些学生具有如下特点。

① 心理特点。高二学生的自主意识逐渐强烈，逻辑思维趋于严密。

② 知识基础。绝大多数高二学生已具备一定的APP使用经验，只有少数（也可能没有）学生有过利用APP Inventor设计和开发APP的经历。

［教学目标］

① 了解组件、属性、事件的概念，掌握标签、图片、加速度传感器组件及列表代码块的基本操作，学会APP Inventor的基本操作，初步掌握APP设计的基本思想和方法，并能在应用中对其进行进一步的理解与迁移。

② 通过创造性地运用新知识解决生活情境问题，形成学生自主探究、欣赏他人的意识，以及与人交往的能力。

［教学重难点］

教学重点：掌握标签、图片、加速度传感器组件的基本操作，能在应用中对其进行进一步的理解与迁移。

教学难点：结合生活情境，自主设计 APP。

［教学策略分析］

创设情境法、讲授演示法、分层任务驱动法、“数字化”自主探究法。

［课前准备］

随机点名“摇一摇”APP、“摇一摇”APP 半成品、教学平台、平板电脑设备。

［设计思想］

本节课的设计以学生为主体，从学生的生活、兴趣、个性化培养出发，以“摇一摇”APP 设计为主题情境，将平板电脑作为 APP 的调试设备和课堂学习工具，重视生活与技术的结合，将“兴趣与技术并重、知识与技能并重、生活与技术结合、生活与学习融合”贯穿于整节课中。

［教学过程］

此处略，见拓展阅读。

［板书设计］

“APP 设计初体验”板书设计如图 5-1-1 所示。

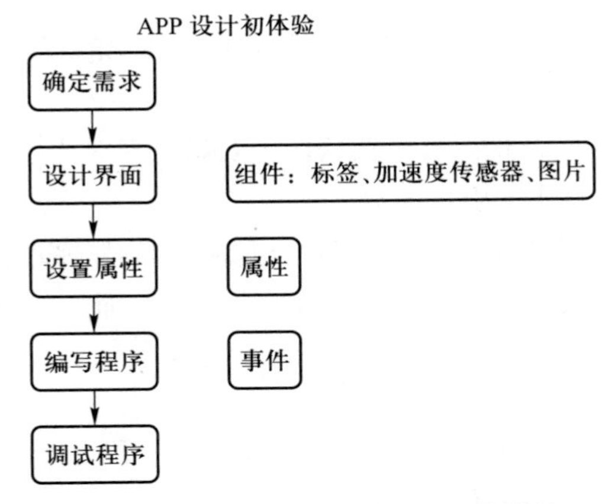

图 5-1-1 “APP 设计初体验”板书设计

（2）教学目标的描述

第八次基础教育课程改革中提倡采用行为目标的形式陈述教学目标，有两种类型[1]：

[1] 钟启泉，等. 为了中华民族的复兴，为了每一位学生的发展［M］. 上海：华东师范大学出版社，2001：176.

一是采用结果性目标的方式，即明确告诉学生学习结果是什么，所采用的行为动词要求明确、可测量、可评价。这种方式指向可以结果化的课程目标，主要应用于“知识与技能”目标。二是采用体验性或表现性目标的方式，即描述学生自己的心理感受、体验，或明确安排学生表现的机会，所采用的行为动词往往是体验性的、过程性的，这种方式指向无需结果化的或难以结果化的课程目标，主要应用于“过程与方法”“情感态度与价值观”目标。

一般认为，行为目标的陈述需要四个基本要素（俗称 ABCD 描述法）：行为主体（audience）、行为动词（behavior）、行为条件（condition）和表现程度（degree）[1]。例如，“在小组交流中（条件），学生（主体）能表达（行为动词）自己的主要观点（表现程度）”。

所谓“行为主体”，特指学生，因为判断教学是否有效，其直接依据是学生有没有获得实际的进步，或者学习过程有没有得到贯彻，因此要避免采用“使学生……”“提高学生……”“培养学生……”等描述。

所谓“行为动词”，指行为主体的操作行为，要尽可能可理解、可评估，有明确指向，尽量避免采用笼统、模糊的术语，如“提高……”“培养……的精神和态度”，这些行为动词缺乏质和量的具体规定性，不便于检测。

所谓“行为条件”，是为了影响、导向学生应有的学习结果或过程而特设的限制或范围，也是评价必然要参照的依据。

所谓“表现程度”，是指预期学生学习之后应有的表现内容，并以此评估、测量学习过程或结果所达到的程度。

并不是所有的目标呈现方式都要包括这四个要素，有时为了陈述方便，通常省略行为主体和行为条件，前提是不会引起误解。

简言之，教学目标的描述应具体、明确，与教学内容紧密联系，切忌宏观空洞；应针对教学结果，而不是面向过程；行为主体是学生而非教师。

例如①：

① 知识与技能

初步掌握查询条件的设定方法。

掌握利用查询对数据表数据进行查找、排序、筛选等的基本操作。

② 过程与方法

通过创建和运行数据查询，体会在数据库中查找数据的基本过程。

---

① 选自江苏省无锡市第一中学夏燕萍老师的案例《创建执行和查询》。

[1] 施良方，崔允漷. 教学理论：课堂教学的原理、策略与研究［M］. 上海：华东师范大学出版社，1999：141-142.

能根据实际情况，选择合适的查询方法。

③ 情感态度与价值观

通过学习和利用数据查询，增加对数据库的感性认识，激发对数据库技术的求知欲。

感受利用数据库查询数据的优势，形成科学、有效管理信息的意识。

从上述教学目标描述中的每一条都可以推测出本节课的教学内容，体现了教学目标与教学内容的紧密联系。

再看下例。

情感态度与价值观：

① 培养学生的人文素养。

② 增强学生的团队合作意识。

这两条描述都较为宽泛，通过这两条描述很难推断出本节课的教学内容，甚至连哪一个学科都无从判断。这样的描述不建议使用，因为其无法为教学评价提供依据。

在教学目标的呈现方式上，可以采用三维目标方式，也可以将各维目标综合起来统一描述。

（3）教学方法的选择

信息技术课程教学可以选择多种教学方法，选择教学方法时需要明确以下几个问题。

其一，教学方法是为教学目标服务的。要从教学实际出发，根据不同的教学目标、内容、对象和条件等，灵活、恰当地选用教学方法。

其二，同样的教学内容可以采用不同的教学方法，具体采用哪种教学方法可以根据教师教学风格、学生特点、教学环境等来决定。

其三，教学方法各有特点，可以根据需要将不同的教学方法有机地结合起来，取长补短，发挥各种教学方法的优势。

其四，教学方法的选择需要合理继承，大胆创新。一方面，对于经典的、仍具有较强生命力的传统教学方法要继承和发扬；另一方面，可以尝试自己尚未使用过或使用得不多的教学方法，以丰富自己的教学过程和教学体验。

最后，任何一种教学方法的选择和使用，都应该建立在对这种教学方法真正理解的基础上。

（4）关于教案的详与略

教案是教学设计的结果，有详案与简案之分。详案即详细的教案，是对教案的各个项目和教学过程进行详尽的描述。简案即简略的教案，可以省略或者略写某些教学项目和过程细节。过于详细的教案容易变成“施工图纸”，影响教师在教学中发挥作用。需要明确的是，教学是预设与生成的统一，教案的形成只是第一步，还需要在教学过程中根据实际情况灵活调整教学内容。因此，教案只是预案，主要是思考实施过程中的大方向、大环节和关键性内容，把握课堂内容的整体思路与目标指向。

从教师专业发展的角度看，新手教师可以多写一些详案，然后再逐渐转向简案；对于新教学内容，可以把教案写得详细一些，而对于已教过的内容，则可以把教案写得简略一些；但不管详略与否，上课时都要把握好预设与生成的关系，不能拘泥于教案。

（5）关于教学课件

教学课件可以直观形象地呈现和动态演示教学资源、情境和内容，应用得当可以起到画龙点睛的作用。在外观设计上，在颜色搭配、动静结合等方面具有独特风格的课件更能吸引学生的注意力和激发学生的学习兴趣，与内容无关的动画、图片，反而会分散学生的注意力；在教学内容的呈现方式上，要注意根据媒体的特点选择教学内容的呈现方式。例如，可以用文字描述关键性问题，用历史图片展现计算机科学发展史，用动画模拟计算机组装过程和冒泡排序的过程，等等。

在设计教学课件时，还可以根据需要设计板书提纲。对信息技术教师来说，这主要体现在幻灯片的制作上。幻灯片可以帮助学生掌握教学目标和内容，突出重点和难点，掌握教学过程和教学进程。在使用幻灯片时可以根据需要结合黑板做一些辅助性的板书。在制作幻灯片时，要注意：幻灯片的数量要适中；字体大小和颜色要醒目；所表达的教学目标、重点和难点、知识内容之间的关系要突出；内容的呈现方式要合适。例如，“结构式”常用于分析教学内容的体系结构；“概念图式”主要用于帮助学生理解和记忆概念及概念之间的关系；“表格式”则主要用于对知识内容进行比较和鉴别。

2．集体备课

集体备课是一种重要的备课形式，可以提高备课质量。集体备课可以通过集思广益，将个人才智转化为集体优势，共同提高教学质量。

（1）集体备课的组织形式

集体备课一般以备课组为单位，由备课组长主持。在集体备课时，要求坚持“四定”“五备”“四统一”，即定时间、定地点、定内容、定主备人；备课标、备教材、备教法、备学法、备教学手段；统一教学目标要求、统一教学重点、统一双基（基础知识和基本技能教学）训练、统一教学进度。

需要注意的是，集体备课可以形成汇集集体智慧的教案，但不能让集体备课替代教师个人备课，更不能使课堂教学成为同一模式。教师可以根据自己的教学风格、具体的教学对象，以及对教学理论、教学方法的理解，在集体备课的基础上进行二次备课，以更好地适应学情。

因此，在组内进行集体交流后，提倡对教案进行整合与模块化设计。整合后的教案中要留下一定的空间，便于执教教师做个性化的修改。

信息技术教师人数不多时，可以采取以下备课方式：一是组内教师精心准备；二是实行教研组备课，无须分年级备课；三是利用业余时间，加强与校外教师的交流，最大限度地提高备课的质量。

（2）集体备课流程

下面是南京师范大学附属中学信息教研组总结出的集体备课的一般流程。该教研组曾获得过南京市中学信息技术教育先进教研组称号，他们每周都会进行定时定点的集体备课。

① 初备。为了对重点备课任务进行合理分解，落实到人，在每学期开学时备课组都会排出一学期的备课分工一览表，便于教师明确任务，提高备课质量。

例如，表 5-1-1 所示的是 2007—2008 学年第一学期“多媒体技术应用”选修模块的学时计划（部分）。

表 5-1-1　学时计划（部分）

周次	主题	涉及章节	主要内容	主备人
5	图形图像的加工 3	2.1 节 2.2 节	制作艺术字 全景图的欣赏与制作	薛 **
6	作品的交流与评价	第 2 章	平面图像的创作与交流	彭 *

每次集体备课前，都要由每章节的主备人围绕着课程标准，明确教学目标，梳理教学知识点，确定教学重点和难点，并就教学目标的达成、教学重点和难点的突破做深入的思考和设计，然后形成交流意见；其他人员在交流前也必须研读教材，并对本章节的教学设计做初步考虑。

② 集体交流。集体备课时，首先由备课组长组织教师对上周的教学实践进行探讨；然后由主备人围绕着本周的教学内容逐一给出自己的理解、观点、设计思路及有关的理论依据，其他人随时给予补充；最后由备课组长围绕备课过程存在的问题组织教师进行讨论和交流。

为了保证集体备课的效果，在教师进行讨论和交流时不对内容做出限制，既可以围绕着教学内容的细节设计展开，也可以围绕着教学内容的整体规划展开，还可以关注个体备课的困惑或教学实践的反思。骨干教师在备课中能起到促进和垂范的作用，在讨论时可以做重点交流；新手教师则需要得到更多的关心和锻炼。

（3）形成教案

集体交流和讨论后，由主备人综合集体的意见和智慧，在个人初备的基础上形成教案。

（4）个性设计与反思

备课组内的其他教师根据自己以及教学对象的实际情况，对集体备课的教案进行推敲和斟酌，也就是“二次备课”，形成适合自己教学的教案。

通过集体备课，教师们互相借鉴彼此的教学经验，共同提高教学水平，并在教学中做到统一教学进度，统一教学目的，统一每节课的主要授课内容，统一重难点，统一作业，统一考查。每次活动都要做详细的记录，记录每一次的备课内容及讨论情况。

5.1.3 说课

1．说课的内容

所谓“说课”，是指讲课教师在一定场合说说某一堂课如何上以及为何这样上，即对教学的设计和分析。说课包括课前说课与课后说课，课后说课一般是指教研课后教师的说课。

说课内容与教案的组成基本相似，包括说教材、说学情、说重点和难点、说教学目标、说教学方法、说学生学法、说教学过程、说教学反思等。其中，教学反思是针对课后说课的，如果是课前说课，可以是自我评价。

2．需要注意的问题

（1）准确理解

说课不等于“压缩式上课”，也不是宣读教案。说课要准确理解教育理论或思想，避免误用；要准确理解教学方法，确保应用得当。

（2）说明依据

说教学过程时，所采用的方式、方法和手段要有充分的理论依据或者有比较成熟的个人观点做支撑。此外，还要尽量展示先进的教育思想。

（3）重点突出

由于说课的时间有限，因此不必面面俱到，要尽量突出重点。需要重点阐述教学过程，说明教学过程如何设计，为何这样设计；在时间分配上，关于教学过程的内容要占据超过一半的时间。

（4）准备全面

完整的说课包括评说课或答辩，因此要做好回答问题的准备，评价者往往以此来评价说课者的教学素质和教育修养。

下面举例说明。

“信息交流”说课稿[1]

各位老师，大家好！我今天说课的题目是“信息交流”。我将从说教材、说学情等环节展开我的说课。

一、说教材

本节选自必修模块教材《信息技术基础》（教育科学出版社出版）第6章第3节，学习内容是信息交流的意义、类型以及关于个人隐私的安全知识。从表面上看学习内容难度不大，而且大部分学生已能够熟练使用QQ等工具交流信息。这些都是进行本节课教学的有利条件，但学生受家庭和社会的影响，个人信息安全意识参差不齐，因此让学生深刻意识到个人信息安全问题显得尤为重要。

二、说学情

学习者为高一学生，经过高中前的生活积累和一个学期的高中学习，已经掌握了多种信息交流方法，但对于信息交流的安全和个人隐私问题关注不足。

三、说教学目标

根据教材及学生特点，将教学目标定为以下三个方面。

知识与技能：能够认识信息交流的意义，并选择合适的信息交流工具进行交流。

过程与方法：通过角色扮演，模拟生活中的真实场景或事例，学习信息交流的方法。

情感态度与价值观：通过学习增强个人信息安全意识，逐步实现从技术层面到思想层面的提升。

四、说重点和难点

根据信息技术课程标准及对教材编排的理解，我将教学重点确定为信息交流的类型和方法；将教学难点确定为如何引导学生关注个人信息安全，实现从技术到思想的提升。

五、说教学方法

本节课的内容在教材编排上偏传统教学，而在学生现有的知识水平下，传统授课方式在学习效果、课堂管理以及促进学生思考等方面都有明显的不足。因此，我从学生熟悉的生活事件出发，以事件为主线，通过角色扮演的方式使学生参与到活动中来，引导学生通过讨论、演示等形式完成从引发认知冲突到解决认知冲突的系列活动，实现从技术手段到技术思想、信息安全意识的提升。

六、说教学过程

1. 调查分组

学生已有知识水平的差异一直是课堂上难以处理的问题，因此我在课前调查了学生的信息交流现状，根据学生的特点和兴趣爱好对他们进行了分组，以避免出现同组学生

---

① 作者为江苏省镇江市实验高级中学尚华老师（镇江市十佳教学能手）。

水平皆为较差或皆为较好的情况，从而实现均衡分配。

2. 情境导入

好的引课可以快速集中学生的注意力，引出所讲的内容。因此，我主要以近期生活中的相关热点事件为引线，将其以PPT的形式呈现，引起学生的讨论，激发学生对生活事件的兴趣，关注信息交流的意义。

3. 角色扮演

我充当引导员的角色，负责演示和引导，接下来各个场景主要由学生通过角色扮演来完成，充分体现了学生的主体地位。此外，我对每个场景的选择和设置也呈现出逐步递进的特点，即先有伏笔事件，到引发认知冲突，再到解决认知冲突，最后是巩固与内化。

学生的角色分组情况为观察记录员、开发商销售员、买方（李明一家）、BBS论坛网民、事件陈述员。

之所以采用角色扮演的方式，是因为学生从技术层面提升到思想层面是困难的，需要让学生通过亲身经历去体会，由内驱力推动，而不是简单地靠外力推动。学生根据生活中的具体事件进行角色扮演，可在扮演体验中实现从技术到思想的自然过渡。

事件陈述员："买房记"

场景一：李明一家人准备换房子，听说A楼盘销售火爆，到售楼处咨询情况。

选择这一场景的原因在于，信息交流每天都在发生，借助生活场景让学生关注生活与信息技术的密切关系。

场景二：在销售中心门口销售人员正在宣传：扫描微信二维码，关注楼盘信息，即可获得相应的礼品。

这一场景结合学生的生活实际，通过微信的使用，让学生关注信息技术生活化的体现。

场景三：经过销售人员的推销，李明一家看好一套房子，先进行了房子的预订，销售人员要求他们登记个人姓名、电话、身份证等相关信息。

场景三设计冲突事件，为个人隐私泄露、信息安全意识薄弱等信息安全问题的讨论埋下伏笔。

场景四：当晚，李明在本地知名的BBS论坛上搜索关于开发商的信息，看到了很多网友的评论，提出了自己的问题，与网友在论坛上交流。

场景五：一个热心网友准备将自己拍的房子图片发给李明分享，李明添加对方为QQ好友，网友给他发送了图片。

学生在面对具体问题时，解决问题的思路或方法往往比较单一，场景四和场景五中，通过BBS论坛交流、通过QQ传递文件，可以让学生寻找不同的信息交流方法，学会从多角度思考问题的解决方法。

场景六：隔了两天，李明不断接到卖房和建材装修公司打来的电话，深受电话骚扰之苦。

至此，前面的伏笔事件爆发，讨论的热点出现，是学生自我认知冲突的发现和解决过程，是个人信息安全意识的提升阶段。

场景七：李明通过网上的了解和亲身经历，觉得开发商有欺骗消费者之嫌，准备到相关监察部门去确认，然后再考虑买房。

4. 观察记录，陈述总结

这一环节，我引导学生完成观察记录和总结的工作，与学生讨论所学习的信息交流的类型以及防止个人隐私泄露的重要性，促进学生体会关注生活事件的实际意义。

5. 巩固练习

学生对知识的理解和领悟需要得到不断的强化和应用，这样才能将知识转换为能力，因此通过设计这个练习使学生的信息安全意识得到巩固与内化。

七、说教学反思

虽然我设计的角色扮演形式与传统的教学形式相比更有活力，学生参与的兴趣也颇为浓厚，但在实施过程中需要处理好以下几个事项，否则不易掌控课堂，难以达到预期的教学效果。

首先，课前调查要全面，要面向全体学生而不是个别学生。

其次，分组要落实到位，发言要有序，否则讨论会陷入混乱。

再次，场景的布置要尽量还原真实情境，否则学生的角色扮演情绪不高，活动达不到预期效果。

最后，要在恰当的时间对学生给予引导，以免场景的扮演或讨论停滞。

由上述说课稿不难发现：其一，由于说课是面向教师同行的，所以使用第一人称，向他人转述自己的教学思路；其二，对于教学过程，需要说明如何设计及为何设计的问题，具体说课时，可以根据需要调整顺序，既可以先说原因再说设计结果，也可以先呈现结果再说原因。这样说课不会显得很机械；其三，说课稿是教师的口头表达形式，正式的说课需要配合课件，课件上一般只展现重要的信息，而详细的内容则需要由教师“说”出来。下面为说课稿对应的教学过程设计。

教学过程

教学环节	教师活动	学生活动	设计意图
1. 课前调查	根据使用信息交流工具的情况和个人特点、兴趣爱好对学生进行分组	与教师协调分组	学生已有知识水平的差异一直是课堂上难以处理的问题，因此在本节课开始前要做好学生信息交流现状的调查工作，根据个人特点和兴趣爱好对学生进行分组，避免出现同组学生水平皆为较差或皆为较好的情况，从而实现均衡分配

续表

<table>
<tr><th>教学环节</th><th>教师活动</th><th>学生活动</th><th>设计意图</th></tr>
<tr><td rowspan="2">2. PPT演示和交流、讨论</td><td rowspan="2">教师充当引导员的角色，负责演示和引导</td><td>交流和讨论</td><td>引课，集中学生的注意力，关注信息交流的意义</td></tr>
<tr><td>学生角色分组情况为：观察记录员、开发商销售员、买方（李明一家）、BBS 论坛网民、事件陈述员</td><td>从技术层面提升到思想层面是困难的，需要让学生通过亲身经历去体会，由内驱力推动而不是简单地靠外力推动，学生根据生活中的具体事件进行角色扮演，在学习技术的同时进行思想的升华</td></tr>
<tr><td rowspan="7">3. 角色扮演</td><td rowspan="7">引导学生对场景进行模拟</td><td>事件陈述员：“买房记”
场景一：李明一家四口人准备换房子，听说 A 楼盘销售火爆，到售楼处咨询情况</td><td>信息交流每天都在发生，让学生关注身边的生活</td></tr>
<tr><td>场景二：在销售中心门口销售人员正在宣传：扫描微信二维码，关注楼盘信息，即可获得相应的礼品</td><td>从生活入手，通过微信的使用，让学生关注信息技术生活化的体现</td></tr>
<tr><td>场景三：经过销售人员的推销，李明一家看好一套房源，先进行了房子的预订，销售人员要求他们登记个人姓名、电话、身份证等相关信息</td><td>设计冲突事件，为个人隐私泄露，信息安全意识薄弱等信息安全问题的讨论埋下伏笔</td></tr>
<tr><td>场景四：当晚，李明在本地知名的 BBS 论坛上搜索关于开发商的信息，看到了很多网友的评论，提出了自己的问题，与网友在论坛上交流</td><td rowspan="2">通过 BBS 论坛交流、通过 QQ 传递文件，让学生寻找不同的信息交流方法，学会从多角度思考问题的解决方法</td></tr>
<tr><td>场景五：一个热心网友准备将自己拍的房子图片发给李明分享，李明添加对方为 QQ 好友，网友给他发送了图片</td></tr>
<tr><td>场景六：隔了两天，李明不断接到卖房和建材装修公司打来的电话，李明深受电话骚扰</td><td rowspan="2">伏笔事件爆发，讨论的热点出现，是学生自我认知冲突的发现和解决过程，是个人信息安全意识的提升阶段</td></tr>
<tr><td>场景七：李明通过网上的了解和亲身经历，觉得开发商有欺骗消费者之嫌，准备到相关监察部门去确认，然后再考虑买房</td></tr>
</table>

续表

教学环节	教师活动	学生活动	设计意图
4. 观察记录陈述总结	简要总结	讨论所学习的信息交流的类型以及防止个人隐私泄露的重要性	学生关注生活事件的实际意义
5. 巩固练习	反馈评价	讨论练习，上传结果	学生信息安全意识的巩固与内化

5.1.4 课堂管理

1. 常见问题的解决

（1）课堂纪律很差，怎么办?

由于信息技术课堂形式具有多样性和复杂性的特点，因此对课堂纪律的评判要格外慎重。学生不安静不一定是课堂纪律不好，学生围绕着教学内容进行探讨乃至争论，正是人们所追求的课堂效果。

当教师判断是课堂纪律差时，就应当分析具体原因，并决定相应的对策。课堂纪律差可能是由于教师管理不到位，也可能是由于学生对所学习的内容不感兴趣，可以通过以下方法改善课堂纪律。

① 吸引学生的注意力。例如，明确管理指令，主动控制课堂教学节奏。例如，“我将要讲重点，请注意听讲”“不要做小动作，请认真听”等。

② 营造竞争或合作气氛。例如:“大多数同学都能按照老师的要求去完成任务，并且做得很好。我们看谁完成得最快、最好。”

③ 促进学生自治。例如，课前与学生交流课堂规则，实验课前安排好机位，促进良好课堂行为的形成。

④ 将其他学科内容整合到信息技术课程教学中，或用恰当的例子来丰富教学内容，增加教学内容的趣味性，引起学生的共鸣。例如，在案例《搜索技巧》中张宏老师安排学生搜索历史、英语等学科内容。

⑤ 利用活泼、有趣的教学方法，如游戏法、竞赛法等，来弥补教学内容枯燥所引起的纪律问题。

（2）教学中的交互活动（师生、生生）非常重要，但交互往往会占用较多的时间，该怎么办?

交互从理论上说是有利于学习和提高学习效率的，这是基于以下认识:

- “你给我一种思想，我给你一种思想，我们都能得到两种思想”；
- 交互可以使人富有激情和创造力，独学无友则会孤陋寡闻；
- 只有能外化、能用自己的语言表达出来的知识，才是真正学到的和有用的知识。

在进行交互活动时需要注意以下问题。

其一，选择合适的讨论话题和提问方式。

其二，做好相应的准备，如知识准备及思考空间等。

其三，制定规则，如时间把握、发言规则。

其四，根据需要灵活运用不同的交互形式：或同桌交互，或小组交互，或全班交互，或学生互教互学，或设学生主持人等。

其五，交互活动与其他活动配合进行，充分发挥各种活动方式的优势。

（3）合作学习总是流于形式，该怎么办？

合作学习是一种特殊的情知相伴的认知过程，有效的合作学习可以培养学生交流和合作的意识与能力，但是容易出现部分学生搭顺风车、有形式无合作本质的现象。要解决这个问题，需要注意以下几个问题。

首先，科学地组织学习小组，根据不同的学习目标确定分组形式，如结对子、新手/专家组（适用于做研究和同伴互教）、同质分组、异质分组等。

其次，设置具有一定挑战性的问题或合作任务，既要有总的任务目标，也要根据合作需要及学生特长，为小组中的每个成员提供适当的工作和展示自己的机会。

再次，选择合作学习的时机是有效开展合作学习的重要保证。例如，当学生难以独自解决问题时可以进行合作学习；当问题或任务涉及的知识面广，或者解决问题或完成任务所需要的时间较长时可以进行合作学习；当学生意见不统一，或者问题解决的方法有多种，且无优劣之分时可以进行合作学习。

最后，形成良好的合作氛围与习惯非常重要。要制定合作规则，使成员之间相互交流、相互尊重，既充满友爱，互相帮助，又通过竞争激发学习动力。同时，加强监督与管理，对合作得好的小组进行表扬，避免学生“搭顺风车”的现象发生。

（4）当有学生说想要成为黑客时，该怎么办？

学生可能认为当黑客技艺高超，很酷，这是可以理解的。信息技术教师要做的就是使学生正确认识黑客，理解网络是虚拟的，但相关的道德法律问题却是现实的。

可以通过组织讨论、辩论等活动，在讨论中促进学生提升认识。为了保证效果，需要预先准备好中学生网络安全道德规范、“黑客”的历史、黑客为社会带来的损失等方面的资料，或者布置任务，让学生课前自主查阅相关内容。

需要注意的是，学生尽管了解黑客存在的种种问题，依然可能想进行某些黑客行为的尝试。教师可以对学生进行适当的约束，或者在有控制条件的情况下让其进行一定的尝试，注意不能让学生发生任何越界的行为。教师可以告诉学生如果想要尝试“黑客”技术，应该从“黑客”起源的本意出发，为维护信息安全而学习如何“反黑客”。

2．机房课堂教学的管理问题

信息技术课程教学在机房中展开，课堂教学管理的难度较大。在机房中进行教学经常会出现各种问题，发生各种偶发性干扰事件，教师要依据教学经验冷静、妥善地处理。

（1）硬件问题

临近上课，计算机或投影仪却无法正常工作，这是信息技术教师经常遇到的事情。遇到此类情况时应在短时间内排除故障，如果不能及时排除故障，应用其他教学手段代替。当然，最好在每次上课前都仔细检查需要使用的设备，保证课堂教学的顺利使用。

（2）教师问题

教师在教学过程中，可能会出现一些操作上的小失误。例如，在使用五笔字型输入法输入汉字时却忘记了该汉字的五笔字型码，此时如果要输入的汉字对教学没有什么影响，则可以改输入其他汉字；如果是必须输入的汉字，则可以更换输入法，或者假装复习五笔字型输入法，请学生来输入。

（3）学生问题

在机房上课，学生偷偷玩游戏、用 QQ 聊天的情况较为常见。处理这类情况时宜疏不宜堵，一些教师对此也积累了有效的应对经验。例如，有的教师与学生订立契约，若学生在教师指定的学习时间内玩游戏，或者做其他与学习活动不相干的事情，就要受到如增加课堂任务、帮教师打扫机房卫生、扣掉平时的学习积分等处罚；有的教师则采取软性的措施，只要学生按要求完成了任务，则可以做自己愿意做的事情；还有的教师利用多媒体教学系统的学生屏幕检查功能和消息功能，如果发现学生没有认真学习，则通过消息提醒学生赶快完成任务，这样则含蓄地让学生知道自己的不良行为已被发现，保护了学生的自尊心，也不会影响其他学生的学习。

对于学生玩游戏这种情况，山东青州一中王爱胜老师的观点值得参考：第一，以疏为主，以堵为辅；第二，顺势调整，正确引导；第三，深层激发，提倡创造。

5.1.5 教师专业发展

教师专业发展是指教师参加工作以后教育思想、教育知识和教育能力的不断发展。教育知识和能力只有在教育教学实践中才能得到不断深化和提高。教师的专业发展虽然在很大程度上会受到教师所处环境的影响，但更重要的还是取决于教师自己的心态和作为。

对教师专业发展的要求是伴随着教师的整个职业生涯的，而影响教师专业发展的因素十分复杂，包括教师自身的专业知识能力、个人经历和专业经历、情感和心理等因素。此外，学校等环境也会对教师专业发展产生影响。

对于刚走上工作岗位的信息技术教师，要寻求自我专业发展的有效途径，应该从模仿开始，通过认真钻研，虚心向其他教师请教，使自己的认识得到不断的修正与发展，在实践中体会、反省自己已有的经验，借鉴别人的思想和经验，促进自身的专业发展。

拓展阅读

材料一 说课相关概念辨析

1．“说课”与“备课”的关系

（1）相同点

“说课”与“备课”的教学内容是相同的；两者的主要做法也相同，即都要学习课程标准，钻研教材，了解学生，选择教学方法，设计教学过程。

（2）不同点

① 内涵不同。“说课”属于教研活动，要比“备课”研究的问题更深入。而“备课”用于指出完成教学任务所采用的方法和步骤，是将知识结构转化为学生的认知结构的实施方案，属于教学活动。

② 对象不同。“备课”是要把结果展示给学生，即面向学生上课。而“说课”则是面向其他教师，说明自己为什么要这样备课。

③ 目的不同。“说课”旨在帮助教师认识备课规律，提高备课能力；而“备课”则旨在帮助学生更好地接受知识，它促使教师做好教学设计，优化教学过程，提高课堂效率。

④ 活动形式不同。“说课”是一种集体进行的动态的教学备课活动；而“备课”是教师个体进行的静态的教学活动。

⑤ 基本要求不同。“说课”不仅要求教师要说出对于每一项具体内容的教学设计，该做什么，怎么做，还要说出为什么要这样做，即说出教学设计的依据是什么。而“备课”的特点是实用性，强调教学活动的安排，只要写出做什么、怎么做就行了。

2．“说课”与“上课”的关系

“说课”与“上课”有很多共同之处。例如，“说课”是对课堂教学方案的探究说明，

“上课”是对课堂教学方案的具体实施，两者都围绕着同一个教学课题。“说课”和“上课”都可以展示教师的课堂教学操作艺术，都能反映教师语言、教态、板书等教学基本功，只不过“说课”是面向教师同行的，而“上课”则是面向学生的。

材料二　教师专业成长之路究竟该怎么走[1]

1．从模仿开始

教学模仿可以分为再造性模仿和创造性模仿两类。再造性模仿侧重于对教学方法和教学思路的模仿，是模仿的初级阶段。创造性模仿是模仿的高级阶段，是对整体教学风格进行模仿。教师只有在其再造性模仿积累到一定阶段，掌握了娴熟的教学技巧，形成了良好的教学风格后，才能结合个人教学的实际情况，对教学进行创造性的改革，体现个人的教学特色，这就是创造性模仿。

2．从读书开始

作为教师，需要阅读教育理论方面的书籍，通过读书加深自身底蕴，提高自身的学术修养。平时在看书、读报的过程中，要特别关注那些与教育教学相关的文章，并根据需要对它们做好笔录或者进行收藏，有时间就反复阅读，以使自己受到激励和启迪。

3．从网络开始

教师借助网络可以收集自己所需要的资料，还可以进行互动交流，这样既能解决所遇到的问题，也会有更多意外的收获。

4．从课题开始

苏霍姆林斯基说过：“如果你想让教师的劳动能够给教师带来乐趣，使天天上课不至于变成一种单调无味的义务，那么就应当引导每位教师走上研究这条幸福之路。”用课题研究来推动每一位教师不断地将实践经验转化为理论认识，是一条可行之路。在课题实践中，教师在解决问题的过程中广泛阅读，相互探讨，开拓教育视野，改善教学方式。

---

[1] 夏立新. 教师专业成长之路怎么走［J］. 幼儿教育，2006（17）：41.

材料三 "APP设计初体验"教学过程[1]

"APP设计初体验"教学过程如表5-1-2所示。

表5-1-2 "APP设计初体验"教学过程

活动设计	教师活动	学生行为预设	设计意图
活动1：体验APP，基于兴趣引课	以"谁不说俺家乡好"美丽家乡推介会为情境，通过平板电脑上的"摇一摇"APP随机点名，请学生推介自己的家乡（利用同屏软件对平板电脑屏幕进行投影）；教师先随机"摇"出一个推介自己家乡的学生	由学生代表在平板电脑上体验"摇一摇"APP的使用，随机摇出下一个推介自己家乡的学生 学生兴趣高涨，求知欲望被激发，本节课的主题得以明晰	基于"谁不说俺家乡好"美丽家乡推介会，通过对平板电脑、"摇一摇"APP随机点名功能的体验，吸引学生的注意力，激发学生的求知欲望，同时引出课题，明确主题
活动2：模仿APP，建立知识支架	结合生活情境：如果让你来推介自己的家乡，你最想推介什么内容？按照"确定需求—设计界面—设置属性—编写程序—调试程序"，逐步引导，示范操作，完成摇一摇随机显示文字的APP设计。 ① 确定需求：通过实例引导学生确定"美丽家乡摇一摇"APP的主题（如家乡景点、家乡小吃、家乡特产、民俗民风等）。 ② 设计界面：介绍标签、加速度传感器组件，在工作区域添加2个标签、1个加速度传感器，并修改其组件名称。 ③ 设置属性：设置2个标签的显示文本属性，提示设置screen1的应用名称及属性。 ④ 编写程序：了解事件、列表代码块、代码块拼接操作。 ⑤ 调试程序	① 结合"谁不说俺家乡好"美丽家乡推介会，确定并说一说"摇一摇"APP的主题。 ② 在教师的引导下进行模仿操作，认识APP Inventor的工作界面，学会APP Inventor的基本操作，体验APP设计的完整流程，了解组件、属性、事件的概念，掌握标签、加速度传感器组件及列表代码块的基本操作，提取特征，建立结构模型，体验摇一摇随机显示文字的APP设计	通过APP Inventor这一图形化设计软件，在"摇一摇"APP半成品的基础上，师生共同经历APP设计的各环节，借助标签、图片、加速度传感器组件，让首次接触APP设计的学生掌握组件、属性、事件的基本操作，以及APP设计的基本思想与方法，突出重点，帮助学生快速建立知识框架，为知识和技能的迁移做铺垫

[1] 任友群，黄荣怀. 普通高中信息技术课程标准（2017年版）解读［M］. 北京：高等教育出版社，2018：168-170.

续表

活动设计	教师活动	学生行为预设	设计意图
活动3：探究APP，基于生活应用	① 帮助学生明确任务要求。 ② 进行个别指导，关注课堂生成问题。 ③ 通过在学习网站中提供微课，启发学生利用APP Inventor制作更加完善和富有个性的APP	① 根据主题、APP制作需要及自身的情况，获取并共享、处理信息。 ② 有选择地利用学习网站上的微课资源，自主探究学习并完善APP的设计： 探究一　如何随机显示图片？ 探究二　如何同时显示文字及图片	① 基于问题，探究制作。 ② 巩固对组件、属性、事件等的理解与应用，借助微课自主探究、学习、实践，突出重点，突破难点，培养知识迁移能力，以及“数字化学习与创新”素养
活动4：展示APP，梳理和小结知识	① 引导学生进行组内交流，推荐小组最佳作品；选择1~2个小组最佳作品安装在平板电脑上，借助同屏软件向全体师生展示。 ② 展示一个拓展APP等作为课后延伸，为可持续学习提供保障。 ③ 借助思维导图，引导学生梳理本节课的知识	① 同小组内的学生直接交换平板电脑，相互欣赏APP并在学习网站上推荐小组最佳作品。 ② 在思维导图两条分支的指导下，自主建构本节课的知识框架	① APP展示、小结和拓展，为今后的移动应用设计学习打下基础。 ② 在学习网站上推荐小组最佳作品，让学生能够利用数字化学习工具进行分享与欣赏。 ③ 利用思维导图，分程序设计素养和知识与技能两个分支对知识进行梳理，使对“移动应用设计”的学习能够可持续地进行

○ 学生活动

1. 选择信息技术教材中的某一章模拟一次集体备课，或是到中小学去观摩集体备课。
2. 结合信息技术教材中的某节内容，举行一次说课比赛。
3. 参考本节提供的教案格式，选择信息技术教材中的某节内容，设计一个完整的教案。

○ 参考文献

[1] 张义兵. 信息技术教师素养：结构与形成 [M]. 北京：高等教育出版社，2003.
[2] 任友群，黄荣怀. 普通高中信息技术课程标准（2017年版）解读 [M]. 北京：高等教育出版社，2018.
[3] 黄甫全，王嘉毅. 课程与教学论 [M]. 北京：高等教育出版社，2002.

[4] 皮连生. 学与教的心理学 [M]. 上海：华东师范大学出版社，1997.
[5] 钟启泉. 对话与文本：教学规范的转型 [J]. 教育研究，2001 (3)：33-39.
[6] 李克东. 教育传播科学研究方法 [M]. 北京：高等教育出版社，1990.
[7] 李如密. 教学艺术论 [M]. 济南：山东教育出版社，1995.
[8] 王北生. 教学艺术论 [M]. 开封：河南大学出版社，1989.
[9] 乌美娜. 教学设计 [M]. 北京：高等教育出版社，1994.
[10] 王存宽. 说课：现代教学理论的有效体现 [J]. 教育探索，2000 (8)：45-46.
[11] 丁俊明. 说课功能再探 [J]. 教学与管理，1998 (10)：32.
[12] 林崇德，申继亮，辛涛. 教师素质论纲 [M]. 北京：华艺出版社，1999.

5.2 魅力讲台

○ 问题提出

当教师从入职时的站稳讲台，逐步掌握教学技能，积累教学经验，进而达到业务熟练，能够胜任本职工作，成长为具有一定风格和魅力的教师，相信这时也会让三尺讲台绽放出独特的魅力。要做到这些，教师需要具备哪些能力？以后的发展又应该是怎样的呢？

○ 学习引导

熟练教师要在教学中逐渐形成自己的风格和魅力，需要在专业水平、学识广度和深度、心理素质、人格魅力等方面多做准备。在高质量完成常规教学任务的同时，要主动思考教学规律，走出本校，向更多的专家教师学习和请教，形成自己的教学专长和特色，这些都是教师成长的必经之路。

换句话说，要达到“魅力讲台”的要求，要想让自己成为一名有魅力的信息技术教师，绝不是仅凭一朝一夕之功就能炼成的，需要经过“千锤百炼”才有可能实现。本节将针对熟练教师需要关注和研究的各种问题加以说明。

5.2.1 熟练教师的教学特征

熟练教师指的是，不仅能够站稳讲台，还具有完备的知识、扎实的能力、均衡的素质，能够胜任本职工作各项要求的教师。熟练教师所处的阶段将是教师的教学知识和技能、教学经验不断巩固，以及认知过程自动化发展的阶段。这个阶段的特点主要表现为教师的教学知识和技能、教学经验不断整合，教师的教学效率有所提高。借鉴伯林纳提出的教师教学专长发展的五阶段理论和斯特菲的教师职业生命周期理论，可以将本阶段的教师特征表述如下：实践经验与书本知识逐渐整合，并逐步掌握了教学过程中的内在联系，教学行为有明确的目的性；教学方法和教学策略方面的知识与经验有所提高，处理问题时能够表现出一定的灵活性，并能选择有效的方法或手段达到教学目标；经验对教学行为的指导作用提高，但教学行为还没有达到快捷、流畅、灵活的程度。

在具体表现上，熟练教师应具备以下特点。

1. 能够自主设计、综合运用多种教学方法

为了让课堂教学富有魅力，熟练教师除了要掌握各种常见的教学方法外，还要能够针对不同的教学内容和教学对象选择恰当的教学方法和教学模式，并在借鉴的基础上进行自我探索，通过反复实践和总结经验，将其条理化和系统化，逐步形成自己的教学风格。

与新手教师相比，熟练教师对教学的重点和难点有着自己的解决方式。例如，在讲解理论性的内容（如计算机的基本概念和原理）时，除了进行有针对性的精讲外，还会尝试通过实验操作来说明；在讲解技能或操作性的内容时，除了采用丰富的教学实例和灵活多样的课堂组织形式之外，还会注意加强巡视和个别指导，及时发现和纠正学生存在的错误。

总之，处于本阶段的教师不会仅局限于完成授课任务，还会对各种教学方法进行合理的选择和组合，在不同的教学环节和教学阶段，主动采取最符合学生认知规律和学科特点的教学方法。因此，熟练教师的课堂讲授更能够满足学生的需求，能够取得更好的教学效果，从而展示出课堂的魅力。

例如，在2003年普通高中信息技术课程标准中，对“算法与程序设计”选修模块中的递归法提出了如下教学要求和建议。

（1）了解使用递归法设计算法的基本过程。

（2）能够根据具体问题的要求，使用递归法设计算法，编写递归函数，编写程序，求解问题。

例1　写出两个正整数乘积 $m \times n$ 的递归函数。

例2　汉诺塔问题。

活动建议：

（1）从对其他科目的学习或生活实际中选择问题，确定解决该问题所需要的算法和计算公式，用流程图描述问题的计算过程，编写程序，调试并运行该程序，得到问题的答案，并讨论该问题的解决过程与所得到的答案的特点。

（2）在已学知识的基础上，通过调查和讨论对算法和程序设计进行更多的了解，探讨待解决的问题与其相应算法之间的关系，尝试归纳算法与程序设计应用的一般规律，讨论使用程序设计解决问题的优势和局限性。

处于“站稳讲台”阶段的教师在处理这部分内容时，可能会选用生活、数学中的有趣实例，通过情境导入的方式和任务驱动的方法进行教学。一位教师是这样设计的：首先通过对“猴子吃桃”[①]问题的分析，解释其中的特殊现象，然后具体分析每天桃子数量发生的变化，介绍利用递归法解决问题的方法，最后解决问题。通过这样的方式，教师顺利地完成了教学任务，学生的学习积极性也比较高，但是由于只使用了任务驱动的方法进行教学，学生对相关知识的学习还停留在教师的讲解和分析上，缺少自己的理解和思考。

而处于“魅力讲台”阶段的教师则会更加细致地进行各个环节的教学设计。例如，是采用先通过对小规模实例进行推理得出数学递推方程（推理出一天、两天、三天吃完桃子的情况），然后再对于大规模实例给出递推和回归的过程（解决 n 天吃完的问题）；还是先用循环结构解决问题，然后再提出递推和回归的思想，通过对比让学生更容易了解循环和递归之间的异同；又或者是采用其他更有创意的教学形式向学生讲解递归的含义和递归法，以及根据不同的学情和对自身能力特点的判断，选择最合适的教学方法。

2. 关注学生学习方法与习惯的培养

处于“站稳讲台”阶段的教师由于教学经验不足，可能会较少关注学生的学习方法和学习习惯，这是可以理解的。但处于“魅力讲台”的教师则必须考虑如何帮助学生更好地掌握学习的方法，养成良好的学习习惯。

基于这一要求，在备课过程中，教师需要在明确教学目标和学生情况的基础上，确定教学方法。在设计好整个教学过程框架后转换思路，设身处地地思考学生在各个环节中可能出现的问题，然后根据学生的实际情况调整教学，让学生在学习的过程中掌握学习的方法。从学习知识到学会方法，学会尝试，学会提出假设，并在假设的基础上，学

① 猴子吃桃问题，即猴子第一天摘了若干个桃子，当即吃了一半，还不过瘾，又多吃了一个。第2天早上又将剩下的桃子吃掉一半后，又多吃了一个。以后每天早上都吃了前一天剩下的一半零一个桃子。到第 n 天早上再想吃的时候，就只剩下一个桃子了。问第一天共摘了多少个桃子。

会提出验证方案，从而提升自己的信息素养。

处于本阶段的教师在关注教材和教学内容、关注学生群体的学习行为的同时，也会主动思考教学过程中的学生表现，注意培养学生学习的习惯。在课堂上适度给学生一定的自由空间，让学生在课堂中自主学习，确定学习目标，参与学习过程，提出问题，总结学习内容，归纳学习方法，将有助于学生养成自主学习的习惯。

3．能够主动设计实践探究环节，让“教学”和“学习”相融合

信息技术课程教学强调学生实践操作能力的培养。对于中学生来说，他们缺乏大学生所具有的严密的逻辑思维和推理能力，对理论的认识始终都是建立在实践的基础之上的。因此，熟练的信息技术教师，要更好地将理论知识融合于实践操作之中，使“教学”和“学习”相融合。

教师可以充分利用机房上课的优势，主动地设计实践探究环节，帮助学生完成知识的建构和技能的训练。在讲解理论知识的过程中穿插演示，不仅可以减少单纯学习理论知识所带来的枯燥感，还可以使学生明白实践操作的理论依据。对于操作性强的内容，可以通过实践操作和训练，来强化学生对它的学习。

熟练教师会通过设计实践探究环节让学生更多地参与到学习的过程中来。例如，在学习 Excel 的数据录入时，提出问题“如何快速输入有规律的内容？”，可以设计如下实践探究环节：

① 先输入一个数，然后利用填充柄填充其余单元格。

② 输入前两个数，并将它们选定然后再填充。

③ 输入前三个数，并将它们选定然后再填充。

④ 学生讨论，思考哪种方法最有效。

学生在实践操作中发现最有效的方法进而探究相关的规律。这样的设计看上去用时较多，不如教师直接告知学生答案省时省力，但借助实践探究环节，学生可以体验并领悟到操作的意义、适用的技能和范围。

实践性是信息技术课程的突出特征，熟练教师应该能够充分认识到这一点，结合启发性、探索性问题，引导学生参与实践操作，将“教学”与“学习”更好地融合起来。

4．重视学生的学习过程，使学生成为学习的主人

熟练教师能够促进学生更好、更快地发展。在信息技术课堂中，教师不仅要教给学生理论知识，还要教给学生实践操作技能。熟练教师要关注信息技术学科内在的逻辑联系，引领学生发现学科知识背后的基本概念和基本方法；还要关注学生的学习过程，了解学生的“体验”和“感受”，注重学生知识形成的过程，保持和提升学生的学习兴趣，使学生成为学习的主人。在教学过程中，需要懂得放手让学生去学习、探索和发现，进而使他们掌握学习的方法、研究的方法、解决问题的方法，逐步成长为学习的主人。在教学过程中还可以启发学生发现和提出问题，提出假设，探究现象的成因，思考如何解决问题，使学生学习的过程转变为学生自主解决问题的过程。

例如，一位教师在讲授“图像信息的数字化”时，通过计算图像的大小，帮助学生理解数字化涉及的多个复杂概念。其过程简述如下。

① 通过“画图”绘制100×100像素的图像，将其填充为白色，保存为“24位位图（*.bmp）格式”，名称为“图1”，记录下文件的大小。

② 将图像的大小修改为200×100像素，另存为文件“图2”。

③ 打开文件“图1”，将其格式改为“256色位图”，另存成文件“图3”。

④ 打开文件“图1”，用绘制工具将该图修改为五颜六色，另存为文件“图4”。

⑤ 请学生比较几幅图的大小，思考图像大小与哪些因素有关。

这样，通过比较图像的大小，引导学生发现图像的大小与分辨率和色彩深度都有关系，使学生通过学习图像大小的计算公式，理解图像数字化的原理，并掌握各种数字化方法的内涵。

5．利用语言艺术创造最佳的教学时机

熟练教师有更好的语言表达能力，善于运用语言艺术捕捉最佳的教学时机，对知识的表述更加准确和精练。熟练教师的幽默风趣不仅能活跃课堂气氛，而且能引人入胜，激发和提高学生的学习兴趣，启发学生思维。

5.2.2 教师走向熟练的基本要求

1．全方位的备课

与“站稳讲台”阶段相比，此阶段的教师在备课时不仅要备教材、备学生、备方法，还要能够将这些方面有机结合起来。

在明确课程标准要求的前提下，认真研究教材和教学参考书，精心设计每一节课的教学。在教学设计中不仅要突出重点和难点，还要设计如何突破难点。在课前要了解学生的基础，并在此基础上结合学生的认知特点和学习能力设计教学过程。此外，除了关注教学方法外还要关注学生的学习方法，这样通过充分的备教材、备学生、备方法，自然就能设计出好的教学过程了。

2．分层次的设计任务

熟练教师需要使所有的学生都能够在已有知识的基础上获得新知，提升技能，这就意味着需要对教学进行分层次的设计（分层任务设计已经在第 3 章中介绍过，这里不再赘述）。相应地，在教学结束时，还需要通过练习、学生自评或互评等形式，对每个学生的发展情况分层次地做出评价，显性地展示学生的成长过程，激励学生持续发展。

3．学习教学的艺术

教学的对象是学生，只有能够吸引学生注意力的课堂，才是好的课堂。要做到这一点，需要掌握一些教学的艺术。例如，用富有表现力的教育语言，清晰明了地传授知识，流畅准确地表达观点，有时还需要饱含真情介绍知识背景，创设教学情境。

熟练教师的魅力来源于对于学生的博爱之心、对事业的无限忠诚；来源于渊博的学识、教书育人的能力和从不满足的执着精神。

5.2.3 开设好公开课

熟练教师经常需要开设公开课，如何在公共课中展示自己的魅力，是熟练教师必须要研究的课题之一。

与常态课不同，公开课一般有专业人员参与指导，它集中了教师群体的智慧，并经过了精心的设计和试教调整，对教师具有导向、示范作用。

与常态课相比，公开课更注重在教学设计上求异、发散与创新。例如，对教材内容的重新加工、对教学任务的巧妙安排、对教学方法的大胆借鉴、对教学组织形式的选择，等等。在初步完成对公开课的设计之后还需要进行试讲，从中发现问题，不断完善设计方案，为正式上课做好准备。

要开设好公开课，除了教学设计外还需要做一些细节准备，如整洁的教学场地、为听课教师准备的教学设计等。有时还需要与班级教师和班主任进行沟通，以更多地了解学生的情况。

在公开课教学中，要放开自己，让自己和学生融入教学过程；要关注教学主线，关注学生学习过程，利用生成性资源，解决突发事件；还要适当控制各环节的教学时间，避免拖堂；要对自己充满信心，不要刻意关注听课教师或评委等的反应。

公开课教学需要注意避免不正确的价值取向，不应过分关注公开课的观赏价值。教学要回归教育的本质，对于教学活动和展示方式，要根据教学内容、学生特征、教师特点进行设计，不能无视教学的实际需要，盲目引入各种所谓的“新教学方法”“高科技手段”。

5.2.4 积极开发校本选修课

熟练的信息技术教师，应当了解校本选修课的开设情况，并积极参与选修课的开设，在校本选修课的舞台上展示自己的魅力，提升自己的能力。

校本选修课与必修课相比有着明显的区别，具体如下。

第一，学生群体的变化。大部分校本选修课是在学生自主选择的基础上进行的。在教学班中，学生可能来自不同的班级，形成了一个跨班的临时教学组合，因此缺少日常的班级管理制度与和谐的人际关系，需要在组织教学的过程中尽快完成班级管理和整合。

第二，教学内容的变化。与必修课和选修课的教学不同，校本选修课没有完整、成熟的课本和教学参考资料，需要教师自主开发，或者自主选择合适的教材内容进行教学，因此教师备课的难度，以及花费的时间和精力都会成倍地增长。

第三，对师生要求的变化。对于教师而言，要在专业上进行较多的研究和深入的学习，避免教学中出现科学性错误。对于学生而言，要对选择的课程有所了解，并保持较高的学习兴趣和钻研的精神。

当然，面向整个班级，而非跨班教学的校本选修课则与必修课相差不大，仅仅是教学内容更加专业和独立而已。

在开设校本选修课的过程中，常常会遇到内容、时间、实施等方面的问题。

（1）内容方面的问题

有些课程开设的难度较大，要求的知识面广，实践性很强，而教师自身的知识储备和能力水平不足。这样的课程对于教师来说有一定的难度，可以考虑适当降低教学的难度，或者选用较为成熟的教材，甚至暂时聘请校外专家开设。教师通过学习和钻研逐步提升能力，达到上课的基本要求。

（2）时间方面的问题

与其他课程一样，校本选修课需要有足够的学时才能保证教学质量。对于校本选修课，一般通过每周 2 学时或是分阶段集中教学的形式保证教学时间，同时争取在课上完成各项练习、作业，以及作品制作，并将课上与课下的活动结合起来，提高学生的学习效率，促进学生学以致用；在对学生进行考查时，可以采用小论文、小制作的形式进行，从而避免与必修课的考试相冲突，给学生带来过多的课业负担。

（3）实施方面的问题

在校本选修课具体实施的过程中，活动的经费、实验的场所、学生实验中的人身安全问题等都需要教师与实验员关注和协调。此外，授课所需要的材料、工具和消耗品要与学校沟通以获得学校的支持。

总之，校本选修课的开设既是挑战，更是机遇，处于“魅力讲台”阶段的教师应该迎难而上，克服困难，努力提高自己的教学水平和能力。

5.2.5 学生活动的开展

信息技术课程具有鲜明的实践性特征，教师可以结合学科特点开展各种类型的学生活动。除了每节课中设计的教学活动之外，还可以通过阶段任务或整体规划来设计稍大一些的学科活动。例如，在各个章节中，根据学生能力的不同，可以开展探究性的主题活动或是综合性的作品设计活动，也可以根据教学内容的安排，在得到学校的支持后，设计学科文化周等综合性的大型活动，以增强学科的魅力，激发学生的学习热情和探索精神。

学习活动是双向或者多向互动的过程，学生要与人（前辈、老师、同学、朋友等）进行接触并交流信息，高中信息技术课程标准中也强调学生要发表观点，交流思想。在教学过程中，教师可以安排学生展示自己的作品，通过制作的网站或者电子幻灯片开展交流活动，激发学生的学习积极性。

在学生活动开展过程中教师需要注意以下几个问题。

（1）关注学段差异

教师需要考虑不同学段学生的不同需求。例如，小学生对信息技术比较好奇；初中生则急于尝试，渴望自己参与到活动中；高中生对活动内容的知识性要求较高，需要适当补充一些理论知识。

（2）做好沟通工作

一般来说，学科组要开展大型活动，需要学校领导、年级组、班主任和其他教师的支持与配合，在活动开展的前期、中期、后期都要及时与相关部门和人员进行联系和沟通，落实各项细节。

（3）注意实施细节

尽量让学生在课堂上完成活动的大部分设计和制作工作，减少占用学生课外的时间。对于学习活动的评价，要将过程性管理与阶段性评价结合起来，以便更好地激发学生的参与热情。

（4）了解其他学科组和学校的活动安排

在保证教学进度的情况下，尽量与学校的大型活动结合起来。例如，为学校运动会进行相关的宣传，组织计算机作品设计比赛，让学科活动融入学生的日常生活和学习；此外，还可以与其他学科组一起开展活动。

（5）选择合适的开展时间

在开展学生活动时，要避开一些不太恰当的时间，如学校的期中、期末考试期间；避免短时间内举办多次活动，造成学生的“活动疲劳”。

5.2.6 教学反思与小论文

熟练教师要注意积累教学资料，发现存在的问题，并将其总结和提升为研究的课题，在分析和借鉴前人研究成果的基础上提出自己的看法或实验结果，以解决实际问题，这是一名教师从新手逐渐成长，变成教学业务熟练的能手的必经之路。

教学反思不是一般意义上的“回顾”，而是反省、思考、探索和解决教育教学过程中存在的问题，是“教师专业发展和自我成长的核心因素”。苏霍姆林斯基曾经建议，“每一位教师都来写教育日记，写随笔和记录，这些记录是思考及创造的源泉，是无价之宝。”学会反思是现代教师必须具备的素质，也是教师不断成长的阶梯。

在教学中要善于发现教育实践中的典型事件以及一些有价值的教育问题；要及时记录下教学中的一些事件及经验，为反思积累最真实的材料；要带着问题进行学习，在学习过程中记录对教育问题的思考，通过学习新知识，增强问题意识，提高发现问题、解决问题的能力。

教学反思包括以下内容。

① 教学前的反思，具有前瞻性，能使教学成为一种自觉的实践，并有效地提高教师的教学预测和分析能力。

② 教学中的反思，具有监控性，及时、自动地在行动过程中进行反思，能使教学高质高效地进行，并有助于提高教师的教学调控和应变能力。

③ 教学后的反思，具有批判性，能使教学经验理论化，并有助于提高教师的教学总结能力和评价能力。

熟练教师做得最多的是教后的反思：反思自己的教育理念是否适应时代发展的要求；反思自己的知识结构是否合理、科学，是否适应教学的要求；反思自己的教学技能（如口语表达、板书设计、课堂教学活动的组织等）是否娴熟；反思自己在课堂上的行为表现，并能纠正不足之处；反思现有的教学效果、教学质量，并为进一步提高教学效果和教学质量而采取相应的措施；能探寻自己在教育教学中成功与失败的原因。

处于此阶段的教师在进行教学反思时应该包括成功之举、败笔之处、教学机智、学生见解、再教设计；要及时记录和反思各方面的得失，并对其进行必要的归类与取舍，以扬长避短、精益求精，把自己的教学水平、课堂应对能力提高到一个新的境界和高度。

在教学反思的基础上，教师可以尝试撰写教学论文，呈现自己的所思所想。但需要注意的是，教学论文需要面向真实教学问题，并具有一定的理论指导意义；平时在教学中多观察、多反思、多记录，教学论文的撰写便会得心应手。

拓展阅读

材料一　信息技术教师专业发展的建议[1]

根据2017年版高中信息技术课程标准的要求，高中信息技术教师应当加强学习，更新观念，勇于实践，大胆创新，提高自己，努力实现专业发展，适应课程标准的新要求。

首先，要认真学习和领会课程标准的新概念、新思想，理解学科核心素养的内涵与外延，彻底转变观念，适应课程标准的要求。

其次，深入研究课程标准的内容体系，理解学科大概念，明确教学内容及要求；同时针对自己在学科、专业方面的不足，充实自己的学科、专业知识，提高教学技能。

再次，重视教学环境的建设，积极创造条件，为学生设计更多的实践活动，真正做到让学生在实践中学习，在实践中创造，使信息技术学科回归实践的本原。

最后，认真研究教材教法，创新教学模式，提高教学能力。建议教师多关注项目教学法及任务驱动教学法，在教学中创设学生乐于接受的教学项目，设计卓有成效的学习任务，让教学活动更加生动，更富有实效。

材料二　教师专业发展理论[2]

教师培养出现了一系列新的方法。

1．案例法教学

美国学者舒尔曼认为，案例介乎于理论与实践之间、观念与经验之间、理想与现实之间，作为教学手段和方法，案例把特定的问题带给学习者，要求他们在道德制定和实际行动中把理论和实践的距离拉近，学习者通过案例可以存储、交换、重组他们的经验。

2．反思教育

波斯纳指出，没有反思的经验是狭隘的经验，至多只能成为肤浅的知识。他提出教

---

[1] 任友群，黄荣怀. 普通高中信息技术课程标准（2017年版）解读［M］. 北京：高等教育出版社，2018：202−203.
[2] 蒋竞莹. 教师专业化及教师专业发展综述［J］. 教育探索，2004（4）：104−105.

师成长公式：经验＋反思＝成长。通过反思教学，教师可以摆脱“不动脑筋地”遵循理论或缺乏分析地进行教学实践的工匠行为，从而较快成为“更好、更有效率、更富有创见的行家”。

3．行动研究

行动研究的主要倡导者埃里奥特认为，“行动研究旨在提高社会具体情境中的行动质量，是对该社会情境的研究。”凯米斯在《国际教育百科全书》中把行动研究定义为“由社会情境（教育情境）的参与者，为提高对所从事的社会或教育实践的理性认识，为加深对实践活动及其依赖的背景的理解，所进行的反思研究。”不难看出，“行动研究法是将研究者和实践者结合起来解决实际问题的方法”。

○ 学生活动

1. 请结合某中学高二上学期开设的“多媒体技术应用”课程的教学学期计划，如表 5-2-1 所示，设计一个学科活动方案，说明设计的思路和预期的成果，并简要叙述活动计划，包括主题、时间、场地安排和配合的部门等。

表 5-2-1 “多媒体技术应用”课程的教学学期计划

周次	主题	涉及章节	主要内容
1	初识多媒体	1.1 节、1.2 节	媒体的概念、分类；多媒体的概念、应用、特征；多媒体技术发展
2	图形图像的数字化	1.2 节、2.1 节	图形、图像的基本描述；图形、图像的采集；Photoshop 的界面介绍
3	图形图像的加工 1	2.1 节	Photoshop 的选择工具、图层、通道
4	图形图像的加工 2	2.1 节	色彩调整，滤镜，绘画修饰
5	图形图像的加工 3	2.1 节、2.2 节	制作艺术字，全景图的欣赏与制作
6	作品的交流与评价	第 2 章	平面图像的创作与交流
7	音频的数字化	1.2 节、3.1 节	声音的数字化表示，音频信息的采集
8	音频的加工	3.1 节	用 CoolEdit Pro 裁剪声音，连接声音，混合声音；声音淡入、淡出
9	视频的数字化	1.2 节、3.1 节	视频的数字化表示；视频文件格式及其特点；视频的获取、格式的转换；Premiere 6.5 界面介绍
10	视频的加工 1	3.1 节	创建项目，装配素材，加入切换
11	视频的加工 2	3.1 节	使用特技滤镜，添加字幕，叠加特技

续表

周次	主题	涉及章节	主要内容
12	视频的加工 3	3.1 节	加入音效，输出电影，综合视频的创作与评价
13	动画的基础	3.2 节	计算机动画的历史及发展；计算机动画制作的基本流程；Flash 界面介绍；逐帧动画制作
14	动画的制作 1	3.2 节	补间动画制作
15	动画的制作 2	3.2 节、4.1 节	遮罩；多媒体作品的策划
16	多媒体信息的集成与交流	第 4 章，3.3 节	多媒体的创作与评价

2. 请结合教师发展三阶段理论，谈谈你对快速提升熟练教师业务能力的建议和意见。

○ 参考文献

[1] 张学民，申继亮. 国外教师教学专长及发展理论述评 [J]. 比较教育研究，2001 (3)：1–5.
[2] 任友群，黄荣怀. 普通高中信息技术课程标准（2017 年版）解读 [M]. 北京：高等教育出版社，2018.
[3] 蒋竞莹. 教师专业化及教师专业发展综述 [J]. 教育探索，2004 (4)：104–105.

5.3 品牌讲台

○ 问题提出

经历了“站稳讲台”“魅力讲台”阶段的磨砺，处于“品牌讲台”阶段的教师具备了更多的成功经验和对教学真谛的感悟，他们的工作重心更多地向教学研究转移。个性化的探究、独创性的实验、个人经验交流成为工作的常态。有人说，一个民族的所有文明，都集中体现在了教师的身上。古代有孔子，近现代有陶行知，将来的那一位会是你吗？

○ 学习引导

学习、借鉴、反思、探索、创新是信息技术教师专业成长的基本途径。学习是基础，借鉴是策略，反思是关键，探索是动力，创新是灵魂。信息技术教师要有所创造，有所开拓，必须夯实基础，在模仿和借鉴上狠下功夫，在此基础上进一步探索，最终实现自我超越。如果“站稳讲台”阶段的关键词是学习和借鉴，“魅力讲台”阶段的关键词是探索，那么“品牌讲台”阶段的关键词就是创新。

5.3.1 杰出教师的基本特征

相对于新手教师的“站稳讲台”要求和熟练教师的“魅力讲台”要求，“品牌讲台”是一个更高的要求，主要是针对更高层次的杰出教师提出的。

信息技术教师到底需要什么样的素养？对于这个问题众说纷纭，但是从信息技术教师工作的复杂性、创造性出发，人们普遍具有以下认识。

首先，信息技术教师素养应该是多方面的。信息技术课程既要求教师具有现代意识和时代精神，还要求他们具有较高的职业道德素养、科学文化素养、专业能力素养、良好的身心素养等。其中的每个方面又包括很多具体的素养。例如，科学文化素养又包括基础文化知识、相关学科知识、教育科学知识等，专业能力素养包括信息能力、交往能力、课程设计能力、教学能力、管理能力、教育科研能力、学习能力以及创新能力等。我国著名教育学家叶澜描绘了现代教师素养结构图，如图 5-3-1 所示。[1]

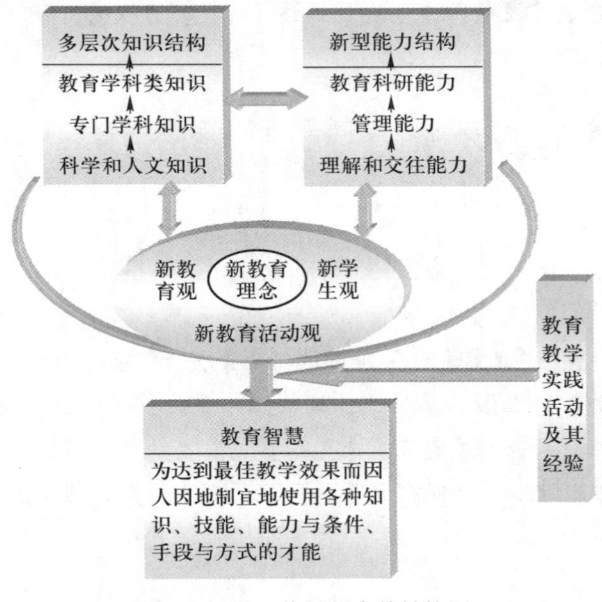

图 5-3-1 现代教师素养结构图

[1] 黄甫全，王嘉毅. 课程与教学论［M］. 北京：高等教育出版社，2002：385.

其次，信息技术教师素养是动态发展的。一方面，信息技术的发展日新月异，以及人们对信息技术教育认识的不断加深，使得社会对信息技术教师的知识结构、能力结构的要求不断变化；另一方面，信息技术教师自身素养具有很强的可塑性和可发展性，教师必须积极主动地适应各种变化，并尽可能地完善自我。

杰出的信息技术教师至少需要具备以下几个方面的特质。

（1）具有创新性素质

在“品牌讲台”阶段，教师由固定、常规、自动化的工作进入探索和创新的工作，这是教师形成自己独到见解和教学风格的时期，它以提高教学效率，促使教学品质专业化为主要目标。

处于这一阶段的教师在信息技术应用方面已经达到专业水平，能打破教室的局限，使用集成性学习管理系统和基于网络的学习方式，引导学生开展开放的、基于网络资源的学习和探究活动，进而改变自己原有的教学方式。教师教学行为和学生学习空间的变化，也对课程及学校的培养目标、教学内容、教学管理方式、学习组织形式等提出了变革需求。当一定数量的教师能力达到这个水平之后，学校和课程会相应地做出改革和调整。

（2）能够进行探索性活动

与其他课程的教师相比，信息技术课程教师除了要承担本学科教学任务之外，往往还肩负着机房管理、课件制作、信息资源管理等工作，同时还要发挥基础教育课程改革、信息技术与课程整合的先锋作用。

此外，杰出的信息技术教师更能凭借着自身的优势开展一些师生双赢的活动，如校本选修课、兴趣小组、学生社团及研究性学习小组等；并在活动中，培养学生发现问题、分析问题、解决问题的能力，让学生把课堂上获得的能力迁移到生活中，以积极主动的心态处理生活中的各种事务。

（3）注重提炼与总结，形成自己的教育思想

在教育教学的成果上，杰出的信息技术教师表现为形成自己的教学风格、教学模式，能够总结出自己的教育观点和理论，发表有一定分量的教育论文或教育著作。

5.3.2 信息技术教学艺术

教学，是教师的本职工作，是教师的专业活动。在当今经济全球化、资源信息化、发展多样化的时代，杰出教师需要时刻思考提升课堂教学品质的策略。如何建立活动型、对话型、合作型的课堂教学，真正使课堂教学成为一个学习的共同体，是杰出教师首先必须考虑的问题。

教学是一门艺术，是与学生交往的艺术，是知识传递、情感表达、观念沟通的艺术。教学艺术的形成，需要教师在教学过程中合理发挥自己的作用，有效变革学习方式，生动地展开教学。修炼教学艺术，是每个教师都应该关注的问题，而对杰出教师来说更是必须要完成的功课，不同的杰出教师将展示出具有不同特色的教学艺术。

1. 教学设计艺术

教学设计是运用系统方法分析教学问题，确定教学目标，建立解决方案，评价试行结果和对方案进行修改的过程。[1] 教学设计是保证和提高教学质量的先决条件。

在对教学设计理论的探索过程中，以“学”为中心的建构主义教学设计理论日益为人们所重视。建构主义教学设计理论重视以下方面：学习目标的整体设计、学习情境的创设、信息资源设计、自主学习方法引导、协作与合作、多元评价设计。新的教学设计理念进一步提高了审美要求，要求教师更要注意“情与意”的设计。信息技术教师可以从教学内容设计、过程与教学方法设计、情境设计、评价设计等方面提高教学设计艺术水平。

（1）教学内容设计

信息技术课程教师要明确信息技术课程的性质与特点，深刻领会信息技术课程标准的基本理念，准确把握信息技术课程在不同学段的目标和内容体系，了解信息技术课程与其他学科课程在内容、方法方面的联系。在此基础上，认真研究教材，把握好教材的内容结构，理解教材编写者的编写意图，深入挖掘教材所包含的技术思想和文化内涵。

案例《电子商务——网上购物》（初中）曾获得广泛好评，授课教师道出了一些设计经验。

教材中的《电子商务和人际交流》写得比较简单，主要是学生到“莎啦啦”网站上购花的过程。我大胆地将原教材内容换成自建网站，给学生分配用户名和账号，通过角色扮演（客户、管理员、广告形象代言人、前台、货物配送员等）模拟网上购物的过程，让学生自己体会“网上购物的几个阶段中，买方和卖方各自的任务及顾虑是什么？”并将教学重点和难点改为“设计网上购物的流程图”；在此前，还设计了购物动画情境，并引导学生通过提供的导航网页了解“电子商务”的概念，同时提出“为什么 SARS 期间我国的电子商务反而得到了很快的增长”“网上购物的诚信”等问题；最后，还让学生畅想未来的电子商务，如试穿衣服、试驾汽车。这样，教学内容丰富多彩，上课时学生的热情非常高，在不知不觉中获得了对相关知识的深刻认识和体验。[2]

---

[1] 乌美娜. 教学设计［M］. 北京：高等教育出版社，1994.
[2] 吴良辉. 设计点评　电子商务——网上购物［J］. 信息技术教育，2003（5）：34-37.

这位教师敢于突破教材，深化教材的内涵，使课堂内容与学生的现实生活相联系，也关注了信息技术带来的社会问题和信息技术的发展方向。这样，学生就有机会从商家和消费者两种角度分析问题，深切地认识到目前电子商务还不太完善的原因。同时，这位教师还做到了从学生的角度进行教学设计。例如，通过角色扮演发挥学生的主体性作用，设计购物流程降低学习难度等。

（2）过程与教学方法设计

要设计好一节课的整个过程，信息技术教师不但要有足够的专业知识，还要将教学活动安排、教学方法选择有机地结合起来，要做到：教学过程层次分明，教学各环节的过渡与衔接自然，引导的思维方向明确，设问的问题和时机恰到好处，使整节课流畅，有起有伏，引人入胜。

教学方法的正确选择、合理组合，以及创造性地运用，是教师必须掌握的教学艺术。巴班斯基曾提出过选择教学方法的标准：① 符合教学原则；② 符合教学目标和任务；③ 符合该专题的内容；④ 符合学生的学习可能性：生理心理特点、知识水平、班集体的特点；⑤ 符合现有的条件和所规定的教学时间；⑥ 符合教师本身的可能性，这取决于他们以前的经验、理论修养和实际修养水平、教师个人的品质等。

在学习网页制作的 HTML 语言时，学生觉得很难理解，授课教师做了如下设计：

首先，用 IE 浏览器打开一个网页，通过“查看”→“源”命令，引出“浏览器中的网页为什么会变成这些奇怪的字符？网页上的图片到哪里去了”等一系列的问题。

接着，指出记事本中的代码就是用 HTML 语言编写的，并介绍 HTML 语言、标签等概念。

然后，讲解 Web 浏览器的作用：读取 Web 站点上的 HTML 文档，再根据此类文档中的描述组织并显示相应的 Web 页面。简单地说，它的作用相当于“翻译”。

这节课体现了观察法、演示法和启发式教学法的结合，教师通过演示，引导学生观察（对照），启发他们认识网页的“秘密”（源代码）。学生通过对照，了解了浏览器的工作原理，也就很容易理解 HTML 语言在网络信息组织、传播过程中的重要作用，为后续学习做好铺垫。

（3）情境设计

“情境”是建构主义强调的四要素之一，也是教学设计的重要内容。建构主义代表人物之一乔纳森（D. H. Jonassen）提出的建构主义学习环境设计模型中提到了六个方面的学习环境，即问题、相关的实例、信息资源、认知工具、会话与协作工具、社会背景。通过对这几个方面学习环境的设计，可以创设良好的学习情境，引发学生的学习兴趣，渲染课堂气氛，启发学生思维，促进学生对学习内容的理解，为学生提供交流与会话的平台，甚至引导和支持学生进行自主学习设计。

下面是案例《〈飞天圆梦〉宣传海报制作》中的情境。

教师准备了一首歌曲《圆梦》(描绘了“神舟五号”科研人员的圆梦之情)，希望通过播放它激励人心，激发共鸣；继而提出学习任务：利用已有的或网上的图片素材，分组制作一幅《飞天圆梦》宣传海报，并将其张贴在校园中，让全校师生共勉。此外，教师还准备了几张有代表性的公益宣传广告和一个相关资料导航网页，让学生探索、了解、认识公益宣传广告的特点及表现手法；并通过现场制作演示启发学生思维和激发学生的创作欲望。[1]

在该案例中，教师选择了一个扣人心弦的社会主题，特别是歌曲《圆梦》一下子就激发了学生的爱国主义情感。在这样的心理情境下，学生会感到完成任务是义不容辞的神圣使命。教师继而通过教学材料和更多素材，促使学生积极探索，自主创作。

(4) 评价设计

对于信息技术教学评价，一方面要树立“全程的评价观”，即在教学设计阶段就开始系统规划和准备教学中和教学后计划实施的评价，这样就能够在整个教学过程中不断收集学生的学习信息，动态调整教学过程，为学生提供学习建议，发挥评价对教学的促进作用。另一方面，要采用“面向教学的评价方式”，在分析信息技术学科特点的基础上，探索合适的评价方法。

2. 课堂艺术

(1) 导课

导课艺术追求的是，“第一锤就锤在学生的心上。”导课要有针对性、启发性、新颖性、趣味性和简洁性，即要根据具体的教学内容，采用简洁的语言、饱满的激情、富有特色的方法启发学生的思维，激发学生的兴趣。例如，下面是案例《“我心目中的信息安全”(高中)》中的片段。

情境引入：向学生演示计算机遭到病毒攻击的实况。(什么都不说，让学生看计算机发生了什么)

体验提问：有一天，你的朋友突然告诉你，他有你的上网账号和密码，你相信吗？有一天，你打开计算机工作一会儿，忽然发现，刚刚保存的文件突然不见了，或者机器好像被人操纵了，接着系统突然崩溃了。这时，你知道发生了什么事，该如何处理吗？还有，你打开一封邮件，这封邮件说只要你邮寄多少钱到某一账户，你就可以得到一个

---

[1] 魏小山，陈健. 高中信息技术课程标准实验教学案例：“飞天圆梦”宣传海报制作 [J]. 信息技术教育，2005 (1)：45-48.

大奖，你会如何看待这件事？（注：课前调查过学生使用计算机和上网的情况）①

在该案例中，教师首先通过播放视频唤起学生已有的计算机应用体验，紧接着用一连串富有激情的、针对典型事例的提问引出课题，短时间内就激起了学生求知和探索的欲望。同时，通过创设情境和疑问的导课方法，也激发了学生对破坏信息安全的不满和维护信息安全的愿望。

（2）激发学生兴趣

激发学生兴趣，不能仅仅停留于学生的直接兴趣（即好奇心），这样难以保证学生对学习内容的持久关注，还需要注意激发学生的间接兴趣（即内在动机）。间接兴趣是一种内在的自发动力，要培养学生的间接兴趣，就要让学生了解事物的本质，正确判断事物的价值和意义。

在教学实践中，可以首先从激发学生的直接兴趣入手。例如：

我非常重视在每节课中引入任务的设计，力争每节课都能为学生带去一个能够满足他们好奇心的任务。在给初一学生讲授Visual Basic时，没有进行长篇的系统介绍、详细的菜单功能讲解和语言语法说明。在每一节课上，我都带领学生去完成一个用Visual Basic设计的小软件："星光闪烁""调色板""展翅飞翔的蝴蝶""图片浏览器"等。课开始时，我先演示这些小软件，然后带领学生去具体实现这些小软件。学生感觉上课时间太短，下课后总要问："老师，下节课我们做什么？"他们在不知不觉中已经学会了设置窗体，以及CommandButton、Label、Timer、Image等控件及其属性的用法，并学会了为控件相关的事件编写代码。[1]

其次，做到因材施教，激发每一个学生的成就动机，培养学生学习的间接兴趣。例如：

作为一名合格的信息技术教师，我们不能让走在前面的学生原地踏步，无所事事；也不能让后面的学生望尘莫及，失去信心，放弃努力。为了调动每一个学生的学习积极性，信息技术课堂教学尤其需要因材施教。计算机本身的可操作性也为我们因材施教提供了有利的条件。例如，我为学生设计了开放型的任务：画一幅图画，制作一张名片，打印一个报告，编制一份小报，统计一个报表，设计一个课件，等等。这类开放型的任务，尽管完成的结果可能会有很大差异，但每个学生都可以尽情发挥，尽自己最大的努力去完成。或者在一节课中设计几个任务，其中最基本的任务是面向全体学生的，其他任务则写在纸条上，随时发给那些完成得快的学生，学生每完成一个任务，就在学习成

① 选自深圳中学刘腾海老师的案例"我心目中的信息安全"。

[1] 李冬梅. 中学计算机教学中学生学习兴趣的培养［J］. 中国信息技术教育，2001（4）：31-33.

绩表上加上一颗星，并发给其下一个任务。[1]

总之，要激发学生的学习兴趣，在学习内容上，使学生真切感受到信息技术对个人学习、生活和工作的重要价值，争取让学生能够“即学即用”。正如布鲁纳所说的：“要使学生对一个学科有兴趣的最好办法，就是使他感到这个学科值得学习”。在教学活动中，要使学生拥有一定的自主权，允许自己确定任务主题，而不是教师将任务强加给学生，以此增强学生的责任感。

（3）教学方法运用

教学的科学性是教学艺术的前提，教学的合个性是教学艺术的灵魂和源泉，教学是合规律性与合个性的统一。教学的合规律要求教师遵循教学原则，选择合适的教学方法，“教学有法，但无定法”，只有灵活运用，才能起到良好的艺术效果。

（4）学习方法指导

教的方法和学的方法是教学的有机组成部分。在信息时代，数字化资源的出现、生活和工作环境的变化，使得人们的思维方式、行为方式都发生了很大的变化，学习方式也随之发生了很大的变化。“教学生如何学习”——学习方法指导的重要性不言而喻，而以打造“终身教育”平台为目标的信息技术教育则在学习方法指导方面更应首当其冲。教师要经常让学生在学习的过程中自主进行分析、归纳、总结，并将其作为学生的一种学习能力进行培养，借此开发学生的学习潜能。

学习方法指导一般要靠教师在教学过程中有意识地进行，让学生将信息技术应用于日常学习和生活之中。

（5）培养创造性思维

创造性思维是一种善于运用已有的知识分析和研究所面临的事实或问题，从而找到解释这些事实或解决这些问题的新途径、新方法和新结论的优良的心理品质。创造性思维是创造能力的核心，是发散思维和辐合思维、直觉思维和分析思维的结合。对于学生而言，只要是经过独立思考提出自己的见解，解决问题不循旧轨、不走老路、不生搬硬套某一个固定模式，就可以认为其属于创造性思维活动。

教育心理学认为，学生是朝着教师鼓励的方向发展的，教师的价值取向及课堂引导，将直接影响学生创造性思维的发展。中小学生的思维一般都比较活跃，他们想象力丰富，自信，有广泛的兴趣爱好，喜欢突破常规，具有强烈的好奇心和探究心理，因此在教学中需要注意对他们进行引导。

---

[1] 李冬梅. 中学计算机教学中学生学习兴趣的培养［J］. 中国信息技术教育，2001（4）：31-33.

5.3.3 讲座

杰出教师往往需要通过开设讲座来介绍自己的教学经验和研究成果。讲座不同于上课，讲座面对的是同行，信息量很大。通过讲座可以提高教师的创新意识，培养教师的多种能力。开设讲座时需要注意的问题很多，下面分别从讲座内容选择、讲座类型、讲座过程设计，以及将个人反思融入讲座内容等方面加以阐述。

1．讲座内容选择

一般来说，讲座的时间较短，内容不可能面面俱到，为了提高讲座的效率，必须对内容进行选择。根据美国学者格兰特·威金斯等人提出的内容选择及次序安排原则，讲座内容可以包括需要熟悉的内容、需要掌握的重要内容、大概念和核心任务。[1]

具体来说，讲座的内容可以涉及概念理解、技术思想、难点突破和学科前沿。其中，概念理解和技术思想属于大概念和核心任务；难点突破是需要掌握的重要内容；而学科前沿则属于需要熟悉的内容。

（1）概念理解讲座

开设概念理解的讲座，需要注意以下问题。

其一，注意把握概念的思想和应用。这类讲座强调对概念思想的把握、阐述和举例，引导信息技术教师把概念应用到真实的情境中，而不只是要求信息技术教师能准确地对学科概念下定义。但是，要注意对教师感到模糊的部分进行澄清。

其二，注意对概念之间的关系进行描述。教师如果不清楚概念之间的联系及关系，就容易在教学中混淆相关概念，进而难以有效地引导学生去理解概念，使学生产生清晰的概念图景。

（2）技术思想讲座

技术思想讲座可以提升信息技术教育的内涵和文化水准。信息技术教师掌握技术思想后，可以明确如何面对各种技术问题，如何使用技术思想对有关现象进行综合分析，如何对技术进行判断与抉择。而这些内容正是技术思想讲座的重要组成部分。为此，讲座中除了介绍技术外，更要注意培养教师超越具体计算机软件和硬件的意识，超越具体操作的意识，把握技术背后的思想和精髓。

（3）难点突破讲座

在教学过程中，难点往往也是教学的重点。因此，在开设讲座之前，讲座者对相关

---

[1] 威金斯，麦克泰格. 追求理解的教学设计［M］. 闫寒冰，宋雪莲，等，译. 2版. 上海：华东师范大学出版社，2017：71.

知识点必须要形成科学、合理的理解，并找出典型的应用实例，使抽象、复杂、不易理解、难以应用的知识变得生动，有趣，易于理解。

（4）学科前沿讲座

学科前沿讲座可以拓展教师的视野，因此讲座中可以结合信息技术学科的特点，介绍领域内的新理论、新思想、新技术及新的教学方法。

信息技术学科前沿的选择是在信息技术课程标准的基础上进行适当的拓展，在讲座中要重点介绍各种前沿技术、理论产生的背景、与现有课程的联系，以及具体的应用领域等。

（5）将个人反思融入讲座内容

没有个人反思的讲座是空洞的讲座。波斯纳曾归纳出教师的成长规律，“经验 + 反思 = 成长”。反思是人自我觉悟的过程，同时也是自我提升的过程。

按照波斯纳的观点，教师反思的对象是教育经验，包括在教育工作中的感受、做法、想法等，涉及教育理念、教育思维方式、教育行为等方面。其中真正值得深刻反思的是教育理念和教育思维方式这两个方面，这两个方面经常是杰出教师开设讲座时的亮点。

反思自己的教育理念，也就是结合具体的教育教学过程，回答自己如何看待学生，如何设计和分解教学目标，如何处理知识与能力、知识与品德，乃至自己与课程的关系等问题。只有对这些内容进行反思，才能逐步形成自己的教学思想。

思维方式是理念的表现形式，也是支配行动的重要因素，人们怎样思维，就会怎样行动，因此反思自己的教育思维方式十分重要。

2. 讲座类型

常见的讲座类型有以下两种。

（1）总结性讲座

总结其实是对零散的、过程性的点滴进行整理并将其系统化的过程。通过总结性讲座，可以将一些教师理解模糊、认识片面的部分整合起来，使他们能够从宏观的视角来看待这些内容。此外，在总结教学经验的同时，也有利于确立杰出教师的威信。

（2）描述性或解释性讲座

总结能将经验、感性认识和感悟条理化、系统化，但对于从经验、感性认识和感悟中提炼出来的、能够给其他教师以技术引领和理念引领的新东西，则需要采用描述性讲座的形式。所谓描述性讲座，是对个人探究过程的叙述，与教育叙事类似。

解释性讲座是在描述的基础上，对内容进行进一步的分析，揭示行动的依据、观念和思维方式。其重点在于观念的说明和思维方式的分析。

当然，讲座还有方向性的问题，只有识时务、辨方向，把握大势所趋的讲座，才能真正展示出具有改革意识和追求卓越的杰出教师特质。

3．讲座过程设计

讲座一般分为导入、要点讲解和总结与提炼三个部分。

导入需要完成五个目标：一是捕获信息技术教师的注意力和学习兴趣，使他们意识到讲座者的期望，形成积极的学习氛围；二是指出讲座主题与信息技术课程教学的关联，使信息技术课程教师理解该讲座的价值和重要性；三是揭示讲座的基本内容，可以使用概念图等可视化方式概要介绍讲座的要点及其之间的联系，帮助教师分清讲座内容的主次；四是清晰地陈述讲座的目标，告知信息技术教师需要掌握什么，使他们更有效地分配注意力；五是通过提问，引起信息技术教师对相关知识和经历的回忆，为讲座做好铺垫。

导入后要无缝地转换到讲座主体部分的要点讲解。每个讲座最好只包括2~5个要点，每个要点包含着要传递给信息技术教师的核心内容和信息。有效的讲座结构能帮助教师理解要点是如何组织的，因此要仔细地选择和排列在要点讲解中呈现的内容。

有效的总结与提炼包括概念深化、总结重要思想和形成综合性理解框架三个层面。

5.3.4 课题研究

教师的专业成长需要理论的支持，没有理论支撑的实践是盲目的实践，理论向实践的转化是教师成长的必经之路。通过课题研究可以推动教师用理论认识去指导实践，将实践经验转化为理论认识。

课题研究是教育科研的主要途径之一。课题研究主要解决以下问题：如何选题、如何研究、如何撰写课题报告。

1．选题

选题就是结合中小学教学实际，提出问题并确定科研课题。选题时需要了解自己所从事领域的理论研究，以及改革实践的最新进展，包括新成果、新理念，特别是本领域的热点问题和难点问题。

教师研究的问题往往来自于自身的教育经历，来源于教育教学的实际需要，因而问题往往是鲜活的、具体的。对于中小学教师的教育科研来说，研究问题不要刻意求全、求大、求新，但要求变、求实、求用。具体可以从以下三个方面进行权衡。

（1）课题的大小是否适度

在选择研究课题时，一定要从实际出发，选择范围大小与实际研究条件相适合的课题。选题过大，容易导致在规定的时间内无法解决问题，或者无法获得可信的科学结论。例如，“新课程改革背景下的中学信息技术教育研究”“培养学生自主、合作、探究学习能力的有效策略研究”等课题不建议考虑。选题范围适度，聚焦明确，容易取得成果。

无论是微观课题研究还是宏观课题研究，无论是综合性课题研究还是单项（单科）课题研究，都要力求研究的问题明确、具体与可操作化，提高研究成功的可能性。

（2）课题与本职工作是否紧密结合

对于中小学教师来说，丰富的实践经验、与教育对象的直接联系是进行教育科研的优势，但繁重的教育教学任务又使教师从事科研的精力有限。因此，选择与实践联系较密切的应用性课题、微观课题进行研究，既可以提高本职工作的质量，又容易获得成功，如“信息技术教师如何站稳讲台”“小学生汉字键盘输入的现状与对策研究”等。当然，若有条件，也可以选择理论研究或宏观研究方面的课题，如“中学数字化校园建设模式”。

（3）是否能处理好课题与项目的关系

课题与项目之间既有区别又有联系。一方面，课题是科学研究最基本的单元，课题的有机组合形成项目。另一方面，课题与项目的划分标准也是相对而言的。对于某一个研究者或研究群体来说，可以从单个课题入手，不断深入，形成系列的课题，从而组成项目；也可以承担一个项目后，将其分成若干个课题逐一进行研究，最终取得较大的突破。

2．课题研究方法

课题研究方法是根据课题研究的目的、对象和内容等确定的。有什么样的课题就需要与之相应的研究方法。例如，对中小学青年教师的素质现状进行研究，一般需要采用调查法；对青年教师的培养研究一般采用经验总结法、实验法或行动研究法；探讨一种新的教学方法是否优于原有教学方法，适宜采用实验法。下面主要介绍教育叙事研究和教育行动研究两种课题研究方法。

（1）教育叙事研究

进行教育叙事研究是中小学教师理想的工作方式，其基本过程是实践—反思—记叙—再实践，循环往复。教育叙事研究有以下几种方法。

① 教后反思法。智育和德育都是反思的内容。每节课的教学过后、每次班会课后，教师都会进行一些理性的思考，对比自己预设的方案，思考哪些方面可以改善。如果把具有典型意义的反思记录下来，并注意积累，教学和管理工作都会有明显的改善。

② 跟踪记叙法。对教育事件或教育中的某些长效项目进行长期记载，并在实践中不断优化，最终实现学生和教师的共同进步，提高教师的教育水平。最具代表性的跟踪

记叙是对某一个或几个有特点的学生进行长时间记叙。教师也可以跟踪记叙自己的成长经历。

③ 主题实验法。为了使研究有延续性，教师进行实验的项目一般都围绕着一个固定的主题。于是，教师进行主题实验的过程也成为教育叙事的内容之一。由于经验和基础不同，每个教师对不同主题的兴奋点也不一样，学习方式的探索、特色班级的建立都可以是实验内容。以固定的主题为目标，教师在实践中反复操作，优化对比，可以自己形成一套行之有效的教育方法。

（2）教育行动研究

教育行动研究是在行动的基础上开展的反思性研究。教育行动研究是在实际情境中，由实际工作者和专家共同合作，针对实际问题提出改进计划，通过在实践中实施、验证、修正而得到研究结果的一种研究方法。

教育行动研究的过程可以包括计划—实施—观察—反思四个连续的环节，根据教学中的现实问题形成解决问题的计划并加以具体实施，观察实施的过程及结果，通过反思发现解决方案的优势及不足，形成下一轮计划。也就是说，行动研究是一个螺旋式加深的发展过程，每一个发展阶段又都包括计划—实施—观察—反思四个相互联系、相互依赖的基本环节。因此，教育行动研究往往需要进行多轮，才能得到较为理想的结果。

教育行动研究的基本特点可以被描述为：为行动而研究，在行动中研究，由行动者研究。这些特点充分体现了教育行动研究的实践性、反思性。

3．课题报告的呈现

（1）课题申请格式

申报的课题要获得立项，必须经过充分的论证。所谓课题论证，是指有组织地、系统地鉴别研究的价值，分析研究的条件，完成研究方案的评价活动。它包括以下内容。

① 目的。即为什么选这个题目，通过研究要达到什么目的。

② 内容和重点。研究的内容就是将课题所提出的问题进一步细化为若干个小问题。一个课题如果提不出具体的问题，就无从研究。从这些小问题中，确定研究的重点。

③ 课题研究的条件。即涉及哪些客观条件；这些客观条件是否都能满足；研究者是否有足够的知识、能力完成课题研究；有哪些相关资料和科研手段。

另外，申报课题还必须有明确的研究方案。即要对如何进行该课题的研究提出具体的设想、方案。它一般包括以下内容。

① 问题的提出。阐明研究背景，即研究的原因和条件。

② 明确研究的目标和内容。

③ 选择研究方法。

④ 预设研究的步骤和进程。

⑤ 预计可能取得的成果及其形式。

⑥ 课题组成员的构成及其分工。

（2）中期评估格式

中期评估的目的在于对前一阶段的工作进行反思，并明确后期工作的重点及方向。中期评估报告必须包含以下内容。

① 课题是否能按计划完成；课题在执行过程中进行了哪些调整。

② 已经开展的主要研究活动。

③ 已获得的阶段性成果。

④ 遇到的困难和问题。

⑤ 下一阶段工作思路。

（3）结题报告格式

结题报告通常由以下两部分组成。

① 工作报告。主要内容包括研究的主要过程和活动；研究计划的完成情况；研究变更情况；成果的出版、发表情况等。

② 研究总报告。研究总报告的框架主要包括题目、摘要、关键词、引言、问题的提出、研究设计、研究结果、分析和讨论、反思与建议、参考文献、附录等。

拓展阅读

材料　信息技术教师专业成长的八个关键词

关键词一：热爱

从事教育事业没有一片爱心是不可能成功的，做好教师必须具备激情和目标。

关键词二：规划

信息技术教师的专业发展是一个终身的、整体的、全面的、个别的而又持续的过程，在这个过程中合理的规划会使教师更清楚自己所处的位置，明确发展方向。

关键词三：学习

面对课程改革带来的挑战与机遇，成为“学习型”教师是首选；要踏踏实实地学习，并且要“真学”“勤学”“善学”。

关键词四：课堂

课堂是教师职业生命的主阵地，教学是教师职业生命的主旋律。不重视课堂的教师绝不是合格的教师。信息技术教师要基于课堂、立足课堂，以课堂为最主要的“教学场”

和重要的“研究场”。

关键词五：研究

苏霍姆林斯基说过：“如果你想让教师的劳动能够给教师带来乐趣，使天天上课不至于变成一种单调无味的义务，那么就应当引导每位教师走上研究这条幸福之路。”

关键词六：交流

教师的发展离不开专家的引领、同行的帮助和共同体的影响，善于交流就能够在专业发展过程中多几分信心和希望，少许多迷惘与曲折。

关键词七：反思

教学反思一直被认为是教师专业发展和自我成长的核心因素。新课程标准要求信息技术教师具备扎实的知识基础以及开展教学的综合能力。

关键词八：创新

教师需要创造性地参与教学活动，成为课程自觉的生产者和主动的设计者，在变化中寻求课堂教学的理想模式。

○ 学生活动

采访你身边的一位优秀教师，了解他（她）的成长经历。

○ 参考文献

李艺. 信息技术课程与教学 [M]. 北京：高等教育出版社，2005.